Nigel Blundell ist ein erfahrener Journalist aus England. Schon zweimal hat er den Globus umrundet. Dabei konnte er allerlei merkwürdige Geschichten sammeln, die er in seinen Büchern »Die größten Geheimnisse der Welt« und »Die größten Irrtümer der Welt« veröffentlichte. Seine journalistische Tätigkeit führte ihn längere Zeit nach Neuseeland, Australien und New York. Heute lebt und arbeitet Nigel Blundell in London.

Von Nigel Blundell ist außerdem erschienen:

»Die größten Irrtümer der Welt« (Band 3758)

Vollständige Taschenbuchausgabe 1984

Titel der Originalausgabe »The World's Greatest Mysteries«

Umschlaggestaltung Adolf Bachmann, Reischach
Druck und Bindung Ebner Ulm
Printed in Germany 10
ISBN 3-426-03757-2

Nigel Blundell:
Die größten Geheimnisse der Welt

Mit zahlreichen Abbildungen

Aus dem Englischen von Peter Prange

Knaur

Inhaltsverzeichnis

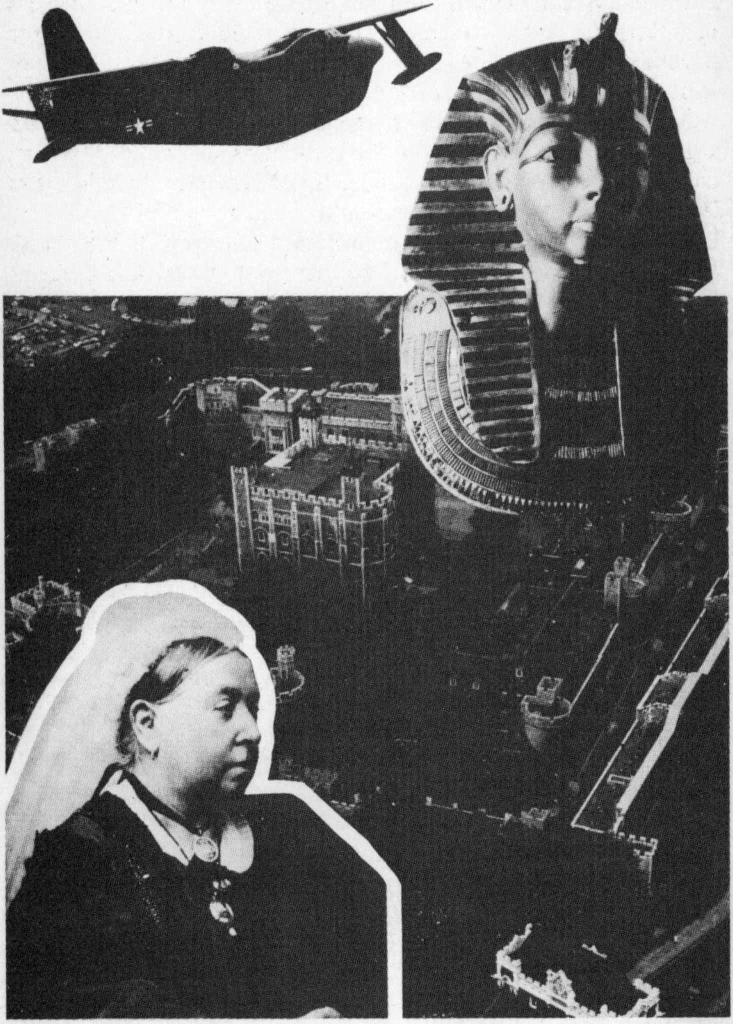

Vorwort

Die Summe des menschlichen Wissens wird täglich größer. Doch offenbar taucht hinter jedem gelösten Geheimnis ein neues auf. Die Wissenschaft schiebt die Grenzen des menschlichen Wissens unaufhörlich weiter vor, aber zugleich bleiben so viele Fragen noch ohne Antwort.

Von eben diesen Fragen, den alten und den neuen zugleich, handelt dieses Buch: von der untergegangenen Welt von Atlantis, vom sagenumwobenen Ungeheuer von Loch Ness und von dem furchterregenden Wesen der Berge, das als der Schneemensch bekannt ist, von der Selbstentzündung von Menschen, von UFOs...

Diese und viele, viele andere Rätsel wurden in diesem Band zusammengetragen, um den Leser zu verblüffen, herauszufordern, zu fesseln und zu bannen.

1.

Geheimnisse um Verbrechen und Intrige

Wie schon Agatha Christie erkannt hat, üben geheimnisvolle Verbrechen immer eine Faszination aus. Das Verbrechen hat Männer und Frauen zu erstaunlichen Leistungen der Verschlagenheit gebracht und sie dazu geführt, Geheimnisse zu schaffen, die einer Lösung trotzen. Wer hat zum Beispiel Eva Perons Leichnam für sechzehn Jahre weggezaubert? Wer war der Mörder, den sie Jack the Ripper nannten? Und hat der Geächtete, der als Robin Hood bekannt ist, tatsächlich existiert?

EVITA UND DIE LEICHENDIEBE

Eva Perons einbalsamierter Leichnam war sechzehn Jahre lang verschollen

Evita Peron

Eva Peron starb 1952. Immer noch ist ihr Haar blond und schön, ihr Gesicht puppenhaft und zart. Sie verkörpert die Kunst des Einbalsamierens in Vollendung, wie sie fünf Meter unter der Erde in einer gepanzerten Familiengruft auf einem Friedhof von Buenos Aires liegt.

Eva, die pulsierendste Lebenskraft, die Südamerika je kannte, hat endlich Ruhe gefunden. Sie ist schließlich in ihrer Heimat beigesetzt worden, nachdem ihre sterbliche Hülle nach sechzehn Jahren aus einem verborgenen, geheimnisvollen Exil zurückgekehrt ist, nach sechzehn Jahren, während derer die Farbe der Sprüche niemals verblassen durfte, die die Mauern von Buenos Aires, ihrer geliebten Stadt, übersäten: »Gebt uns Evitas Leichnam zurück!«

Evita – »kleine Eva« – war der Kosename, den die *descamisados*, die »Hemdlosen«, die Armen Argentiniens, ihrer Heldin gegeben

haben. Ihre Verehrung machte Eva Peron für eine Weile zur mächtigsten Frau der Welt.
Eva wurde 1919 als uneheliches Kind einer armen Frau vom Lande geboren. (Obwohl sie immer mit verführerischer Weiblichkeit behauptet hat, ihr Geburtsjahr sei 1922.) Als sie etwa fünfzehn Jahre alt war, zog sie mit ihrem ersten Liebhaber nach Buenos Aires und versuchte, als Schauspielerin ihr Glück zu machen.
Sie war vierundzwanzig Jahre alt, als sie den Oberst Peron traf, der doppelt so alt war wie sie. Sie war damals ein Starlet beim Rundfunk, das zehn Dollar die Woche als Diskjockey und als Heldin der schmalzigen Hörspiele des Senders verdiente. Peron und andere Führer der rechtsgerichteten argentinischen Militärjunta kamen zu dem Radiosender, um zu Spenden für die Opfer eines Erdbebens aufzurufen. Der Oberst – achtundvierzig Jahre jung, von geradem Wuchs und athletischer Figur – war von Evas tiefer, verführerischer Stimme wie gebannt.
Von diesem Augenblick an war es Eva, die im Namen von Perons »Ministerium für soziale Angelegenheiten« um Geld bat. Auf diese Weise wurde sie zu seiner Wortführerin.
»Er macht sich nichts aus glänzenden Uniformen und Fräcken«, schnurrte sie. »Seine einzigen Freunde seid ihr, die *descamisados*.«
Als der allzu mächtige Peron 1945 von den übrigen Juntamitgliedern verdrängt wurde, war es Eva, die eigenhändig seine Unterstützung durch die jungen Offiziere und Arbeiter organisierte, um ihn wieder an die Macht zu bringen. Zwei Monate später heiratete sie ihn. Und im folgenden Jahr wurde Peron, mit Eva an seiner Seite, auf den Schultern der *descamisados* und mit Hilfe der mächtigen Gewerkschaften in den Präsidentenpalast getragen.
Als Gattin des Präsidenten war Eva eine Frau von aufregenden Gegensätzen. Sie funkelte nur so von Diamanten und hüllte sich in Nerzmäntel, wenn sie einen Sozialhilfefond gründete oder die Sendung von gebrauchter Kleidung an Farmsiedlungen und Barackenstädte organisierte. Mit juwelenbehangenen Händen warf sie der Menge Spielsachen für ihre Kinder zu. Das Volk war wie hypnotisiert. Es betete sie an.
Dann erkrankte Eva unheilbar an Krebs. Sie wurde dünn und mager. Bei den wenigen politischen Funktionen, die sie noch innehatte, mußte ihr Ehemann ihr beistehen und sie stützen. Sie klagte: »Ich bin zu klein für soviel Leid.«

Am 28. Juli 1952 um 8.25 Uhr ist Eva gestorben. Sie war dreiunddreißig Jahre alt. Sie hatte kaum ihren letzten Atemzug getan, als man auch schon ihren Körper auf dem schnellsten Wege fortschaffte, damit er von einem berühmten spanischen Pathologen, Dr. Pedro Ara, der schon seit Wochen auf Abruf bereitstand, einbalsamiert würde. Er arbeitete an ihrem Körper, ersetzte ihr Blut durch Alkohol, dann durch Glyzerin, das die Organe intakt hält und die Haut fast durchschimmernd erscheinen läßt. Die gesamte Einbalsamierung nahm fast ein Jahr in Anspruch, und Dr. Ara wurde mit einhunderttausend Dollar für seine Arbeit bezahlt.
Diese ganze Zeit über trug die Nation Trauer um Santa Evita – wie sie nun hieß –, und als ihr Leichnam feierlich aufgebahrt wurde, folgten zwei Millionen Menschen ihrem Sarg. Sieben wurden in dem Gedränge getötet.
In ganz Argentinien wurden Pläne entworfen für die Errichtung von Denkmälern für Eva, aber die meisten kamen über das Reißbrett nicht hinaus, denn im Jahre 1955 führte eine galoppierende Inflation zum Sturze Perons. Der ehemalige Präsident ging nach Spanien ins Exil. Von dort aus bat er seinen Nachfolger, General Eduardo Leonardi, ihm den Leichnam seiner Frau zu senden. Leonardi weigerte sich und begann statt dessen, die Perons in Verruf zu bringen. Er machte den ehemaligen Palast des Präsidenten der Öffentlichkeit zugänglich und stellte Perons fünfzehn maßgeschneiderte Sportwagen, zweihundertfünfzig Motorroller und die Tresore zur Schau, die zehn Millionen Dollar in bar enthielten. Auch seine geheimen Liebesnester in Buenos Aires wurden aufgedeckt. – Es waren mit Pelzen und Spiegeln ausgestattete Appartements, in denen Peron seinen Appetit auf halbwüchsige Mädchen stillte, einschließlich seiner ständigen Geliebten, der sechzehnjährigen Nelly Rivas.
Die neuen Militärmachthaber stellten gleichfalls Evas legendäre Juwelen zur Schau. Doch tat dies ihrem glanzvollen Ruf keinen Abbruch, denn sie hatte ihren persönlichen Reichtum nie vor dem Volk verborgen. Im Gegenteil, der Totenkult um Eva wuchs in den Monaten, die auf Perons Sturz folgten, nur noch an. General Leonardi versuchte all seinen Mut zusammenzunehmen, um den makellosen Körper, der immer noch in Raum 63 des CGT-Hochhauses in Buenos Aires lag, zu zerstören. Doch bevor er handeln konnte, wurde er im November 1955 durch den General Pedro

Eva Perons sterbliche Hülle wird auf einem Geschützwagen durch die Straßen gezogen.

Aramburu selber von der Macht verdrängt. Der neue Führer erkannte die Gefahr, die solange bestand, wie man Evas Leichnam für jedermann ohne weiteres zugänglich in der Hauptstadt ließ – ein Ansatz für jedes künftige Wiederaufleben des Peronismus –, und er gab Befehl, ihn heimlich fortzuschaffen.

Im Dezember verschwand Evas Leichnam. Er sollte sechzehn Jahre lang verschollen bleiben.

In der Nacht, in der der Körper gestohlen wurde, suchte Dr. Ara den Raum 63 auf, um seine routinemäßigen Untersuchungen an dem Leichnam vorzunehmen. Er hörte das Knallen von schweren Stiefeln die Haupttreppe heraufkommen. Die Tür flog auf, und Oberst Carlos Mori-Koenig, der Chef des Militärischen Abschirmdienstes, marschierte, gefolgt von einer Abteilung Soldaten, in den Raum.

»Ich bin wegen der Leiche gekommen«, sagte er. Er überhörte Dr. Aras Proteste und gab Befehl, Eva von der fahnengeschmückten Bahre zu heben, sie in einen gewöhnlichen Holzsarg zu legen und hinaus zu dem wartenden Armeelastwagen zu bringen. Die einzige Erklärung, die Dr. Ara gegeben wurde, lautete, daß die

Leiche eine »würdige Beisetzung« bekommen werde. Der Lastwagen fuhr los und verschwand in der Nacht.
Die Nachricht von dem Leichenraub drang an die Öffentlichkeit, und die für illegal erklärten Peronisten tobten. Bilder von Eva und Sprüche, die die Rückgabe der Leiche verlangten, tauchten im ganzen Land auf. Doch General Aramburu äußerte sich nicht. Gerüchte wurden verbreitet, daß Juan Peron den Diebstahl der Leiche befohlen habe. Doch je mehr die Militärmachthaber Argentiniens versuchten, die Peronisten zu unterdrücken, desto lauter wurde der Aufschrei nach der verschollenen Santa Evita.
Für die *descamisados* war der Diebstahl das Verbrechen des Jahrhunderts, ein Verbrechen, das niemals vergeben werden konnte. – Es war eine Quelle des Ärgernisses die ganzen nächsten sechzehn Jahre hindurch, in denen der Verbleib der Leiche für das argentinische Volk und für Peron ein Geheimnis blieb.
Vieles an der Geschichte ist auch heute noch ein Geheimnis. Bekannt ist, daß, nachdem der Armeelastwagen von dem CGT-Hochhaus in jener Dezembernacht 1955 davongefahren war, der General Aramburu, weil er sich über die Reaktion der Öffentlichkeit Sorgen machte, seine Pläne zur Vernichtung des Leichnams aufgab.
Oberst Mori-Koenig gab Befehl, den Lastwagen in einen ruhigen Winkel einer Militärkaserne zu fahren, wo er den Rest der Nacht blieb, während der Oberst auf weitere Instruktionen wartete. Er hätte mit Freuden die Leiche auf jede erdenkliche Weise fortgeschafft, die seine Führer verlangt hätten, denn er hatte gute Gründe, die Perons zu hassen. Als Präsident hatte Peron ihn einmal nach einer heftigen Debatte degradiert. – Der Befehl, die Leiche zu vernichten, ist jedoch nie gegeben worden. Dem Oberst wurde lediglich gesagt, er solle sie verstecken.
Evas Leiche wurde in einer Verladekiste verschlossen und zu einem Warenhaus in der Nähe des Hauptquartiers des Militärischen Abschirmdienstes gebracht. Dort blieb die Kiste einen Monat lang stehen, bis sie im Januar 1956 zwischen einem halben Dutzend Warenhäusern und Büroräumen rund um Buenos Aires hin- und herbefördert wurde. Sie landete schließlich in der eleganten Wohnung von Mori-Koenigs Stellvertreter, des Majors Antonio Anrandia.
Zu dieser Zeit durchstöberten immer noch peronistische Agenten die Hauptstadt nach Eva. In der Angst, daß die Spur eines Tages

zu ihm führen könnte, schlief Anrandia nur noch mit seinem Revolver unter dem Kopfkissen.

Eines Morgens, kurz vor der Dämmerung, wachte Anrandia schweißgebadet auf. Voller Schrecken hörte er, wie sich seiner Schlafzimmertür Schritte näherten. Als die Tür sich öffnete, holte er seinen Revolver unter dem Kopfkissen hervor und feuerte zweimal auf den Schatten, der sich in der Türöffnung abzeichnete. Seine schwangere Frau, die gerade im Bad gewesen war, sank tot auf den Teppich.

Evas Leiche wurde danach im vierten Stock von Mori-Koenigs Hauptquartier des Abschirmdienstes untergebracht. Die Verladekiste erhielt den Aufdruck »Radioteile« und wurde zwischen verschiedenen anderen gestapelt, die alle gleich aussahen.

Einige Monate später wurde der Oberst als Chef des Abschirmdienstes durch den vom Präsidenten protegierten Chef des Sicherheitsdienstes, Oberst Hector Cabanillas, abgelöst, der entsetzt entdecken mußte, daß die Leiche immer noch im Hauptquartier versteckt gehalten wurde. Er gab Befehl, sie fortzuschaffen.

Kein Mensch weiß, wer persönlich die nächsten Etappen dieser makabren Reise organisiert hat. Aber es wurden verschiedene gleichartige Särge angefertigt und mit Ballast beladen. Die Särge sowie die Kiste mit Evas Leichnam wurden an verschiedene südamerikanische Orte und noch weiter gebracht.

Die Särge wurden alle sogleich beigesetzt, Evas Verladekiste jedoch wurde nach Brüssel eingeschifft und dann von einem Zug nach Bonn übernommen. Dort wurde sie, ohne das Wissen des argentinischen Botschafters, in einem Keller zusammen mit alten Akten gelagert.

Im September oder Oktober des Jahres 1956 wurde die Leiche in einen Sarg gelegt und erneut weiterbefördert, erst nach Rom, dann nach Mailand. Auf dem letzten Abschnitt ihrer Reise begleitete sie eine Laienschwester des Paulinerinnenordens. Dieser hatte man gesagt, die Leiche sei eine italienische Witwe, Maria Maggi de Magistris, die in Rosario, Argentinien, gestorben sei.

Unter diesem Namen wurde Eva auf der Parzelle 86 des Mussoco-Friedhofs von Mailand bestattet. Dort blieb sie, und fünfzehn Jahre lang war ihr Verbleib nur einer Handvoll Leuten bekannt.

Während dieser Jahre stolperte in Argentinien eine ganze Reihe verschiedener Militärjuntas von einer Wirtschaftskrise in die andere. Endlich entschloß sich der Chef einer Junta, Generalleutnant

Alejandro Lanusse, den alternden Juan Peron wieder in sein Heimatland einzuladen, und dies trotz der Tatsache, daß Peron zwanzig Jahre zuvor persönlich angeordnet hatte, ihn zu einer lebenslänglichen Gefängnisstrafe zu verurteilen. Doch zuvor befahl Lanusse, daß die Leiche seiner Frau zurückkehre.

Am zweiten September 1971 war ein Mann, der angeblich Carlos Maggi hieß, Zeuge, wie der Sarg seiner »Schwester« auf dem Mailänder Friedhof exhumiert und für eine Reise von achthundert Kilometern nach Madrid auf einen Leichenwagen geladen wurde. Carlos war in Wahrheit Hector Cabanillas, der nun im Ruhestand lebende Chef des Abschirmdienstes.

Der Leichenwagen verbrachte eine Nacht in einer Garage von Perpignan in Frankreich und erreichte Perons Haus in Madrid am folgenden Tag. Dort warteten Peron, der inzwischen vierundsiebzig Jahre alt war, seine neue, neununddreißigjährige Frau Isabel, die er in einem Nachtclub in Panama kennengelernt hatte, und Dr. Ara. Evas Sarg wurde in der Halle abgesetzt und der Deckel von Cabanillas aufgestemmt.

Peron brach in Tränen aus, als er das Gesicht seiner langverstorbenen Frau sah, deren blondes Haar zwar in Unordnung war, doch die ansonsten genauso ruhig und schön zu sein schien, wie er sie zwei Jahrzehnte lang in Erinnerung behalten hatte. »Sie ist nicht tot«, sagte er. »Sie schläft nur.«

1972 fand Perons langes Exil ein Ende. Es wurde ihm erlaubt, nach Argentinien zurückzukehren. Doch er entschied sich, Evas Leiche in Madrid zurückzulassen. Im folgenden Jahr wurde er erneut zum Präsidenten gewählt, mit Isabel als Vizepräsidentin. Aber seine Regierung war von kurzer Dauer. Er starb am 1. Juli 1974.

Isabel wurde Präsidentin, und sie ordnete an, daß Evas Leiche von Spanien heimgeflogen wurde. Tausende von weinenden Argentiniern säumten die Straße vom Flughafen zur Stadt und streuten Blumen auf den Leichenwagen, der die geliebte Santa Evita nach Hause brachte. Ihr Leichnam wurde noch einmal feierlich aufgebahrt, diesmal neben dem Sarg von Juan Peron, im Präsidentenpalast von Olivos. Isabel trauerte um sie beide und versuchte, etwas von Evas Ruhm auf sich selbst zurückfallen zu lassen.

Isabel hielt sich zwei Jahre an der Macht, bis sie von einer weiteren Militärjunta verdrängt wurde. Und die neuen Machthaber versuchten, den Namen Peron aus den Geschichtsbüchern auszustreichen.

Obwohl Peron kurz nach seiner öffentlichen Aufbahrung beigesetzt worden war, wurde Evas Leiche wieder in ein Magazin gestellt. Die Führer der Nation waren unfähig, sich über eine letzte Ruhestätte für sie zu einigen. Erst im Oktober 1976 entschied sich die neue Junta für einen endgültigen Bestattungsort: Evas immer noch schöner Körper wurde auf dem Privatbereich des Recoleta-Friedhofs von Buenos Aires in einer Gruft fünf Meter unter der Erde beigesetzt.
Die Gruft wurde massiver gebaut als der Tresorraum einer Bank, um jedermann den Mut zu nehmen, je wieder zu versuchen, Eva Perons Leiche fortzuschaffen.

DAS RÄTSEL UM DEN ARM, DEN EIN HAI AUSSPUCKTE

Über den Fall des Hais und des Arms, eines der seltsamsten Geheimnisse der Kriminalgeschichte, hat man gesagt, er sei zu phantastisch, um erfunden zu sein. Die Geschichte stand in den Schlagzeilen der Zeitungen Australiens am 25. April 1935. Es war der »Anzac Day«, der jährliche Festtag der australischen und neuseeländischen Truppen. Doch in Wirklichkeit hatte alles ein paar Tage vorher vor dem Strand einer Vorstadt von Sydney begonnen.
Bert Hobson fuhr mit seinem kleinen Boot hinaus, um die Angelschnüre nachzusehen, die er etwa eine Meile vor Coogee Beach mit Makrelen als Köder ausgelegt hatte. An einer der Schnüre hatte ein kleiner Hai angebissen, der gerade von einem größeren Tigerhai aufgefressen wurde. Als Hobson die Schnur eingeholt hatte, sah er, daß nur der größere Hai am Haken hing, ein Riese von fünf Meter Länge.
Der Fischer zog ihn im Schlepptau zur Küste und führte ihn lebend seinem Bruder Charles vor, der ein Aquarium in Coogee betrieb. Der Tigerhai schwamm ein paar Tage in dem Aquarium herum und gab dem zahlenden Publikum ein beliebtes Schauspiel. Dann, am 25. April, befielen ihn Krämpfe.
Der Hai schnellte durch das Wasser und spie den Inhalt seines Magens aus: Ratten, Vögel, Teile des kleineren Hais – und einen Menschenarm.

Der Anblick rief bei den gerade zuschauenden Besuchern Ekel hervor. Aber Charles Hobson handelte rasch. Er fischte den Arm aus dem Wasser und rief die Polizei an. Sie fand heraus, daß es sich bei dem schauerlichen Corpus delicti um den linken Arm eines Mannes handelte. Er hatte eine Tätowierung von zwei Boxern auf dem Unterarm. Außerdem war ein Stück Seil um das Handgelenk gebunden.
Die Polizei tat den Fall als Angriff eines Hais auf einen einsamen Schwimmer oder Segler ab, bis sie nach einigen Tagen Verdacht schöpfte. Niemand war am Strand von Sydney als vermißt gemeldet worden. Und ein Gerichtsmediziner, der den Arm untersuchte, behauptete, daß er nicht von einem Hai abgerissen, sondern sauber mit einem scharfen Messer abgetrennt worden sei.
Von der Hand wurden Fingerabdrücke genommen, und obwohl sie unscharf waren, konnten Experten die Abdrücke von Daumen und Ringfinger einem Mann zuordnen, der bei der Polizei aktenkundig war. Sie gehörten James Smith, der einen Billardsalon mit dem imposanten Namen Rozelle Sports Club betrieb und der früher einmal wegen illegaler Buchmacherei festgenommen worden war.
Smith wurde zu Hause seit achtzehn Tagen vermißt. Sein Bruder Edward konnte den Arm eindeutig identifizieren, jedoch keinerlei Hinweise über Smiths Tun geben. Und alles, was die Frau des Opfers, Gladys, wußte, war, daß ihr Mann das Haus mit den Worten verlassen hatte, er mache bei einem bezahlten Fischzug mit.
Als nächsten machte die Polizei John Brady ausfindig, einen Freund des Toten. Es war keine leichte Aufgabe, ihn aufzuspüren, denn Brady wurde von der tasmanischen Polizei wegen eines Fälschungsdelikts gesucht. Aber man stellte ihn schließlich am 16. Mai in seiner kleinen Wohnung im Norden von Sydney, wo er mit seiner Frau lebte. Bei der Befragung gab Brady zu, einige Tage mit Smith in einer Hütte in Cronulla verbracht zu haben, an eben dem Abschnitt der Küste, wo der Hai gefangen worden war. Doch er stritt ab, irgend etwas über den Tod seines Freundes zu wissen.
Die Untersuchungen wurden sieben Monate lang fortgesetzt. Verschiedene, eigens zu diesem Zweck gecharterte Flugzeuge suchten die Gewässer der Bucht von Gunnamatta in der Nähe von Cronulla ab, in der Hoffnung, weitere Anhaltspunkte zu finden. Doch ohne Erfolg.

Die Polizei vermutete, daß Smith und Brady einen Versicherungsbetrug mit einer Yacht geplant hatten, die offensichtlich verschwunden war. Sie befragten den früheren Besitzer der Yacht, den sie für einen wichtigen Zeugen hielten. Doch einen Tag, bevor die gerichtliche Untersuchung von Smiths Tod hätte stattfinden sollen, wurde der Zeuge erschossen in seinem Auto unter der Zufahrtsstraße von Sydneys berühmter Harbour Bridge aufgefunden.

Am nächsten Tag erfuhren die Detektive einen weiteren Rückschlag. Der Untersuchungsrichter, der die Leichenbeschauung durchführen sollte, bestimmte, daß er dies nur mit einem vollständigen Körper tun könne. Dennoch wurde gegen Brady Anklage wegen Mordes erhoben, und man stellte ihn vor Gericht.

Die Verhandlung dauerte nur zwei Tage. Der Richter weigerte sich, unterschriebene Aussagen als Beweismittel anzuerkennen, die der Zeuge abgegeben hatte, bevor man ihn erschossen auffand. Ohne diese Beweismittel mußte das Gericht Brady freisprechen. Zwei Männer wurden später beauftragt, den Zeugen zu ermorden, doch auch sie wurden freigesprochen.

Brady setzte seine Verbrecherkarriere fort. Insgesamt verbrachte er mehr als zwanzig Jahre seines Lebens hinter Gittern. Er starb im Alter von einundsiebzig Jahren an einer Herzattacke auf der Rehabilitationsstation eines Gefängnisses. Und mit ihm starb jede Hoffnung auf eine Lösung des geheimnisvollen Falls von dem Hai und dem Arm.

Die Polizei behielt jedoch ihre eigene Theorie über den Tod von James Smith bei. Und sie ist in der Tat merkwürdiger, als eine Erfindung es sein könnte. Sie geht von der Annahme aus, daß Smith und Brady in Cronulla zusammengekommen seien, um gemeinsam ihren neuesten Betrug zu planen, doch wären die beiden Männer über die Frage, wie die Beute zu teilen sei, in Streit geraten.

Brady, so wird weiter angenommen, tötete seinen Komplizen und zerstückelte dessen Leiche. Dann verstaute er die Überreste in eine Metalltruhe, doch konnte er den Arm nicht mehr darin unterbringen. Deshalb band er ihn an der Außenseite der Truhe fest und ließ das schauerliche Beweisstück ins Meer gleiten. Ein kleiner Hai ließ sich von dem Blut anlocken, er griff die Truhe an und durchtrennte mit seinen rasiermesserscharfen Zähnen das Seil. Als der Arm frei im Wasser trieb, verschlang er ihn ganz.

Die nächste Mahlzeit des Hais war eine Makrele an der Angelschnur des Fischers Hobson. Und dann wurde der Hai selber verspeist: von dem Fünf-Meter-Riesen, der Attraktion im Aquarium von Coogee.

MORD AUF DEM ACONCAGUA

John Cooper und Jeanette Johnson versuchten, das Unmögliche wahrzumachen: Südamerikas höchsten Berg während der schlimmsten Monate des Jahres zu besteigen. Doch sie sollten nie auf dem Gipfel des Aconcagua in Argentinien ankommen. Ihr Abenteuer wurde durch einen Mord vereitelt, ein brutales und heimtückisches Verbrechen, das die Behörden fast zehn Jahre lang in Atem hielt.

Das grausige Geheimnis nahm im Sommer 1972 seinen Anfang. Damals trafen sich acht Bergsteiger, um zu erörtern, wie der 6857 m hohe Berg zu erklimmen sei. Anwesend waren der Rechtsanwalt Carnie DeFoe, der Leiter der Gruppe; John Shelton, ein Arzt; James Petroske, ein Psychologe; William Eubank, ein Geologe; William Zeller, ein Polizist; Arnold McMillen, ein Farmer; Jeanette Johnson, eine Lehrerin; und schließlich John Cooper, ein Ingenieur. Sie einigten sich auf den Januar 1973 als Datum des Aufbruchs.

Als die Gruppe in der kleinen Andenstadt Mendoza eintraf, warnten einheimische Sachverständige und andere Bergsteiger sie, daß der Januar eine schlechte Zeit sei, um eine Besteigung des Aconcagua in Angriff zu nehmen. Die Expedition schlug jedoch alle Warnungen in den Wind. Aber sie waren einverstanden, den einheimischen Bergsteiger Miguel Angel Alfonso als Führer zu mieten. Miguel riet ihnen, so bald wie möglich aufzubrechen, und eines frostigen Morgens machte sich die Truppe auf den Weg.

Zuerst fiel das Klettern leicht, doch als sich das Vorankommen schwieriger gestaltete, sahen mehrere Mitglieder der Gruppe ein, daß sie der Herausforderung nicht gewachsen waren. Die ersten, die aus dem Rennen stiegen, waren DeFoe und Shelton. Sie fanden, daß die Verbindung von eisiger Witterung und stürmischem Wind zuviel für sie sei. Sie drängten die anderen, gleichfalls aufzugeben, aber ohne Erfolg.

Bald brach Eubank unter den Anstrengungen zusammen und stieg aus. Alfonso fährt in dem Bericht fort...

»Ab 5700 m waren wir nur noch sechs. Bei 6300 m zeigte Petroske Anzeichen von Höhenkrankheit. Er wirkte sehr schwach und schien die Beherrschung über seine Gliedmaßen verloren zu haben. Was wir auch taten, es wurde nicht besser mit ihm, und nach einer Beratung einigten wir uns darauf, daß er zurück ins Basislager gebracht werden mußte, das mehrere hundert Meter weiter unten lag. Sie baten mich, ihn zu begleiten, und schließlich erklärte ich mich einverstanden.«

Vorbereitungen wurden getroffen, und der Führer brach zum Basislager auf und ließ Zeller, McMillen, Cooper und Johnson zurück. –

»Das war das letzte Mal, daß ich Jeanette und Cooper lebend gesehen habe«, sagt Alfonso. »Ich ging mit Petroske ins Lager zurück. Die anderen sagten mir, daß sie bald weitergehen würden. Drei Tage später war ich wieder im Basislager, und ein fürchterlicher Sturm wütete. Ich schaute aus dem Fenster meiner Hütte und sah in der Ferne Gestalten.

Ich verließ die Hütte, um den anderen zu Hilfe zu eilen. Doch das Wetter zwang mich, umzukehren. Am nächsten Tag ging ich wieder hinaus, und es gelang mir, zu ihnen zu stoßen. Ich war wie vor den Kopf geschlagen, als ich nur Zeller und McMillen fand. Ich hatte angenommen, der Trupp sei umgekehrt, und Johnson und Cooper wären bei den anderen.

Beide Männer befanden sich in einem schrecklichen Zustand. Zeller war aufgrund von Erfrierungen blind geworden, und Cooper hatte im ganzen Gesicht starke Blutungen, ebenfalls als Folge von Erfrierungen.

Beide waren völlig desorientiert und redeten ohne jeden Zusammenhang. Sie murmelten und riefen: ›Cooper sitzt dort, wo die Pflasterstraße an die Bäume reicht. – Jeanette ist von jener Frau fortgebracht worden, die auf den Maultieren geritten kam.‹

Ich brachte sie ins Lager zurück, wo Petroske sie in seinem Zelt ausfragte. Ich weiß nicht, was sie miteinander gesprochen haben. Keiner von ihnen wollte es mir sagen.«

Später im Jahr entdeckte eine argentinische Expedition die grausigen Überreste von John Cooper. Sein Gesicht war ausgehöhlt und von den Narben der Frostbeulen verwüstet. Man brachte seine Leiche nach Mendoza zurück, und dort entdeckten Ärzte eine

merkwürdige Wunde an seinem Bauch, die wahrscheinlich von einem Eispickel herrührte. Aber sie diagnostizierten auch einen mehrfachen Schädelbruch, und dieser Schädelbruch hatte seinen Tod verursacht. Eine offizielle Untersuchungskommission sprach von Mord.
Zwei Jahre später stieß eine weitere Seilschaft auf Jeanettes Leiche, die durch das Eis völlig erhalten war. Sie war brutal zusammengeschlagen worden. Wieder entschied die Polizei, daß es sich um Mord handelte.
Niemand ist seitdem imstande gewesen, eine Erklärung für den Tod der beiden herauszufinden. Das Gebirgsmassiv wird das Geheimnis dieses grausamen Mordes wohl niemals herausgeben.

WER WAR JACK THE RIPPER?
Der Mörder, den keiner fassen konnte

Eine Frage, die den Kriminologen immer noch ein Rätsel ist

Im späten 19. Jahrhundert war England die größte und wohlhabendste Nation des Erdballs, und London die größte Stadt der Welt. Doch ein Teil der Metropole saß wie ein Eitergeschwür im Antlitz des britischen Empire. Das Wirrwarr von schlecht beleuchteten, übelriechenden kleinen Gassen, als das Londoner East End bekannt, hatte seinen Einwohnern nichts als Entwürdigung und Armut zu bieten.
Mehr als die Hälfte aller dort geborenen Kinder starb vor Erreichen des fünften Lebensjahrs. Frauen galten als alt, wenn sie vierzig waren. Männer gaben sich dem Alkohol und oft dem Verbrechen als den einzigen Fluchtmöglichkeiten hin. Viele Frauen trugen ihre verwelkten, mit Pusteln übersäten Leiber für ein paar Penny zu Markte. Und es waren diese »gefallenen« Frauen – die »Unglücklichen«, wie sie beschönigend in der vornehmeren Gesellschaft hießen –, die dem ruchlosesten aller Mörder dieser Welt zum Opfer fielen. Sogar heute noch, beinahe ein Jahrhundert später, ruft allein der Name Jack the Ripper ein Gefühl des Grauens im Londoner East End hervor.
Rippers Schreckensherrschaft währte kurz. Zum ersten Mal schlug er in einer warmen Augustnacht des Jahres 1888 zu. Und

nur drei Monate später, an einem frostigen, nebligen Nachmittag, forderte er sein letztes Opfer. Es gilt als sicher, daß er mindestens fünf Frauen abgeschlachtet hat, und manche Kriminologen rechnen elf Morde auf sein Konto.

Warum übt dieser Mann, der nur eine Handvoll Menschen in solch einer kurzen Zeitspanne umgebracht hat, auch weiterhin eine so furchtbare Faszination aus?

Warum flößt er immer noch rund um den Erdball Menschen Furcht ein, nachdem er seinen bemitleidenswerten Opfern längst in den Tod gefolgt ist?

Ist es, weil man nichts über ihn weiß? Weil er aus der Finsternis kam und auf die brutalste, blutigste und bestialischste Weise zuschlug? Weil er in schaurigen, düsteren Gassen und Höfen bei dunkler Nacht umging? Weil er sich dem Zugriff der tüchtigsten und erfahrensten Polizei zu entziehen wußte? Weil er eine Stadt im Schrecken zurückgelassen hat, die seinen grausigen Namen nur zu flüstern wagte, und dann für immer zurück im Dunkel verschwand?

Alles, was von Jack the Ripper als sicher gelten kann, ist der Befund, daß er Linkshänder war – dies haben die Gerichtsmediziner geschlossen, die die schaurigen Überreste seiner Opfer untersucht haben – und daß er zumindest über gewisse medizinische Kenntnisse verfügt haben muß. Er war vermutlich ein großer, schlanker, blasser Mann mit einem Schnurrbart. Dies war die Beschreibung, die Zeugen geliefert haben, die eine Gestalt im Umkreis mehrerer seiner Verbrechen davonhuschen sahen. Jedesmal trug der Mann eine Mütze und einen langen Mantel und ging mit den energischen Schritten eines jungen Menschen.

Schriftsteller, Wissenschaftler, Psychologen und Detektive aller Länder haben versucht, die Identität dieses abscheulichsten aller Mörder herauszufinden. Doch keinem ist es je gelungen. Und es ist unwahrscheinlich, daß es je einem gelingen wird. Selbst wenn Scotland Yards Geheimakten über diesen Fall im Jahre 1992 endlich veröffentlicht werden, erwartet man, daß sie nur wenig neues Licht in dieses Rätsel bringen werden.

Die Geschichte von Londons geheimnisvollstem und grausamstem Massenmörder begann kurz nach fünf Uhr am Morgen des 7. August 1888. Ein Mann eilte in verzweifelter Hoffnung auf einen Arbeitsplatz, von dem er gehört hatte, die Stufen des Whitechapel-Nachtasyls hinab, wo er ein Zimmer hatte. Er wollte sich unbedingt in die Schlange der Bewerber stellen, doch wurde er in seinem Lauf durch ein Bündel aufgehalten, das auf dem Treppenabsatz der zweiten Etage lag. Er machte sich daran, das Bündel aus dem Weg zu räumen, doch wich er entsetzt zurück, als er sah, daß das, was dort zu seinen Füßen lag, die blutigen Überreste einer Frau waren.

Er vergaß die Arbeit und lief davon, um die Polizei zu alarmieren. Die Frau wurde als Martha Turner identifiziert, eine »Frau von lockeren Sitten«. Ihre Kehle war aufgeschlitzt, und ihr Körper wies mehrere Messerstiche auf und war auf bestialische Weise verstümmelt.

Es bestehen gewisse Zweifel, ob diese Frau tatsächlich ein Opfer des Ripper war. Und da Mord an Prostituierten in jenen Tagen keine Seltenheit war, wurde der Fall sehr bald zu den Akten gelegt.

Doch als ein zweiter, ähnlicher Mord vierundzwanzig Tage später geschah, brachen Angst und Schrecken in den armseligen Straßen des East End aus.

In der Nacht des 30. August war Mary Ann Nichols, die man in den schäbigen Kneipen von Whitechapel als Pretty Polly kannte, ganz verzweifelt wegen des Geldes, das sie für ihr Bett im Nachtasyl brauchte. Als sich ihr ein Freier näherte, stürzte sie sich auf die Möglichkeit, ein paar Kupferstücke zu verdienen, von denen ihr vielleicht noch etwas übrigbleiben würde für ein paar Schluck Gin. Der Mann zog sie in den Schatten. Falls sie doch noch erkannt haben sollte, daß etwas nicht stimmte, war es bereits zu spät. Ihr Ende kam schnell.

Der Ripper hielt ihr den Mund zu und schnitt ihr mit einer einzigen Bewegung die Kehle durch. Dann begann der Mörder sein grausames Schlachten.

Als einige Zeit später ein Polizeiwachtmeister durch den kleinen, unbeleuchteten Hof kam, war ihm, als höre er ein eiliges Geräusch. Unsicher hielt er eine Weile inne, während seine Augen versuchten, die Finsternis zu durchdringen. Als er sich vorwärts bewegte, glitt sein Fuß auf etwas Feuchtem aus. Es war Blut, und die Blutspur führte ihn zu dem verstümmelten Leib der Mary Nichols.

Hatte der Wachtmeister den Ripper gestört? Wenn ja, dann ist ihm die Polizei bei der Arbeit niemals wieder so nahe gekommen.

Ein Detektiv sagte voller Ekel nach der Untersuchung der Leiche

Ein zeitgenössischer Stich von Mitgliedern des »Wachsamkeitsausschusses« bei der Beobachtung von Jack-the-Ripper-Verdächtigen.

mit bleichem Gesicht zu einem Zeitungsreporter: »Nur ein Verrückter kann dies getan haben.« Und der Pathologe Dr. Ralph Llewellyn sagte zu dem Untersuchungsrichter: »Ich habe noch nie einen so entsetzlichen Fall gesehen. Sie war auf solche Weise aufgeschnitten, wie das nur ein Mensch, der im Umgang mit einem Messer geübt ist, hat fertigbringen können.«
Der Ripper wartete genau eine Woche, bis er wieder zuschlug. Sein Opfer war »Dark Annie« Chapman, die an Tuberkulose schon fast gestorben war, als sie zerhackt wurde. Als sie von einem Pförtner des nahe gelegenen Spitlafields-Marktes in der Hanbury Street aufgefunden wurde, waren ihre wenigen armseligen Besitzstücke fein säuberlich neben ihrem aufgeschlitzten Leib ausgelegt.

In ganz Whitechapel verbreiteten sich Gerüchte. Eines besagte, daß der Ripper seine Todesinstrumente in einer kleinen schwarzen Tasche bei sich trüge – und so wurde jeder harmlose Passant, den man eine solche Tasche tragen sah, sogleich von der Menge gejagt. Ein anderes Gerücht lautete, daß der Ripper ein ausländischer Seemann sei. Also mußte jeder Fremde mit ausländischem Akzent in Whitechapel sehr auf der Hut sein mit dem, was er sagte. Dann wieder hieß es, der Mörder sei ein jüdischer Schlachter – und unterschwelliger Antisemitismus, der aufgrund des Zustroms jüdischer Einwanderer bereits gärte, die vor den russischen und polnischen Massakern flohen, kam allmählich an die Oberfläche.

Eine noch verwegenere Theorie, die in den verkommensten Gegenden verbreitet war, wo es keine Liebe zwischen den Einwohnern und der Polizei gab, besagte, daß der Mörder ein Polizist sei. Wie sonst, wurde gefragt, wäre er imstande, ungestört bei Nacht durch die Straßen zu streifen, ohne Verdacht zu erregen?

Die wachsende Angst steigerte sich zu einem unsinnigen Zorn. Und der Funke, der noch fehlte, um die in Whitechapel schwelende Panik hell aufflackern zu lassen, kam mit dem Samstagmorgen des 30. September. Als die Kirchenglocken acht Uhr schlugen, entdeckte ein Wachtmeister auf seinem Heimweg ein weiß bestrumpftes Bein, das aus dem Torweg einer Fabrik ragte. Er hatte die Leiche von Elizabeth »Long Liz« Stride gefunden.

Es scheint, daß der Mörder bei seiner Arbeit gestört worden ist – denn die Leiche von Long Liz war nicht verstümmelt –, und daß der Ripper, um seine enttäuschte Blutgier zu stillen, in derselben Nacht erneut zugeschlagen hat. In dieser Nacht hat er etwas hinterlassen, was wahrscheinlich der einzige positive Anhaltspunkt aus der Zeit seiner Schreckensherrschaft ist. Nur fünfzehn Minuten von dort, wo die Leiche von Long Liz entdeckt worden war, lagen die blutigen Überreste von Catherine Eddowes. Von ihrer Leiche, der bis dahin am grausamsten verstümmelten, führte eine Blutspur zu einer Nachricht, die mit Kreide an eine Mauer gekritzelt war: »Juden beleidigt man nicht umsonst.«

Bedeutete dies, daß der Ripper ein Jude war, der unter dem unerträglichen Druck der Verfolgung gegen die einzigen Opfer, die er finden konnte, zurückgeschlagen hatte? Die Nachricht, ein entscheidendes Beweisstück, ist nie richtig untersucht worden. Sir Charles Warren, Polizeichef der Hauptstadt, ordnete an, vielleicht aus Angst vor einem mächtigen Ausbruch von Judenhaß, daß die

Kreidenachricht abgewischt und künftig geheimgehalten wurde. Zwei Tage vorher war ein Brief an die Zentrale Nachrichtenagentur in der Fleet Street geschrieben worden. Darin stand zu lesen: »Hallo Boss, ich höre immer wieder, die Polizei hätte mich geschnappt. Aber sie wird mich nie kriegen... Ich steh' nun mal auf einem bestimmten Typ Frauen, und ich werde nicht aufhören, sie aufzuschlitzen, bis man mich schnappt.

Meine letzte Arbeit war saubere Arbeit. Ich habe der Dame keine Zeit gelassen, zu schreien. Ihr werdet bald wieder von mir hören, mit meinen lustigen Spielchen. Nach meiner letzten Arbeit habe ich etwas von dem guten roten Saft in einer Bierflasche aufgehoben, um damit zu schreiben, aber er ist so dick wie Leim geworden, und ich konnte ihn nicht benutzen. Ich hoffe, rote Tinte tut's auch. Ha, ha!

Beim nächsten Mal schneide ich die Ohren ab und schicke sie der Polizei, nur so zum Spaß.«

Der Brief war unterschrieben mit Jack the Ripper, das erste Mal, daß der Name gebraucht wurde. Und der Mörder von Catherine Eddowes hatte tatsächlich versucht, ihr die Ohren abzuschneiden...

Weitere Gerüchte machten die Runde. Aus dem Mörder wurde ein Arzt. Er sei ein mordlustiger Russe, den die Geheimpolizei des Zaren geschickt hatte, um die Londoner Polizei in Verruf zu bringen, weil sie keine ausreichenden Maßnahmen gegen die emigrierten Anarchisten ergriff. Er sei ein Puritaner und davon besessen, das East End vom Laster zu säubern. Oder es sei eine verrückte Hebamme mit einem mörderischen Haß auf Prostituierte.

Aber niemand war bisher auch nur ein Stück damit weitergekommen, den Ripper ausfindig zu machen. Und am 9. November schlug er wieder zu. Mary Kelly glich keinem der anderen Opfer. Sie war jünger – erst fünfundzwanzig, wogegen die anderen die vierzig bereits überschritten hatten –, blond und attraktiv. Die letzte Person, die sie lebend gesehen hatte, war George Hutchinson, den sie um Geld gebeten hatte, um ihre Miete zu zahlen. Als er sagte, er könne ihr nicht helfen, ging sie auf einen schlanken, gut gekleideten Herrn mit einem gestutzten Schnurrbart und einem Jägerhut zu...

Am nächsten Morgen in der Frühe klopfte ein Mann namens Henry Bowes ungeduldig an Marys Tür wegen ihrer unbezahlten Miete. Schließlich ging er an das Fenster ihres Zimmers und schob die sackleinenen Vorhänge zur Seite. Der widerwärtige Anblick darin ließ ihn die Miete vergessen und zum Hauswirt rennen. Später sollte er sagen: »Dies wird mich für den Rest meines Lebens verfolgen.«

Mit dem Tod Mary Kellys endete die Herrschaft des Ripper auf so plötzliche und geheimnisvolle Weise, wie sie begonnen hatte. Heute sind wir kein Stück weiter, was seine Identität betrifft. Wenn Stil und Orthographie seiner Nachricht nicht gefälscht waren und er demzufolge ein armer, kaum gebildeter Mann gewesen sein muß, wo soll er dann seine medizinischen Kenntnisse erworben haben? Wenn er aber wohlhabend war, wie konnte er dann die abgelegenen Straßen und Slums von Whitechapel so gut kennen, daß er imstande war, so geschickt wie ein Einheimischer in den Schatten unterzutauchen?

Zwei überführte Mörder sollten später behaupten, sie wären der Ripper. Einer, der seine Geliebte vergiftet hatte, sagte bei seiner Festnahme: »Endlich habt ihr Jack the Ripper gefangen.« Aber es gibt kaum einen Beweis, der nahelegen würde, daß er die Wahrheit gesagt hat. Der zweite rief, als sich die Falltür des Galgens öffnete: »Ich bin Jack the...« Aber es konnte später bewiesen werden, daß er in Amerika gewesen war, als der Ripper seine Verbrechen beging.

Einige Angehörige der Polizei waren überzeugt, die Identität des Ripper zu kennen. Im Jahre 1908 sagt der Vize-Polizeichef schlankweg: »Wenn ich behaupte, er war ein polnischer Jude, so behaupte ich lediglich eine definitiv feststehende Tatsache.«

Doch Inspektor Robert Sager, der in den Ripper-Nachforschungen eine führende Rolle spielte und 1924 starb, sagt in seinen Memoiren: »Wir hatten gute Gründe, einen Mann zu verdächtigen, der in Butcher's Row, Aldgate, lebte. Wir ließen ihn sorgfältig überwachen. Es gab keinerlei Zweifel, daß dieser Mann geisteskrank war, und nach einiger Zeit hielten es seine Freunde für ratsam, ihn in eine private Pflegeanstalt einzuweisen. Nachdem man ihn eingewiesen hatte, hörten die Greueltaten des Ripper auf.«

Sogar Queen Victorias Enkel ist als Verdächtiger genannt worden. Die Rede ist von Prinz Albert Viktor, dem Herzog von Clarence, der, wenn er zu dem Zeitpunkt noch gelebt hätte, König geworden wäre, als sein Vater Edward VII. starb.

Die beiden verblüffendsten Lösungsvorschläge sind auch die bei-

den jüngsten. Der Autor und Rundfunkmoderator Daniel Farson beschuldigt Montagu John Druitt, einen gescheiterten Rechtsanwalt, der Verbindungen zur Medizin hatte und in dessen Familie es eine Reihe von Fällen geistiger Labilität gab. Farson gründet seine Anklage auf Notizen von Sir Melville Macnaghten, der 1889 bei Scotland Yard eintrat und 1903 zum Leiter des Kriminaldezernats aufstieg. Macnaghten nennt drei Ripper-Hauptverdächtige – einen polnischen Händler, der vermutlich ein Frauenhasser war, einen mordlustigen russischen Arzt und Druitt. Schließlich entschied die Polizei, daß Druitt der Mörder war. Einige Wochen nach Mary Kellys Tod wurde seine Leiche gefunden, die in der Themse trieb.
Der Schriftsteller Stephen Night schlägt die faszinierende Theorie vor, daß drei Männer für die Ripper-Morde verantwortlich seien. Er behauptet, daß ein Arzt des Königs, ein Kutscher und ein Schauspieler die Verbrechen begangen hätten. Ihr Motiv war, eine Bande von Prostituierten zum Schweigen zu bringen, die einen Plan ausgeheckt hatten, die königliche Familie mit der geheimen Heirat des Herzogs von Clarence zu erpressen. Der daraus resultierende Skandal, so wurde befürchtet, könnte eine mögliche Revolution herbeiführen. So wurde ein heimtückischer Plan zur Ermordung der Prostituierten von Mitgliedern der königlichen Familie, dem Premierminister Lord Salisbury, Polizeichefs und Freimaurern ausgearbeitet.
Das Londoner East End hat sich heute verändert. Hochhäuserblöcke stehen dort anstelle der armseligen kleinen Häuser. Die Straßen sind gut beleuchtet, die Gasthäuser ehrbare Lokale. Die Menschen dort leben in bescheidenem Wohlstand. Doch wie sehr sich das East End auch immer verändern mag, Jack the Rippers Geist wird durch seine Straßen spuken bis ans Ende aller Tage.

HAT ROBIN HOOD WIRKLICH EXISTIERT?

Tief im Herzen von Sherwood Forest streifte im frühen 14. Jahrhundert ein Geächteter umher, dessen tolle Streiche ihn zum bleibenden Volkshelden gemacht haben. Sein Name ist heute in der ganzen Welt bekannt. Die Geschichten seiner Heldentaten sind Legion. Doch sind sie wahr? Hat Robin Hood überhaupt existiert?

Einige Historiker vermuten, die Geschichten des koboldhaften Helden könnten in Verbindung stehen mit einem heidnischen Waldgeist der Mythologie. Robin war ein Name, der häufig Geistergestalten beigelegt wurde, und Grün, die Farbe, die der Geächtete angeblich getragen hat, ist die herkömmliche Farbe der Waldgeister. Es gibt auch noch die Theorie, daß Robin einfach eine Gestalt der ehemaligen Maibräuche gewesen sei, die sich mit den Jahren durch die Legende in eine historische Gestalt verwandelt habe. Die Jungfer Marion könnte demnach die Maikönigin derselben Bräuche gewesen sein.

Dennoch läßt sich durch Schriften belegen, daß im 13. und 14. Jahrhundert ein Mann in Wakefield, Yorkshire, gelebt hat, welcher der Geächtete der romantischen Legende gewesen sein könnte. Robin (christianisiert Robert) wurde um 1290 geboren. Sein Vater, Adam Hood, war Förster in den Diensten von John, dem Grafen von Warenne, Gutsherr von Wakefield. Der Nachname wird in alten Gerichtsakten unterschiedlich Hod, Hode und Hood geschrieben.

Am 25. Januar 1316 wird von Robin Hoods »Magd« berichtet, daß sie vor Gericht gestellt worden sei, weil sie Reisig und »Vert« von der »alten Eiche« gestohlen habe. (»Vert« ist die altenglische Bezeichnung von Bäumen, die dem Rotwild Schutz und Nahrung bieten.) Sie wurde mit einer Buße von zwei Pence bestraft. Andere Gerichtsakten aus dem Jahre 1316 zeigen, daß Robin Hood und seine Frau Matilda zwei Schilling bezahlt haben »für die Genehmigung, ein Stück Land von der Einöde des Gutsherrn zu nehmen, um ein Haus mit fünf Räumen zu bauen«.

1322 rief Robins Gutsherr – zu der Zeit Thomas, der Graf von Lancaster – seine Pächter zu den Waffen, um gegen König Edward II. zu rebellieren. Ein Pächter hatte keine andere Wahl, als seinem Gutsherrn blind zu gehorchen, und Robin folgte dem Grafen als Bogenschütze in die Schlacht. Der Aufstand wurde niedergeschlagen. Lancaster wurde gefangengenommen, des Verrats beschuldigt und enthauptet. Seine Besitzungen wurden vom König eingezogen und seine Gefolgsleute geächtet.

Robin Hood floh in den Barnsdale Forest, der damals etwa 45 Quadratkilometer von Yorkshire bedeckte und verbunden war mit dem Sherwood Forest, der eine Fläche von 38 Quadratkilome-

tern besaß. Durch die Wälder führte die von den Römern angelegte »Große Nordstraße«, die für Räuber reiche Beute bereithielt. Hier wurde die Sage von Robin Hood geboren.
Einer von Robins angeblichen Streichen betraf den hochmütigen Bischof von Hereford, der gerade nach York reiste, als er auf den Führer der Geächteten und einige seiner Kumpane stieß, als sie Wildbret brieten. Der Bischof hielt sie für Bauern und war außer sich über diese offenkundige Übertretung der Forstgesetze. Er verlangte eine Erklärung. Die Geächteten teilten ihm gelassen mit, daß sie eben im Begriff stünden zu speisen. Der Bischof befahl seinen Dienern, sie festzunehmen.
Die Geächteten flehten um Gnade, doch der Bischof schwor, ihnen keine zu gewähren. Da stieß Robin in sein Horn, und der unglückliche Bischof sah sich umzingelt von Bogenschützen in Lincolngrün. Sie nahmen ihn mit seiner gesamten Gefolgschaft gefangen und forderten ein Lösegeld. Während seiner Gefangenschaft mußte der Bischof mit Hüpfschritten um eine große Eiche herumtanzen. Der Baum steht heute nicht mehr, aber den Grund, auf dem er gestanden hat, nennt man noch heute den Bischofseichengrund.
Verschiedene andere Eichen von Barnsdale und Sherwood Forest werden mit Robin Hood und seiner Bande in Verbindung gebracht. Die Mitteleiche, auf halbem Wege zwischen Thoresby und Welbeck, gilt als das Wegzeichen, von dem aus sich das Netzwerk von Robins geheimen Pfaden durch den Wald erstreckte. Aber der

berühmteste Baum ist die Haupteiche in Birkland. Sie ist nachweislich eintausend Jahre alt – sie geht auf die Zeit vor der Eroberung Britanniens durch die Normannen zurück – und hat einen Umfang von ungefähr zehn Metern. Lord Alfred Tennyson hat im letzten Jahrhundert die Eiche besichtigt, und in seinem Gedicht »Die Forester« erwähnt Little John sie als »... die Eiche, in deren Innern zwölf Mann stehen können, ohne einander zu berühren«.
Unter den Geschichten von Robin Hoods Tapferkeit, die die Jahrhunderte überdauert haben, befindet sich auch die von einem Besuch, den er zusammen mit seinem engsten Freund, Little John, der Abtei von Whitby abgestattet hat. Der Abt forderte die beiden auf, ihr Geschick im Umgang mit dem Bogen unter Beweis zu stellen und vom Dach des Klosters in die Ferne zu schießen. Beide taten es, und die Pfeile fielen zu beiden Seiten eines Feldwegs bei Whitby zu Boden – in einer Entfernung von mehr als einer Meile. Der Abt hat zwei Steinpfeiler an den Stellen errichten lassen, wo die Pfeile niedergegangen waren. Die Pfeiler überlebten bis zum Ende des 18. Jahrhunderts. Die Felder zu beiden Seiten des Wegs wurden gleichfalls nach dem Ereignis benannt: Robin-Hood-Anger und Little-John-Anger.
Little John, der Robin Hoods Unterführer war, bekam seinen Namen wegen seiner Körpergröße. Er ist angeblich in Hathergate, Derbyshire, gestorben, und 1784 hat man sein Grab geöffnet. Man fand das Skelett eines außergewöhnlich großen Mannes.
Robin Hood und seinen Mannen sind weitreichende Tätigkeiten zugeschrieben worden. Die Robin-Hood-Bucht, viele Meilen von der Küste von Yorkshire entfernt, wurde nach dem Geächteten benannt, weil dort er und seine Bande angeblich mehrere Boote besessen haben, um zu fischen oder im Notfall vor der Obrigkeit zu fliehen.
Auf einer seiner Reisen besuchte Robin Hood die St.-Marien-Kirche von Nottingham, wo ein Mönch der Bruderschaft ihn erkannte und dem Sheriff verriet. Robin zog sein Schwert und tötete zwölf Soldaten, bevor er gefangengenommen wurde. Doch noch bevor man ihn vor Gericht stellen konnte, führte Little John eine Schar der Geächteten nach Nottingham und befreite ihn. Dann suchten sie den verräterischen Mönch und brachten ihn um.
Doch es war Robin Hoods Eintreten für die Unterdrückten, das ihn zum Volkshelden machte. Seine Raubzüge gegen die Reichen, die Verteilung der Beute an die Armen und seine Verhöhnung der

ungeliebten Obrigkeit begeisterten die geknechtete Landbevölkerung.
Eine der berühmtesten Geschichten, die aus den Eichenwäldern des Sherwood Forest hervorkamen, ist die Sage von dem Zusammentreffen zwischen Robin Hood und König Edward II. Die Geschichte besagt, daß der König, als ihm zu Ohren kam, daß das Rotwild von Sherwood sich aufgrund des Appetits von Robin Hood und seiner Bande mehr und mehr verringere, beschlossen habe, den Wald von den Geächteten zu säubern. Also verkleideten er und seine Ritter sich als Mönche und zogen in den Wald. Sie stießen auf Robin Hood und ein paar Mitglieder seiner Bande, die sogleich Geld von ihnen forderten. Der König gab ihnen vierzig Pfund und sagte, dies sei alles, was er hätte. Robin Hood nahm zwanzig Pfund für seine Männer und gab den Rest dem König zurück. Da zeigte Edward sein königliches Siegel und sagte dem Geächteten, daß der König ihn in Nottingham zu sehen wünsche. Robin befahl allen seinen Männern, vor dem Siegel niederzuknien und dem König ihre Treue zu schwören. Dann luden sie die »Mönche« ein, mit ihnen zu essen – und bewirteten sie mit Wildbret. Später gab Edward seine Identität preis und gewährte allen Geächteten Vergebung – unter der Bedingung, daß sie an seinen Hof kämen und ihm dienten.
Die Geschichte wird berichtet in »A Lytell Geste of Robyn Hood«, das 1459 erschien. Nicht alles daran wird erfunden sein – der König war mit Sicherheit im November 1323 in Nottingham, und die Schilderung seines Verhaltens paßt zu dem, was man über seinen Charakter weiß. Und einige Monate später, 1324, taucht Robin Hoods Name in den Hofrechnungen Edwards II. auf. Dort sind Lohnzahlungen an ihn aufgeführt, die bis zum November desselben Jahres reichen. Nach diesem Datum taucht er wieder in der Volkssage unter. Vielleicht war er, nachdem er das freie Leben eines Geächteten genossen hatte, unfähig, sich in den Dienst zu fügen, nicht einmal für seinen König.
Robin Hoods Abenteuer in den Wäldern lassen sich bis etwa 1346 verfolgen, dem Jahr, da er angeblich in der Abtei von Kirklees gestorben ist. Von der Priorin wird behauptet, sie habe seinen Tod beschleunigt, als er sie um Hilfe bat, um seine Schmerzen bei einer Krankheit zu lindern. Es heißt, sie habe ihn so lange zur Ader gelassen, bis er zu schwach war, um wieder zu genesen.
Robin Hood, so endet die Sage, gelang es noch, in sein berühmtes

Jagdhorn zu stoßen, das seinen ergebenen Gefährten Little John an seine Seite rief. Robin schoß dann einen Pfeil durch das Fenster seines Zimmers ab und bat, man möge ihn dort begraben, wo der Pfeil zu Boden fiele. Die Stelle, von der man behauptet, sie sei sein Grab, kann bis heute besichtigt werden.
Es ist eine romantische, zu allen Zeiten beliebte Sage, die sechshundert Jahre immer wieder erzählt worden ist. Doch ob sie Mythos oder Geschichte, Erfindung oder Tatsache ist, bleibt ein Geheimnis.

DAS GEHEIMNIS DES MASKIERTEN GEFANGENEN

In einer Frostnacht des November 1703 kehrte in der Bastille ein maskierter Gefangener, nachdem er die Messe besucht hatte, in seine Zelle zurück, klagte, daß er sich unwohl fühle, ging zu Bett und starb.
Innerhalb von wenigen Stunden wurden die außergewöhnlichsten Schritte unternommen, um sicherzustellen, daß seine Identität, die vor jedermann außer einer Handvoll von Menschen dreißig Jahre lang geheimgehalten worden war, niemals gelüftet würde. Alle Möbel und Gegenstände, die er benutzt hatte, wurden verbrannt oder eingeschmolzen. Die Wände seiner Zelle wurden abgekratzt und getüncht. Alle Flächen, auf denen er versucht hatte, eine Nachricht an seine Nachwelt zu hinterlassen, wurden abgescheuert. Sogar Bodenplatten wurden hochgehoben und ausgewechselt, und seine Kleidung und sein persönlicher Besitz wanderten in den Ofen.
Auf Befehl Ludwigs XIV. blieb das Gesicht des Gefangenen seine ganze Einkerkerung hindurch von einer Maske bedeckt. Man hatte ihm den sofortigen Tod angedroht für den Fall, daß er die Maske abnehme, irgend etwas über seine Person verrate oder versuche zu fliehen.
Die Legenden über ihn verbreiteten sich in ganz Frankreich und dann in der ganzen Welt. Der einsame Gefangene fesselte die Einbildungskraft der Öffentlichkeit. Als eine der rätselhaftesten Gestalten der Geschichte wurde er bekannt als »der Mann mit der eisernen Maske«.

Warum so wenig über ihn bekannt war und weshalb man ihn in den sichersten Gefängnissen von ganz Frankreich so lang eingekerkert hielt, darüber verbreiteten sich die Gerüchte wie ein Lauffeuer. Manche behaupteten, herausgefunden zu haben, er sei ein illegitimer Sohn des Königs und gliche Ludwig so sehr, daß sein Gesicht von niemanden gesehen werden dürfe. Eine weitere verblüffende Theorie, die vorgebracht wurde, lautete, daß Ludwig XIV. selber illegitim geboren und der Gefangene der rechtmäßige König sei. Andere Gerüchte bezeichneten ihn als Ludwigs Zwillingsbruder, den man eingesperrt habe, um den Ruhm des Sonnenkönigs zu wahren.
In der Tat, es wurden beachtliche Vorkehrungen getroffen, damit niemand je das Gesicht hinter der Maske zu sehen bekam. Er befand sich stets in der Obhut desselben Gefängniskommandanten, des Monsieur de Saint Mars, der mit ihm von Gefängnis zu Gefängnis zog. Ihm war verboten, mit anderen Gefangenen zu verkehren, und sein Wärter hatte Befehl, ihn augenblicklich zu töten, wenn er versuche, über irgend etwas anderes als seine unmittelbaren Bedürfnisse zu sprechen. Sein Name erschien nicht in den Gefängnisberichten und wurde niemals, weder in direkter

Anrede noch in Briefen, verwendet. Für gewöhnlich bezog man sich auf ihn als »den Gefangenen, den Ihr mir gesandt habt« oder, in späterer Zeit, als »den ehemaligen Gefangenen«.
Trotz dieser grausamen Lebensbedingungen wurde er in anderer Hinsicht wie eine bedeutende Persönlichkeit behandelt. Der König und seine Minister erkundigten sich stets nach seiner Gesundheit und seinem Wohlbefinden. Seine Nahrung, Kleidung und Möbel waren von ausgezeichneter Qualität, man gewährte ihm die Ausübung seiner Rechte als gläubiger Katholik und behandelte ihn und sprach mit ihm stets mit vollendeter Höflichkeit.
Der Arzt, dem gestattet war, ihn zu behandeln, doch der seine Sprache und seinen Körper untersuchen mußte, ohne die Maske zu lüften, sagte später aus: »Er war wunderbar gebaut. Seine Haut war dunkel, seine Stimme anziehend.«
Der einzige andere Hinweis auf sein physisches Erscheinungsbild stammt aus der Zeit, als der Gefängniskommandant, Monsieur de Saint Mars, den Befehl erhielt, den Mann von der Insel St. Marguerite, auf der er gefangengehalten wurde, in die Bastille zu überführen. Auf dem Weg nach Paris machte der Kommandant einen Zwischenaufenthalt auf seinem eigenen Schloß in der Nähe von Villeneuve, und Einheimische erhaschten ein paar Blicke auf den Gefangenen. Angeblich war er groß, gut gebaut und weißhaarig. Wenn er mit Saint Mars bei Tisch saß, so konnten die Diener beobachten, daß der Kommandant ihm direkt gegenüber Platz nahm, mit zwei Pistolen neben seinem Teller.
Es heißt, daß der Urenkel und Nachfolger Ludwigs XIV., Ludwig XV., als man ihm die Wahrheit über den Gefangenen mitteilte, ausgerufen haben soll: »Wenn er noch am Leben wäre, würde ich ihm die Freiheit geben.« Doch das Geheimnis wurde offenbar nicht weitergegeben. Um die Neugierde seiner Frau Marie Antoinette zu befriedigen, ließ Ludwig XVI. vergebens die königlichen Archive durchsuchen.
Die ersten schriftlichen Hinweise über den Gefangenen waren 1762 zugänglich, als die Tagebücher von Etienne du Jonca, des Königs Leutnant in der Bastille, veröffentlicht wurden. Er berichtet aus dem Jahr 1698: »Donnerstag, 18. September, drei Uhr nachmittag. M. de Saint Mars, Kommandant des Chateau de la Bastille, zeigte sich heute zum ersten Mal, nachdem er von seinem Kommando auf der Insel Sainte Marguerite hierher befohlen wurde, und brachte in seiner Sänfte einen Gefangenen mit, den er

früher schon in Pignerol hatte, den er ständig eine Maske tragen läßt und dessen Name nicht erwähnt wird...«
Fünf Jahre später zeichnet Du Jonca den Tod des Gefangenen auf und berichtet, daß er am folgenden Dienstag, den 20. November, auf dem Sankt-Paulus-Friedhof unter dem falschen Namen Marchioly begraben worden ist.
Es war Du Jonca, der auf den Umstand hinwies, daß der Gefangene »stets maskiert war, mit einer Maske aus schwarzem Samt«. Andere Quellen beschreiben die Maske als von Eisen und mit Stahl verstärkt gefertigt, die mit einem Kinnstück aus Stahlfedern versehen war, um dem Gefangenen die Nahrungsaufnahme zu ermöglichen. Auf dieser letzten Beschreibung gründete Alexandre Dumas seinen Roman *Der Mann mit der schwarzen Maske* – doch Du Jonca war der einzige Augenzeuge.
Bis zur Französischen Revolution wurde kaum mehr über den geheimnisvollen Gefangenen bekannt. Einer weitverbreiteten Auffassung nach wurde angenommen, daß er ein Mann namens Mattioli war, ein Gesandter des Herzogs von Mantua, der König Ludwig XIV. hintergangen hatte und dem Gefängnisgewahrsam von Saint Mars unterstellt worden war. Der Theorie wurde einige Glaubwürdigkeit beigemessen, da man dachte, daß der Name Marchioly eine französische Version von Mattioli sei. Dies konnte später jedoch widerlegt werden.
Mit der Revolution tauchten die ersten Anhaltspunkte auf. Als die Archive des Kriegsministeriums gesichtet werden sollten, fand man sie in einem chaotischen Zustand vor. Doch viele Jahre geduldigen Katalogisierens und Nachforschens brachten eine Menge Briefe zum Vorschein, die zwischen dem Kriegsminister, dem Marquis de Louvois, und M. de Saint Mars gewechselt worden waren.
Gegen Ende Juli 1669, dem Jahr, von dem man weiß, daß der maskierte Mann erstmals ins Gefängnis gesteckt worden ist, erhielt Saint Mars von Louvois folgende Nachricht: »Der König hat befohlen, daß ich den Mann mit dem Namen Eustache Dauger nach Pignerol überführe. Es ist für diesen Dienst von höchster Wichtigkeit, daß man ihn äußerst sicher bewacht, er keinerlei Auskünfte über seine Person macht, noch an irgend jemand Briefe schreibt. Ihr selber werdet einmal am Tage diesen Elenden mit ausreichend Nahrung für den Tag versorgen müssen und Ihr dürft dabei auf keinen Fall und aus welchem Grund auch immer auf das

hören, was er zu Euch sagt, und droht ihm stets, ihn zu töten, falls er den Mund aufmacht, um von irgend etwas zu sprechen, was nicht seine unmittelbaren Bedürfnisse betrifft.«
Briefe des Königs selber, in denen er seinen Unmut über das Benehmen eines Mannes namens Eustache Dauger zum Ausdruck bringt, wurden gleichfalls gefunden. Der König wünschte, daß man ihn halte in »gutem und sicherem Gewahrsam, und man ihn strikt daran hindere, mit irgend jemandem zu verkehren, sei es mündlich oder schriftlich«.
Weitere Briefe, die Einzelheiten seiner Gefangenschaft in den folgenden Jahren wiedergeben, entsprechen genau dem, was über die Gefangenschaft des maskierten Mannes bis dahin bekannt war.
Wer war Eustache Dauger? Lange Zeit konnte man keine Spur von ihm finden. Endlich gelang jemand die Entdeckung, daß ein Leutnant der königlichen Garde diesen Namen getragen hatte. Dies war übersehen worden, weil seine Familie für gewöhnlich Convoye genannt wurde, nach einem Besitz, den sie in der Picardie hatte. Eine Urkunde von seiner Geburt existiert, nicht jedoch von seinem Tod, und die Hinweise auf ihn hören mit dem Jahr 1668 auf. Er war einer von sechs Brüdern, von denen vier in der Schlacht getötet wurden. Sein fünfter Bruder, Louis, wurde ein enger Freund des Königs und stieg zum Marquis auf. Doch Eustache befand sich stets in Schwierigkeiten, und es scheint, daß er mit den Ränkeschmieden bei Hofe zu tun hatte und möglicherweise sogar in Satanskult und Schwarze Messen verwickelt war, die von der Mätresse des Königs, Madame de Montespan, gefördert wurden. Doch hier sind wir auf Vermutungen angewiesen.
Weiter ist nichts bekannt, und das Geheimnis um den maskierten Gefangenen des Königs bleibt weiterhin eines.

DIE TATEN DES SPRUNGGEWALTIGEN JACK

Er hatte Hände aus Eis, Atem von Feuer und schnellte die Dächer hinauf

Er kam aus der Nacht geschnellt, seine Augen glühten wie Feuerbälle, seine Hände waren eisige Klauen, und sein Mund spie Flammen. Mehr als sechzig Jahre lang hielt diese furchterregende Gestalt, die angeblich mit übermenschlicher Leichtigkeit über hohe Wälle und auf Dächer hinaufspringen konnte, England in Angst und Schrecken.

Am Anfang, in den dreißiger Jahren des 19. Jahrhunderts, wurden die Erzählungen von einer entsetzlichen Teufelsgestalt, die durch die Lüfte schnellte, als hysterischer Unsinn abgetan. Aber die Berichte, hauptsächlich von Leuten aus der Gegend von Barnes Common im Londoner Südwesten, wollten nicht aufhören.

Im Januar 1848 wurde diesem seltsamen Wesen offizielle Anerkennung zuteil. In seinem Amtssitz verlas der Oberbürgermeister von London, Sir John Cowan, den Brief eines zu Tode erschrockenen Bürgers aus Peckham. Er beschrieb die phänomenalen Sprungleistungen einer dämonischen Gestalt. Sogleich setzte ein Sturm der Erregung ein.

Weitere Anzeigen anderer Personen gingen ein, die bis dahin zu sehr Angst gehabt hatten, sich lächerlich zu machen, um von ihren Begegnungen mit dem Wesen zu berichten, das als der sprunggewaltige Jack bekannt geworden war.

Polly Adams, eine hübsche Bauerntochter aus Kent, die im Süden von London in einem Pub arbeitete, war mehrere Monate zuvor wütend angefallen worden, als sie durch Blackheath ging. Der Angreifer entfloh mit großen Sätzen in die Lüfte.

Ein Dienstmädchen, Mary Stevens, wurde bei Barnes Common in Schrecken versetzt. Und auf dem Kirchhof von Clapham stieß eine Frau auf ihrem Heimweg von einem Besuch bei Freunden mit demselben geheimnisvollen Wesen zusammen.

In der Nähe der Themse wurden die achtzehnjährige Lucy Scales und ihre Schwester, Töchter eines Londoner Metzgers, auf ihrem Heimweg von einem Besuch bei ihrem Bruder in der Green Dragon Alley, Limehause, angefallen. Eine Gestalt mit Umhang sprang aus der Dunkelheit hervor, spie Lucy Flammen ins Gesicht,

machte sie vorübergehend blind und schnellte dann in die Höhe davon.
Das nächste Opfer war Jane Alsop, die ihr Heim in der Bearhind Lane, Bow, mit ihren beiden Schwestern und ihrem Vater teilte. Eines Nachts im Februar pochte es laut an der Haustür. Jean beeilte sich, nachzuschauen, und fand eine dunkle, in einen langen Umhang gehüllte Gestalt vor, die im Schatten stehen blieb.
Die Gestalt drehte sich mit einem Ruck herum und sagte: »Ich bin Polizist. Bringen Sie mir um Gottes willen einen Leuchter. Wir haben den sprunggewaltigen Jack hier in der Gasse gefangen.«
Jeans Herz pochte einen Schlag schneller. Die Nachricht verblüffte sie und erregte ihre Neugier. Dann waren die Geschichten von dem seltsamen Gespenst also doch wahr, dachte sie. Sie eilte zurück ins Haus, um eine Kerze zu holen, und reichte sie dem Mann. Doch anstatt nun damit fortzulaufen, ließ der »Polizist« den Umhang fallen – um eine mit einem gehörnten, eng anliegenden Helm und einem engen, weißen Anzug bekleidete Gestalt zu enthüllen.
Der Mann zog sie beim Hals dicht an sich heran und klemmte ihren Kopf unter seinem Arm ein. Doch als er anfing, an ihrem Kleid zu zerren und ihren Körper zu betätscheln, riß sie sich mit einem angsterfüllten Schrei los. Er nahm die Verfolgung auf und packte sie bei ihrem langen Haar, aber Jeans Schwester, die die Schreie hörte, schlug Alarm. Hilfe eilte herbei, doch ehe einer der aufgescheuchten Retter die Gestalt fassen konnte, schnellte sie in die Finsternis davon.
Jean beschrieb vor den Behörden ihren Angreifer folgendermaßen: »Sein Gesicht war abscheulich, er hatte Augen wie Feuerbälle. Seine Hände waren eiskalte, große Klauen, und er spie weiße und blaue Flammen.«
Ihre bunte Schilderung deckte sich mit wiederholten Aussagen anderer – und vermeintlich hysterischer – Opfer. Aber es war eine Beschreibung, die der Polizei bei ihrer Suche nach dem blindwütigen Angreifer kaum weiterhelfen konnte. Wo sollte sie schließlich mit ihren Nachforschungen nach einem solchen Wesen anfangen? Wachposten wurden aufgestellt, Belohnungen ausgesetzt, doch die Bemühungen der Polizei, den Angreifer zur Strecke zu bringen, waren vergebens. Sogar der Herzog von Wellington, obwohl fast sechzig Jahre alt, rüstete sich und zog zu Pferde aus, das Monster zu erlegen.

In den folgenden paar Jahren zog der sprunggewaltige Jack übers Land. Von den hintersten Straßen von London und aus den entlegensten Dörfern kamen Berichte von Begegnungen.
Im Februar 1855 sprang das Geheimnis auf den Westen des Landes über, wo die Bevölkerung von fünf Städten im Süden der Grafschaft Devonshire aufwachte und sah, daß es in der Nacht heftige Schneefälle gegeben hatte – und daß geheimnisvolle Fußspuren erschienen waren. Die Fußstapfen verliefen über Mauern und Dächer hinweg und mitten durch eingeschlossene Hofräume hindurch. Die entsetzten Einwohner nannten sie die Fußstapfen des Teufels. Manche schrieben sie einem gespenstischen Tier (vgl. u. S. 227/228) zu, andere dem sprunggewaltigen Jack.
Der sprunggewaltige Jack schnellte noch 1870 über das Land. Die Armee nahm ihn jedenfalls ernst und arbeitete einen exakten Plan aus, um ihn in die Falle zu locken. Die Vorgesetzten sahen sich zu dieser Maßnahme gezwungen, nachdem Wachposten, unter denen sich so mancher abgebrühte Veteran aus dem Krimkrieg befand, im Dienst durch eine unheimliche Gestalt in Angst und Schrecken versetzt worden waren, die aus dem Schatten hervorgesprungen kam, um auf den Dächern ihrer Wachhäuschen zu landen oder ihnen mit eisiger Hand einen Schlag ins Gesicht zu verpassen.
In Lincoln versuchte die von Angst und Zorn aufgebrachte Bevölkerung, ihn mit Gewehren zur Strecke zu bringen. Wie immer verschwand er mit einem irren Lachen in der Nacht.
Jacks Teufelsfratze wurde 1904 zum letzten Mal in Liverpool gesehen. Er versetzte in der Gegend von Everton die Menschen in Panik, als er die Straßen hinauf- und hinunterhüpfte und »vom Bürgersteig zum Dachfirst und wieder zurückschnellte«. Als einige beherzte Männer versuchten, ihn in die Ecke zu treiben, löste er sich in der Finsternis auf.
Das Viktorianische England besaß einen Überfluß an reichen Exzentrikern, von denen einer sich womöglich einen Spaß daraus gemacht hat, Schrecken im Land zu verbreiten. Manch einer beschuldigte den »verrückten Marquis« von Waterford, doch obwohl er schwachsinnig und unzurechnungsfähig war, ist er niemals bösartig gewesen.
Das Rätsel um den sprunggewaltigen Jack blieb ungelöst. Nach seinem letzten Auftritt in Liverpool tauchte er unter – anscheinend für immer.

»ICH WAR NAPOLEONS GENERAL«

Auf seinem Sterbelager in Florence, South Carolina, erklärte 1846 ein obskurer, aber beliebter Französischlehrer mit schwacher Stimme: »Ich bin Frankreichs Marschall Ney.« Die letzten Worte eines gebrechlichen alten Mannes hätte man für das Produkt eines phantasierenden Greises halten können – hätte es da nicht einige bemerkenswerte Indizien gegeben, die darauf hindeuteten, daß er vielleicht die Wahrheit sagte.

Marschall Ney war einer von Napoleon Bonapartes fähigsten Generälen gewesen. Doch nachdem seine Armee bei Waterloo besiegt worden war, wurde Napoleon auf St. Helena verbannt, und Ney, der weniger Glück hatte als sein Führer, wurde zum Tod durch Füsilieren verurteilt. Kurz nach neun Uhr am Morgen des 7. Dezember 1815 wurde Ney von einer Abteilung der Truppen, die er einst kommandiert hatte, in den Jardin du Luxembourg von Paris geführt. Man stellte ihn an eine Wand, von wo aus er sich mit den ergreifendsten Worten an seine Männer richtete.

Ein britischer Diplomat war Zeuge der Hinrichtung. Er schildert, wie Ney dem Erschießungskommando zurief: »Kameraden, wenn ich die Hand auf meine Brust lege, dann schießt auf mein Herz.« Die Soldaten brachten ihre Gewehre in Anschlag, Ney legte die Hand auf seine Brust, eine Salve ging los, und Ney sank zu Boden, sein Mantel voller Blutflecken.

Dem Beobachter zufolge wurde dann die Leiche mit verdächtiger Eile fortgeschafft. Sie lag über Nacht in einem Hospital aufgebahrt und wurde am nächsten Morgen in der Frühe auf dem Friedhof Père Lachaise beigesetzt. Madame Ney wohnte der Bestattung nicht bei. Nur ein entfernter Verwandter war da, um zu sehen, wie der berühmte General zur letzten Ruhe gebettet wurde.

Drei Jahre später behauptete in Florence, South Carolina, ein Französischlehrer mittleren Alters, der den Namen Peter Stuart Ney führte, er und der Marschall Ney seien ein und dieselbe Person. Er gab an, vor der Hinrichtung hätte ihn ein Plan bewahrt, den seine ehemaligen Soldaten ersonnen hätten, mit der Hilfe seines früheren Feindes, des Herzogs von Wellington, den das unwürdige Schicksal, das man für einen General seines Ranges vorgesehen hatte, empörte.

Der Lehrer erklärte, das Erschießungskommando habe genau über sein Herz gezielt. Er sagte, er hätte in seiner Hand ein Gefäß

Ein zeitgenössischer Stich, auf dem Marschall Ney den Befehl zu seinem eigenen Tod gibt.

mit Blut gehalten, das er hätte ausfließen lassen, als er sich gegen die Brust schlug. Dann habe man ihn auf einem Schiff nach Amerika geschmuggelt.

Niemand schenkte Ney Glauben, bis ein Arzt ihn untersuchte und bestätigte, daß Narben an seinem Körper den Schlachtverwundungen Marschall Neys entsprächen. Der Lehrer behauptete auch, daß er auf seiner Überfahrt von einem Mitreisenden erkannt worden sei – von einem Soldaten, der einst seinem Befehl unterstanden hatte. Der Mann wurde später aufgespürt und bestätigte die Geschichte. Der Französischlehrer konnte sich auch mit bemerkenswert intimen Kenntnissen über Marschall Ney und seine Familie sowie über militärische Strategien brüsten.

Der namhafte New Yorker Graphologe David Carvalho untersuchte Briefe, die der Lehrer und der General geschrieben hatten. Er zögerte keinen Moment zu bestätigen, daß sie von ein und derselben Person stammten.

Sechs Jahre nach der Pariser »Hinrichtung« brachte einer von Neys Schülern ihm eine Zeitung, die den Tod Napoleons auf St. Helena meldete. Der Lehrer fiel vor der Klasse in Ohnmacht und mußte nach Hause gebracht werden. Später am Tage versuchte er,

sich die Kehle durchzuschneiden. doch brach das Messer in der Wunde ab.
Peter Ney – oder Marschall Michael Ney, falls er mit diesem tatsächlich identisch gewesen ist – starb friedlich im Jahre 1848, nachdem er bis zuletzt die merkwürdige Geschichte behauptet hat, die nie jemand beweisen oder widerlegen konnte.

DIE KÖNIGIN DES KRIMINALROMANS ELF TAGE LANG VERMISST

Das Rätsel von Agatha Christies Verschwinden blieb ungelöst

Agatha Christie

Agatha Christie war die erfolgreichste Kriminalautorin aller Zeiten. Ihre Erzählungen von Hercule Poirot und Miss Marple haben mehr als fünfzig Jahre lang Millionen von Lesern begeistert, und manche ihrer ausgeklügelten Fälle verwirrten sogar ihre scharfsinnigsten Bewunderer. Doch mit ihrem Tod im Januar 1976 hinterließ sie ein lebensechtes Geheimnis, das so verblüffend war, als habe sie es selber erdacht.

Im Dezember 1927, als sie schon eine gefeierte Kriminalschriftstellerin war, verschwand Agatha Christie für fast zwei Wochen. Die Schlagzeilen der Zeitungen verkündeten einer atemlosen Leserschaft die sensationellsten Theorien. Selbstmord, Entführung, Mord. Die Polizei suchte nach irgendwelchen Anhaltspunkten, warum sie verschwunden war – doch vergebens.
Agatha Christie wurde im September 1890 geboren als Tochter eines wohlhabenden Amerikaners, der mit seiner englischen Frau in Torquay, Devon, lebte. Die Familie lebte in luxuriösen Verhältnissen, und Agatha erhielt nur wenig regulären Unterricht. Doch war das Haus voller Bücher, und ihre Mutter ermunterte sie zum Lesen.
Im Jahre 1914 heiratete sie den Oberst Archibald Christie, und während ihr Mann mit der Armee im Ausland war, diente sie als Krankenschwester. Sie bildete sich zur Apothekerin weiter, und es war während jener Zeit, daß sie sich die detaillierten Kenntnisse der Medizin, Drogen und Gifte aneignete, die ihr als Kriminalautorin so sehr zustatten kamen.
Ihre erste Detektivgeschichte schrieb sie, als sie von einer Krankheit genas, und ab 1926 hatte sie literarischen Erfolg. Vielleicht verunsicherte dies ihren Ehemann, der sich einer anderen Frau zuwandte und die Liebesaffäre seiner Gattin beichtete.
Diese Mitteilung, die auf den Tod ihrer Mutter folgte, trieb sie in die Verzweiflung. Und in der bitterkalten Nacht vom Freitag, dem 3. Dezember, zog sie sich ein grünes Strickhemd und eine graue Wolljacke an, setzte sich einen Samthut auf, stopfte ein paar Pfundnoten in ihre Börse, stieg in ihren zweisitzigen Morris und fuhr davon in die Nacht.
Am nächsten Morgen in der Frühe fand man das Auto leer am Fuße eines Hügels in der Nähe von Newlands Corner, kaum eine halbe Meile von ihrem Zwölf-Schlafzimmer-Haus in Berkshire entfernt. Der Wagen stand auf einem schmalen, ausgefahrenen Feldweg, seine Vorderreifen ragten über den Rand einer vierzig Meter tiefen Kalkgrube. Die Bremsen waren gelöst, der Schalthebel stand im Leerlauf, und die Zündung war eingeschaltet. In dem Wagen fanden sich ein paar Kleidungsstücke, unter anderem ein Pelzmantel.
Am folgenden Montag gab die Polizei die Meldung von ihrem Verschwinden bekannt, und die Zeitungen brachten sie in den Schlagzeilen. Hunderte von Polizisten und Tausende von Freiwil-

ligen durchstöberten die Landschaft. Tiefseetaucher suchten nach ihr in dem Stillen Teich, einem so genannten, bodenlosen See in der Gegend.
Die bevorzugte Theorie lautete, die berühmte Autorin habe Selbstmord verübt. Doch wo war die Leiche?
Während Geschrei und Geheul anwuchsen, machte sich vierhundert Kilometer entfernt in Harrogate, Yorkshire, eine attraktive rothaarige Frau unter ihren Mitgästen im Hydro Hotel beliebt. Ihr Name, sagte sie, laute Theresa Neele – derselbe Nachname wie der von Oberst Christies neuer Liebe – und sie stamme aus Südafrika. Doch der Oberkellner des Hotels, der die Geschichte von Agatha Christies Verschwinden in den Zeitungen genau verfolgt hatte, war der Meinung, daß der freundliche Gast der vermißten Schriftstellerin verdächtig ähnlich sehe, und setzte sich mit der Polizei in Verbindung.
Elf Tage nach ihrem Verschwinden hatte »Mrs. Neele« gerade eine Billardpartie beendet und ging fort, um sich zum Abendessen umzuziehen. Als sie sich dem Speisesaal näherte, ließ Oberst Christie die Zeitung, hinter der er sich verborgen hatte, sinken und ging auf sie zu.
Die Presse argwöhnte sogleich ein sorgfältig inszeniertes Reklamestückchen – auch wenn Oberst Christies Behauptung, seine Frau habe an vorübergehendem Gedächtnisschwund gelitten, von einem Arzt bestätigt wurde. Die Zeitungen provozierten ein allgemeines Geschrei der Entrüstung und forderten, daß die 3000 Pfund, die den Steuerzahler die Suche gekostet habe, zurückerstattet würden. Doch allmählich ebbte die Empörung ab, und Mrs. Christie gewann ihre Popularität zurück. Zwei Jahre später wurden sie und Oberst Christie geschieden, und er war nun frei, um Miss Neele zu heiraten.
1930 heiratete Agatha den Archäologen Sir Max Mallowan und machte mit ihm ausgedehnte Reisen, wobei sie die exotischen Orte, die sie mit ihm besuchte, als Schauplätze für einige ihrer Romane benutzte.
Im Lauf der Jahre verblaßte die Erinnerung an das Verschwinden der Autorin. Sie stimmte Interviews nur unter dem Vorbehalt zu, daß diese Angelegenheit nicht erwähnt werde. Sogar ihre Autobiographie übergeht diese Episode rasch; dort deutet sie lediglich einen Nervenzusammenbruch an. Aber ist dies die wirkliche Erklärung dessen, was viele Jahre zuvor geschehen ist? Wenn sie ihr

Gedächtnis verloren hatte, woher stammte dann die Kleidung, die sie im Hydro Hotel trug, und das Geld, das sie ausgab?

Hatte sie in jener Dezembernacht die Absicht, sich zu töten und dann – als das Schicksal eingriff und ihr Auto doch nicht in die Kalkgrube hinabstürzte – sich entschlossen, für eine Weile fortzugehen, um die Dinge in Ruhe zu überdenken? Wenn es so war, weshalb teilte sie dann der Polizei nicht die Wahrheit mit?

War der Unfall eine Taktik, um das Mitleid ihres abtrünnigen Mannes hervorzurufen und ihn zurückzugewinnen? War es ein komplizierter Versuch, die Affäre ihres Gatten ins reine zu bringen? Oder war vielleicht, schlimmer noch, alles nur ein Plan, um die Untreue ihres Mannes zu bestrafen? Angenommen, der Selbstmordversuch wäre geglückt. Dann hätte die Polizei nachgeforscht und in Oberst Christies Affäre mit Miss Neele ein für ihn hinreichendes Motiv gefunden, sich ihrer zu entledigen. Vielleicht ist dies etwas weit hergeholt, doch nicht mehr als manche von Mrs. Christies geheimnisvollen Romanintrigen.

Die meisten der Leute, die helfen könnten, Licht in die Sache zu bringen, sind jetzt tot. Miss Neele starb 1958 und Oberst Christie 1962.

Agatha Christies zweiter Ehemann, Sir Max, gab einmal zu, daß das *Unvollendete Porträt*, ein romantischer Roman, den sie 1934 unter dem Namen Mary Westmacott geschrieben hat, eine kaum verschleierte Autobiographie sei. Die Heldin darin ist wie vor den Kopf geschlagen, als ihr Mann ihr sagt, er liebe eine andere Frau. Sie versucht, sich umzubringen, doch es mißlingt ihr.

Im Laufe der Jahre schrieb Agatha Christie mehr als achtzig Romane, wurde häufiger übersetzt als William Shakespeare und erreichte eine Auflage von dreihundert Millionen Büchern. Doch trotz dieser Berühmtheit blieb sie eine zurückgezogene, geheimnisumwitterte Frau. Und sie weigerte sich bis zu ihrem Tode, für die Lösung ihrer geheimnisvollsten Kriminalgeschichte zu sorgen – der ihres eigenen Verschwindens ein halbes Jahrhundert zuvor.

2.

Geheimnisse der Tiefe

Das Meer war immer eine Herausforderung, eine Inspiration – und ein Geheimnis. Obwohl der Mensch die Tiefen des Ozeans ausgelotet hat, gibt es fast immer noch ebenso viele Fragen wie Antworten über die Meere, die zwei Drittel unseres Globus bedecken. Was war das schreckliche Geheimnis der *Mary Celeste?* Welche wahre Geschichte steckt hinter der Versenkung der *Lusitania*? Existiert das Ungeheuer von Loch Ness wirklich? Wo ist die untergegangene Welt von Atlantis? Die Geheimnisse der Tiefe sind zahlreich und verblüffend.

DAS GEISTERSCHIFF »MARY CELESTE«

Was war der Grund für das spurlose Verschwinden ihrer Besatzung?

Etwas Merkwürdiges war an dem zweimastigen Segelschiff, das in der Dünung des Atlantiks rollte. Da stimmte etwas nicht, doch es war zuerst nicht leicht auszumachen, was es war. Die Besatzung an Deck der Brigg *Dei Gratia* hatte die Irrfahrt des geheimnisvollen Schiffes beobachtet, seit es als ein Fleck am grauen Horizont aufgetaucht war. Die *Dei Gratia* war stetig auf sie zugesteuert, bis am frühen Nachmittag Captain David Morehouse auf Parallelkurs gegangen war und anfing, durch sein Fernrohr die seltsamen Aufbauten des Schiffes zu studieren.

Das merkwürdige Schiff war eine Brigg mit im Kreuz gebraßter Takelage wie sein eigenes, aber es hatte nur zwei Segel gesetzt. Die anderen waren entweder aufgerollt oder hingen in Fetzen herab. Das Schiff schlingerte in den leichten Windböen nach links und nach rechts, als ob der Steuermann betrunken wäre. Doch bald erkannte Captain Morehouse, warum das Schiff nicht geradeaus und ruhig segelte. Denn als die *Dei Gratia* näher kam, sah er, daß niemand am Steuer war... niemand an Deck... tatsächlich, keinerlei Anzeichen von Leben.

Morehouse hatte eine Signalflagge hissen lassen, doch der gespenstische Fremde gab keine Antwort. Er ordnete an, daß man ein Beiboot aussetzte, und drei Männer ruderten zu dem Schiff hinüber.

Als sie sich ihm näherten, riefen sie: »Brigg ahoi, Brigg ahoi!« Doch keine Antwort. Sie pullten ihr Boot um das Achterschiff herum und spähten hinauf zu dem Namen, der dort gemalt war: *Mary Celeste*, New York.

Das letzte Mal, daß jemand die *Mary Celeste* gesehen hatte, war einen Monat zuvor gewesen, als sie am 4. November 1872 von New York mit dem Bestimmungshafen Genua und einer Fracht von 1700 Faß Rohalkohol ausgelaufen war. An Bord befanden sich der 37jährige Mitbesitzer, Captain Benjamin Spooner Briggs, und sein Erster Offizier, Albert Richardson, der eine Crew von sieben Mann befehligte. Gleichfalls an Bord waren die Frau des Kapitäns, Sarah, und ihre zweijährige Tochter, Sophia. Briggs, ein aufrechter, gottesfürchtiger, bärtiger Mann, machte seine erste

Fahrt auf der *Mary Celeste*. Seine vorherigen Kommandos waren ein Schoner und eine Barke gewesen, aber er hatte sich die Möglichkeit nicht entgehen lassen, die *Mary Celeste* zu befehlen, als das Konsortium, dessen Eigentum sie war, ihm eine Dritteltteilhaberschaft an dem Schiff anbot. Es hatte ursprünglich *Amazone* geheißen, doch die Besitzer hatten es, im Zuge einer dringend notwendigen Wiederinstandsetzung, auf einen neuen Namen getauft, bevor sie es über den winterlichen Atlantik schickten.

Die *Mary Celeste* verließ unter vollen Segeln den New Yorker East River und richtete ihren Bug auf die Azoren, die dem Logbuch nach am 24. November gesichtet wurden. Das Wetter war bis dahin gut gewesen, und Mrs. Briggs hatte den Großteil ihrer Tage an Deck verbracht. Des Abends arbeitete sie an ihrer Nähmaschine oder spielte auf ihrem Harmonium. Sie hatte ihren Mann überredet, ihr zu erlauben, es mit auf die Reise zu nehmen.

Nachdem sie jedoch die Azoren passiert hatten, wurde das Wetter schlechter. Es blies eine ziemlich steife Brise. Sie war allerdings kaum stark genug, um einem erfahrenen Kapitän Sorgen zu bereiten, und Briggs ordnete an, daß einige Segel eingeholt wurden. Es gab keine Panik, und das Logbuch berichtet nur von den nüchternsten Dingen. Der nächste Tag war der 25. November, und an diesem Tag wurde noch die Position des Schiffes ins Logbuch eingetragen.

Dies war die letzte Eintragung, die gemacht wurde.

Zehn Tage später legte das Beiboot der *Dei Gratia* längsseits der *Mary Celeste* an. Der Erste Maat Oliver Deveau und der Zweite Maat John Wright kletterten an Bord und ließen den dritten Mann unten, um das Bott zu sichern. Deveau und Wright durchsuchten das Schiff, doch was sie entdeckten, machte das Geheimnis nur noch undurchsichtiger.

Die Takelage schlug lose im Wind. Das Steuerruder drehte lautlos, Wasser schwappte durch die offene Kombüsentür herein, ein Kompaß lag zertrümmert an Deck, das Rettungsboot war fort. Doch unter Deck schaute es ganz anders aus. Alles schien wohlgeordnet... außer, daß dort niemand zu sehen war.

In der Kapitänskajüte stand Mrs. Briggs Harmonium aus Rosenholz, noch mit einem Notenblatt darauf. Die Nähmaschine stand auf dem Tisch. Die Spielsachen der kleinen Sophia waren alle fein säuberlich aufgeräumt. Der Anblick im Mannschaftsdeck war ebenso ordentlich. Wäsche hing auf der Leine, auf den Kojen lagen Kleidungsstücke, trocken und unberührt. In der Kombüse schienen Vorbereitungen für das Frühstück getroffen worden zu sein, obwohl offensichtlich nur die Hälfte davon serviert worden war.

Deveau und Wright kletterten in ihr Beiboot zurück und berichteten Morehouse von ihren Erkundungen. Er schlug als Erklärung vor, daß die Besatzung die *Mary Celeste* sicher bei einem Sturm aufgegeben habe. Aber warum gab es dann, fragte Deveau, in der Kapitänskajüte eine offene und nicht verschüttete Flasche Hustensaft sowie heile Teller und Nippessachen? Eine Meuterei, schlug Morehouse vor. Aber es gab keinerlei Anzeichen eines Kampfes – und warum sollten die Meuterer zusammen mit ihren Opfern das Schiff verlassen haben? Vielleicht hatte das Schiff Wasser genommen. Deveau bestätigte, daß drei Fuß Wasser im Ladedeck gestanden haben und daß sie ein Lot an Deck gefunden hätten, doch wäre eine in zehn Tagen aufgenommene Wassermenge von drei Fuß für ein altes Schiff mit Holzrumpf ganz normal und hätte leicht wieder herausgepumpt werden können.

Morehouse entschied, die unbeantworteten Fragen für den Augenblick beiseite zu lassen und sich auf wichtigere Dinge zu konzentrieren – auf Bergegeld zum Beispiel. Er schickte ein paar Mann von seiner Crew auf die schlingernde *Mary Celeste* zurück, und innerhalb von wenigen Stunden war das Ladedeck trockengepumpt. Am folgenden Tag wurde die Takelage repariert.

Der Kapitän konnte nur drei Mann von seiner Sieben-Mann-Crew entbehren, um die *Mary Celeste* zu segeln. Er wählte Deveau und die Matrosen Augustus Anderson und Charles Bund aus. Mit einer bewunderungswürdigen seemännischen Leistung segelten die drei die *Mary Celeste* sechshundert Meilen bis zu ihrem nächsten Anlaufhafen, Gibraltar, wo die *Dei Gratia* auf sie wartete.

Die britischen Behörden von Gibraltar beschlagnahmten die *Mary Celeste* und ordneten eine öffentliche Untersuchung an. Deveau und seine Männer wurden streng verhört. Unter Captain Briggs Koje hatte man einen blutbefleckten Degen gefunden – war das nicht der Beweis, daß an der Sache etwas faul war? Der Dolch wurde untersucht, doch die Flecken stellten sich nicht als Blut heraus. Neun Fässer Alkohol waren leer und ein weiteres Faß aufgebrochen vorgefunden worden – konnte die Mannschaft nicht eine Sauforgie veranstaltet haben? Geduldig erklärte Deveau vor dem Untersuchungsausschuß, daß unter Deck das Schiff sich in

Die Mary Celeste.

vollkommener Ordnung befunden hätte. War Briggs womöglich während eines Sturms in Panik geraten und hatte befohlen, das Rettungsboot auszusetzen? Auch dafür gab es wenig Anzeichen – in der Kapitänskajüte war alles so ordentlich, wie es zum Frühstück eines Gentlemans aussehen sollte. Der Kapitän hatte sogar fein säuberlich von seinem gekochten Ei den Kopf abgeschlagen, das noch unverzehrt auf dem Tisch stand.

Doch die Frage, die die Ermittlungsbeamten vor das größte Rätsel stellte, lautete: wie konnte die *Mary Celeste* ohne Besatzung über fünfhundert Meilen weit ihren Kurs halten? Als die *Dei Gratia* das geheimnisvolle Schiff aufbrachte, segelte Morehouse backbord, die *Mary Celeste* steuerbord. Es sei unvorstellbar, wurde vor dem Untersuchungsausschuß gesagt, daß die *Mary Celeste* mit so gesetzten Segeln den Kurs gefahren sein könnte, wie sie es getan hat. Jemand muß mehrere Tage nach der letzten Eintragung des Logbuchs an Bord gewesen sein...

Die Behörden von Gibraltar waren sicher, daß das vermißte Beiboot der *Mary Celeste* und die Mannschaft bald auftauchen würden, um die unbeantworteten Fragen zu klären. Doch dies geschah nicht, und am 10. März 1873 sprach der Untersuchungsausschuß Morehouse und seinen Männern die wenig großzügige Summe von 1700 Pfund für die Bergung zu. Diese Summe bedeutete etwa fünfzehn Prozent von dem Wert des 200-Tonnen-Schiffes und seiner Fracht.

Die Untersuchung wurde eingestellt, doch die Spekulationen wüteten fort. Die gesamte Besatzung der *Mary Celeste* sei von Piraten gefangengenommen worden, ein Riesentintenfisch habe sie gepackt, sie sei auf einen Eisberg übergesetzt, sie sei am Gelbfieber gestorben, der Kapitän sei verrückt geworden. Doch die außergewöhnlichste Erklärung von allen wurde vierzig Jahre später, 1923, vorgeschlagen.

Howard Linford, Direktor einer Schule in Hampstead, London, behauptete, ein enthüllendes Schriftstück gefunden zu haben unter den Besitzstücken, die ein alter Schulpedell ihm auf dem Sterbebett hinterlassen habe.

Der Pedell, ein vielgereister Mann namens Abel Fosdyk, hatte in einem Bericht geschrieben, daß er als nicht aufgeführter Passagier auf der *Mary Celeste* gewesen sei – als einziger Überlebender der Tragödie, die über sie hereingebrochen sei.

Fosdyk schrieb, daß während der Reise Captain Briggs es gefährlich gefunden hätte, wie seine Tochter auf der Bugspriet spielte – dem Rundholz, das bei Segelschiffen über den Bug hinausragt. Er trug dem Schiffszimmermann auf, einen umgedrehten Tisch zu nehmen und damit eine sichere Plattform zum Spielen für sie zu bauen. Als er dies tat, schlug der Zimmermann tiefe Kerben in die Spriet – rätselhafte Einschnitte, die tatsächlich an der *Mary Celeste* gefunden worden waren. An einem ruhigen Tag hatte Briggs eine Auseinandersetzung mit seinem Ersten Offizier über die Fähigkeit des Menschen, in seinen Kleidern zu schwimmen, und der exzentrische Kapitän sprang über die Reling, um seine Ansicht unter Beweis zu stellen. Die ganze Besatzung des Schiffes eilte auf die behelfsmäßige Plattform, um besser zusehen zu können, das Holzgerüst brach zusammen, und jedermann stürzte ins Meer. Bald tauchten Haie auf und verputzten alle, bis auf Fosdyk, der sich an die Überreste der Plattform geklammert hielt, bis er an die afrikanische Küste gespült wurde.

Die Geschichte fesselte die Einbildungskraft von Lesern rund um den Erdball, doch wurde sie als zu weit hergeholt zurückgewiesen. Was mit der Besatzung der *Mary Celeste* geschah, bleibt also bis auf den heutigen Tag ein Geheimnis. Doch was geschah mit dem Schiff selber?

Als die *Mary Celeste* von dem Untersuchungsausschuß auf Gibraltar freigegeben wurde, weigerten sich die Seeleute, auf ihr zu fahren. Sie glaubten, es laste ein Fluch auf ihr. Das Schiff wechselte in den nächsten elf Jahren siebzehnmal den Besitzer, bis es 1884 von einer Gruppe Bostoner Geschäftsleute gekauft wurde. sie überversicherten das Schiff und schickten es nach Haiti. Dort setzte es der Kapitän bei klarer Sicht und ruhiger See auf ein Korallenriff. Der versuchte Versicherungsbetrug flog auf, und der Kapitän wie die Besitzer wurden vor Gericht gestellt. Inzwischen verrottete der alte Holzrumpf der *Mary Celeste* unsichtbar auf dem weit entfernten Riff in der Karibik.

DIE KULTUR, DIE IM MEER VERSANK

Noch immer geht die Suche nach dem untergegangenen Königreich von Atlantis weiter

Es war ein reiches Land, gesegnet mit einer üppigen Vegetation und Minen mit Edelmetallen, einschließlich Gold und Silber. Sein Volk war kultiviert und in den Wissenschaften weit fortgeschritten. In der Mitte des Inselkönigreiches, auf dem Gipfel eines kleinen Hügels, standen ein Palast und ein Tempel, das Zentrum einer ausgedehnten Stadt, die sich von einem Ende zum anderen über fast zwanzig Kilometer hin erstreckte. Um den Hügel herum verlief ein Graben – tatsächlich eher ein Kanal – voller Segelschiffe. Darum herum waren in konzentrischen Kreisen weitere Kanäle gebaut. Diese Wasserwege waren durch wieder andere Kanäle mittels eines großartig angelegten Systems von Docks und Häfen mit der offenen See verbunden, über die die wertvollen Güter des Landes in den Rest der bekannten Welt ausgeführt wurden. Es war ein wohlhabendes Königreich und ein berühmtes. Denn obwohl es viele Jahrhunderte vor Christus von der Erdoberfläche verschwand, ist sein Name heute noch besser bekannt als der so mancher überlebenden Nation auf dem Globus. Der Name jenes sagenumwobenen Königreichs und seiner großen Hauptstadt heißt... Atlantis.

Die einzige Beschreibung, die uns von Atlantis überliefert ist, wurde etwa 347 v. Chr. von dem griechischen Philosophen Plato verfaßt. Und auch er berichtet nicht aus erster Hand. Er wiederholt Geschichten, die der athenische Reisende Solon niedergeschrieben hat, der sie seinerseits von ägyptischen Priestern gehört hatte. Der Sage nach, die Plato vermittelt hat, war Atlantis ein großes, im Niedergang begriffenes Reich. Sein Volk war korrupt geworden – und es verdiente eine fürchterliche Strafe. »An einem Tag und in einer Nacht« fiel die ganze Insel, mehr als 500 Quadratkilometer, einer Katastrophe von unübertroffenen Ausmaßen zum Opfer. Atlantis zerbarst in einem Vulkanausbruch, auf den eine Flutwelle folgte, und innerhalb von vierundzwanzig Stunden war es im Meer verschwunden.

Plato verlegt das tragische Schicksal von Atlantis in eine Zeit, die wir heute auf 9600 v. Chr. datieren würden. Und der Ort? »Jenseits der Säulen des Herkules« – für uns heute die Straße von

Gibraltar. Somit wäre Atlantis irgendwo im Atlantischen Ozean anzusiedeln, eine Theorie, die, wie Geologen uns lehren, nicht zutreffen kann. Denn es gibt auf dem Grund des Atlantiks keine genügend hohen Bodenerhebungen, die Platos Geschichte wahrscheinlich machen würden. Saß der berühmte Philosoph also falschen Informationen auf? Oder benutzte er die ganze Geschichte nur als eine warnende Legende? Die Antwort lautet aller Wahrscheinlichkeit nach, daß Platos epische Erzählung strikt auf Fakten beruht – obgleich es sowohl um die Datierung als auch um die geographische Bestimmung schlecht bestellt ist. Das Ergebnis ist ein Rätsel, das die Menschen über Jahrhunderte hinweg fasziniert hat. Dies sind einige der Gebiete, die im Laufe der Jahre als Ort der untergegangenen Zivilisation vorgeschlagen worden sind:

Mittlerer Atlantik. Ein breiter Kamm verläuft in Form eines S auf dem Meeresboden die ganze Strecke vom Nord- zum Südatlantik entlang, von Island bis Tristan da Cunha. Man schlug vor, daß die obersten Partien dieses Gebirgszuges, in der Gegend der Azoren, einmal ganz über dem Meeresspiegel gelegen und das Land Atlantis gebildet hätten. Bis zu unserem Jahrhundert war dies die am weitesten verbreitete Theorie. Doch ist sie nun von Wissenschaftlern widerlegt worden, die bekräftigen, daß der atlantische Gebirgskamm – und dies bereits seit Tausenden von Jahren – sich langsam aus der Tiefe erhoben hat, statt abzusinken.

Nordamerika. Sobald Christoph Columbus mit seinen Erzählungen von jenem Land jenseits des Ozeans nach Europa zurückgekehrt war, lebte das Interesse an dem untergegangenen Königreich Atlantis wieder auf. Der englische Philosoph Sir Francis Bacon verknüpfte in seinem Werk *Nova Atlantis* die Legende mit der Wirklichkeit. Und der Historiker John Swain schrieb: »Man darf annehmen, daß Amerika einst Teil jenes großen Landes gewesen ist, das Plato das Atlantische Eiland nannte, und daß die Könige dieser Insel mit dem Volk von Europa und Afrika einigen Verkehr unterhielten.« Eine solche Theorie muß jedoch zurückgewiesen werden. Die nordamerikanischen Rassen haben bis heute kein so hohes kulturelles Niveau entwickelt, das dem zu Platos Zeiten gleichkäme.

Die Landbrücke. Man hat verschiedene Theorien über Landbrükken vorgetragen, die einstmals Afrika mit Südamerika verbunden haben sollen, oder Europa – über die britischen Inseln, Island und Grönland – mit Nordamerika. Doch die Geologen wissen heute,

daß eine solche Brücke während der letzten fünfzig Millionen Jahre nicht existiert haben kann.
Die Sargassosee. »Sargasso« ist das portugiesische Wort für treibenden Seetang, und eben daraus besteht die Sargassosee. Sie ist eine mehr als zwei Millionen Quadratkilometer große Ansammlung von Tang, der vor der Küste von Florida treibt. Seefahrer haben einst gedacht, daß er weite Untiefen bedecke, die das versunkene Atlantis sein könnten. Tatsächlich aber ist die See bis zu 500 Metern tief.

PLATOS ATLANTIS

In der Mitte der Insel (Atlantis) war eine Ebene, die schöner und fruchtbarer als irgendeine andere gewesen sein soll, und nach der Mitte dieser Ebene zu war ein Berg von geringer Höhe. Um den Berg herum waren zwei Gürtel von Erde und drei von Wasser aus der Insel gleichsam herausgedrechselt. Inmitten des Königssitzes auf dem Berg befand sich ein unzugängliches, der Kleito und dem Poseidon geweihtes Heiligtum, das von einer goldenen Mauer umgeben war. Den Tempel des Poseidon hatten sie von außen ganz mit Silber überzogen, mit Ausnahme der ganz mit Gold überzogenen Zinnen. Quellen, die kalt und warm strömten, hatten reichen Zufluß an Wasser für die im Winter überdeckten Baderäume, die königlichen abgesondert von denen des Volkes sowie von denen der Frauen, geschieden von den Schwemmen der Pferde und des Zugviehs. An dem äußersten Gürtel von Erde aber lagen Werften und Häfen, umgeben von einem Wall, der dicht mit Wohnungen bebaut war. Von dieser Gegend erhob sich bei Tag und bei Nacht Geschrei, Lärm und Getümmel aller Art. Weiter fort lagen die Ebenen, die all die wohlriechenden Stoffe zur Vollendung gedeihen ließen, welche die Erde nun hervorbringt, ob sie von Wurzeln oder Kräutern, Bäumen, Blumen oder Früchten sind. All dieses brachte jene gelobte Insel, wie sie einst in der Sonne lag, in vollkommener Schönheit und unendlichem Überfluß hervor.

Vgl. Plato: *Kritias* und *Timaios*

Die Scilly-Inseln. Phönizische, römische und griechische Geschichtsschreiber verweisen alle auf die »Zinninseln« vor der britischen Küste. Die Cornwall vorgelagerten Inseln, Englands einziges Zinnabbaugebiet, passen jedoch nicht zu Platos üppiger Beschreibung.

Bimini. Zwischen 1923 und seinem Tod 1945 machte sich ein amerikanischer Werbephotograph namens Edgar Cayce als Gesundbeter und Wahrsager einen Namen. Obwohl er Platos Werke angeblich nie gelesen hatte, behauptete er, in die Zeit zurückgeschaut und im Geist eine Reise nach Atlantis gemacht zu haben, und er beschrieb es auf genau dieselbe Weise, wie es der griechische Philosoph 2800 Jahre zuvor getan hatte. Cayce fügte hinzu, daß Atlantis durch eine Atomexplosion zerstört worden sei (nachdem die Einwohner die Technik der Nuklearspaltung beherrscht hätten), etwa um das Jahr 1000 v. Chr. – nahe dem Datum, das Plato angesetzt hatte. Und er gab die Lage von Atlantis mit Nord-Bimini an, einer kleinen Insel des Bahama-Atolls, mit der Prophezeiung, daß »ein Teil der Tempel schon 1968 oder 1969 entdeckt werden könnte«.

Das war wirklich eine absurde Geschichte. Und doch entdeckte 1968 der ehemalige amerikanische Zoologe und Tiefseetaucher Dr. J. Hanson Valentine einige merkwürdige unterseeische Bauten vor der Küste von Nord-Bimini. Sie waren nur aus der Luft deutlich zu erkennen, aber als er hinabtauchte, um nachzuforschen, fand er heraus, daß es sich um die Mauern von etwas handelte, was ein gewaltiger Hafen mit Kais und Dämmen zu sein schien. Die Mauern, etwa einen halben Kilometer lang, bestanden aus massiven Steinquadern von jeweils mehr als fünf Quadratmetern.

Anschließende Forschungsexpeditionen – und es gab ihrer viele – haben Dr. Valentines Behauptung, daß die Formationen auf einen von Menschenhand angelegten Hafen schließen ließen, abwechselnd unterstützt und bestritten. 1970 leitete Dr. John Hall, ein Archäologieprofessor der Universität Miami, eine Feldstudie und berichtete: »Diese Steine stellen eine Naturerscheinung dar, die uns als Erosion von Strandfelsen bekannt ist. Wir konnten keinerlei Anhaltspunkte für die Einwirkung von Menschenhand feststellen. Aus diesem Grund und zum Leidwesen derer, die an die alte Sage glauben, muß Atlantis wieder einmal abgeschrieben werden.«

Doch zwei spätere amerikanische Forschungsexpeditionen vor Bimini brachten ganz andere Ergebnisse. Der Leiter der Expedition, Dr. David Zink aus Kalifornien, förderte einen Steinquader mit einer Kante zutage, in die Spund und Nut eingearbeitet waren. Seine Schlußfolgerung: »Alles in allem genommen glauben wir, daß die Bauten vor Bimini eher archäologischen als geologischen Ursprungs sind, doch ihr Zweck muß weiterhin ein Feld der Spekulationen bleiben.«
Also harrt das Bimini-Rätsel noch seiner Lösung. Die Möglichkeit, daß es der Ort einer untergegangenen Stadt ist, konnte nicht widerlegt werden. Doch befindet sich die wahrscheinlichste der bisher vorgeschlagenen Stellen von Atlantis nicht in der Karibik.

DER VERLORENE GARTEN EDEN

Atlantis ist nicht das einzige legendäre Land, das in den Fluten untergegangen ist. Zwei ganze Kontinente sind angeblich spurlos verschwunden – jeder weit größer als Atlantis und jeder zu seiner Zeit als die Wiege der Menschheit beschrieben.
Die Namen dieser beiden verlorenen Gärten von Eden waren Mu und Lemuria. Mu lag angeblich im Pazifischen Ozean und hatte die zweifache Größe Australiens. Lemuria füllte der Legende nach den größten Teil des Indischen Ozeans aus und verband Afrika mit Malaysia.
Die Mu-Theorie wurde 1870 von Coland James Churchward aufgestellt, der behauptet hat, daß er während seines Dienstes im Regiment der Bengal Lancer in der britischen Kolonie Indien von Hindu-Priestern in die Geheimnisse des untergegangenen Landes eingeweiht worden sei. Man zeigte ihm einige Tafeln, die seitdem verloren sind, und lehrte ihn die vergessene Sprache Naacal. Churchward behauptete auch, er habe die gleichen Tafeln in Mexiko wiedergefunden. Den Tafeln zufolge ging Mu vor 12000 Jahren bei einer großen Naturkatastrophe im Ozean unter, die ein Volk von 64 Millionen Menschen ausgelöscht hat. Bemerkenswerterweise wurde die Geschichte von Mu zu ihrer Zeit ernst genommen.

Sie liegt nicht einmal im Atlantik. Denn die meisten Archäologen nehmen heute an, daß Plato zwei bemerkenswerte Fehler unterlaufen sind, als er die untergegangene Insel beschrieb.
Erstens ist es sehr wahrscheinlich, daß Atlantis, falls es überhaupt je existiert hat, nicht »jenseits der Herkulessäulen«, sondern im Mittelmeer selbst lag. Zweitens hat Plato vielleicht, als er von dem Unglück als einem Geschehnis 9000 Jahre vor der ägyptischen Priestererzählung berichtet, irrtümlich 9000 statt 900 geschrieben. Wenn das stimmt, müßte man das Datum des Untergangs von Atlantis ungefähr mit 1500 v. Chr. statt 9600 v. Chr. ansetzen. Und im Jahre 1500 v. Chr. ereignete sich eine der schrecklichsten Katastrophen der Antike...

Eine etwas besser aufgebaute Erzählung berichtete von dem untergegangenen Kontinent Lemuria. Den Namen prägte ein britischer Zoologe des 19. Jahrhunderts, Professor Philip Sclater, der das Land nach den Lemuren, einer Halbaffengattung, benannte. Man hatte Fossilien von diesen und anderen Tieren, sowohl in Afrika als auch in Malaysia, gefunden, die Sclater veranlaßten, Legenden von einem im Indischen Ozean versunkenen Kontinent zu unterstützen. Unter den Befürwortern dieser Theorie befanden sich so hervorragende Männer wie der Biologe Ernst Haeckel und der Evolutionsforscher Thomas Huxley.
Weniger phantasievoller Beweisstücke bedarf es, um der Sage von Lyonesse beizupflichten – ein Land vor der englischen Südwestküste, das angeblich König Arthur und seine Ritter besucht haben. Ein Chronist des 15. Jahrhunderts, William of Worchester, führte Klosterschriftrollen an, die Bezug nehmen auf »140 Pfarrkirchen, alle inzwischen untergegangen, die zwischen Cornwall und den Scilly-Inseln gelegen sind«.
Das Land soll angeblich an einem einzigen Tag im Meer versunken sein. Diese außergewöhnliche Strafe, so lautet die Volkssage, habe der Zauberer Merlin ersonnen, um König Arthurs treulosen Ritter Mordred und seine aufständischen Anhänger zu ertränken.

Archäologen wissen heute, daß die Kultur von Atlantis, wie Plato sie beschreibt, sehr der hochentwickelten minoischen Kultur der Bronzezeit ähnelt, die auf den Inseln der Ägäis bis zum 15. Jahrhundert v. Chr. blühte. Sie nahm etwa um 1470 v. Chr. ein jähes Ende – und bis vor wenigen Jahren wußte niemand, warum.
Heute weiß man jedoch, daß um diese Zeit eine Vulkanexplosion von unvorstellbarer Zerstörungskraft das gesamte Innere der minoischen Insel Kalliste – heute Santorin genannt – auseinanderriß, die auf halbem Wege zwischen Kreta und dem griechischen Festland liegt. Meerwasser strömte ein und füllte den zurückbleibenden Krater. Archäologen sind nun damit beschäftigt, die dreißig Meter starken Ablagerungen von Vulkanasche abzutragen, die das bedecken, was einst Platos sagenumwobene Insel gewesen sein mag. Was sie bisher freigelegt haben, hat sie in den Stand versetzt, ein erschreckendes Bild der Geschehnisse zusammenfügen zu können, die sich vor fast 3500 Jahren zugetragen haben.
Aufgrund des fast völligen Fehlens menschlicher Überreste nimmt man an, daß die Inselbewohner vor dem drohenden Unglück bereits durch Erdbeben und kleinere vulkanische Eruptionen gewarnt waren. Was vermutlich als nächstes geschah, war folgendes: Die Bewohner bestiegen ihre Boote und steuerten Kreta an, das gut hundert Kilometer südlich lag. Doch bevor sie ihr Ziel erreichen konnten, explodierte Kalliste in einer Hölle von glühender Lava.
Geschmolzenes Gestein wurde in die Luft gespien, und Asche und Bimsstein regneten auf die überfüllten Boote nieder. Bald war die See eine unschiffbare Masse von treibendem Bimsstein. Ohne Fluchtmöglichkeiten starben die Menschen in den Booten einen langsamen und qualvollen Tod, während der Sturzbach der brennenden und erstickenden Asche immer dichter wurde. Für manche von ihnen endete der Todeskampf mit einer Flutwelle von möglicherweise siebzig Meter Höhe, die von der Insel losbrach und die Boote zu Kleinholz zertrümmerte. Die gigantische Welle bewegte sich mit einer Geschwindigkeit von mehr als 220 Stundenkilometern und hatte bald Kreta erreicht, das Herz des minoischen Reiches. Sie spülte entlang der Nordküste alle Städte und Dörfer fort und vernichtete den Hafen, der die Hauptstadt Knossos versorgte.
Die Welle rollte weiter zur Küste von Nordafrika, wo ihre Folgen vielleicht die alttestamentarische Legende von Moses' Teilung des

DAS WUNDER VON SURTSEY

Versunkene Städte? Untergegangene Kontinente? Die Welt hat stets dazu geneigt, solche Berichte leichtfertig abzutun – bis zu den bemerkenswerten Ereignissen des November 1963. Damals konnte man die Kräfte, die Atlantis ausgelöscht haben, am Werke sehen, allerdings in gegensätzlicher Richtung.
Der Kapitän eines Fischkutters funkte seine Position vor der isländischen Südküste durch, um eine große, schwarze Rauchwolke zu melden, die über dem Meer aufstieg. Er und seine Mannschaft beobachteten voller Furcht, wie Explosion auf Explosion aus den Tiefen hervorbrach. Gestein wurde an die zweihundert Meter hoch in die Luft geschleudert, und der Rauch türmte sich mehr als dreitausend Meter hoch auf.
Dann bemerkte der Fischer, wie die Wellen etwas umspülten, was als massige, schwarze Form allmählich aus dem Ozean auftauchte. Es war die Spitze eines Vulkanbergs, der aus den Tiefen emporwuchs.
Innerhalb von vierundzwanzig Stunden war das Eiland höher als ein Haus. Innerhalb von einer Woche erhob sich sein Gipfel fast siebzig Meter hoch über dem Meeresspiegel. Und als zwei Jahre später die Vulkantätigkeit aufhörte, war das Eiland an die siebzig Meter hoch und mehr als eineinhalb Kilometer lang.
Die Isländer gaben der neugeborenen Insel den Namen Surtsey, nach Sutur, dem Gott des Feuers in der altnordischen Mythologie. Heute ist sie von Vögeln, Insekten und Pflanzen bevölkert und steht nach wie vor da als Beweis, daß ein neues Land ebenso schnell aus der Tiefe auftauchen wie ein altes in der Legende untergehen kann.

Roten Meeres angeregt haben. Man hat ferner vermutet, daß der Ascheregen, der mehr als 160000 Quadratkilometer bedeckte, der Ursprung der Legende von den sieben ägyptischen Plagen gewesen sein könnte.
Eine Vorstellung, wie groß das Ausmaß der Verwüstung gewesen

sein muß, läßt sich am Beispiel des Ausbruchs der indonesischen Vulkaninsel Krakotoa von 1883 gewinnen. Ungefähr dreihundert Städte auf den Nachbarinseln Java und Sumatra wurden zerstört, und 36000 Menschen kamen um. Man konnte die Explosion bis im 5000 Kilometer entfernten Australien hören, die Schockwelle umrundete dreimal den Erdball, der vulkanische Staub erreichte Afrika und sogar Europa, und Flutwellen zogen durch den Pazifik und zerstörten noch Boote an der Küste von Südafrika.
So muß das Schicksal von Kalliste ausgesehen haben. Heute liegt sie, als Santorin, in Stücke geborsten und verwüstet unter ihrem toten Aschenmantel begraben. Sie setzt sich aus zwei Hauptinseln zusammen, Thera und Therasia, deren nackte, dreihundert Meter hohe Klippen eine zehn Kilometer breite Wasserfläche umgeben, die teilweise über eine Tiefe von dreihundert Metern verfügt. Dieses Wasser bedeckt die Caldera, das tote Herz des Vulkans, das sich gebildet hat, als der Kessel von geschmolzenem Gestein ausglühte und in sich zusammenstürzte.
In der Mitte des großen, seebedeckten Kraters – an der Stelle, wo einst der Palast und der Tempel von Atlantis gestanden haben mögen – befinden sich heute zwei Inselchen, die lange nach der ursprünglichen Katastrophe aus den Tiefen emporgestiegen sind. Es sind Felsen von schwarzer Lava. Manchmal stoßen sie müde Rauchwölkchen aus – eine schwache, aber bedrohliche Erinnerung an das Verhängnis, das vielleicht das sagenumwobene Atlantis zerstört hat.

DIE VERSENKUNG DER »LUSITANIA«

Die »Kriegslist«-Theorie über den torpedierten Luxusdampfer

»Torpedo... Torpedo steuerbord voraus!« Das war der entsetzte Schrei vom vorderen Ausguck des britischen Luxusdampfers *Lusitania*, der am 7. Mai 1915 mit hoher Geschwindigkeit durch die Fluten vor der irischen Südküste glitt. Es blieb keine Zeit für Ausweichmanöver, und das Unterwassergeschoß traf sein Ziel. Siebzehn Kilometer entfernt davon bewunderten von der Landzunge Old Head bei Kinsdale, südlich von Cork, aus Küstenbewohner die Vorbeifahrt des riesigen Dampfers der Cunard-Reederei. Wer ein Fernglas besaß, konnte zu seiner Verwunderung eine schwache Rauchfahne über dem Schiff aufsteigen sehen. Ein Mann schaute auf seine Uhr – es war 14.11 Uhr. Achtzehn Minuten später war die *Lusitania* in den Wellen versunken und hatte 1198 Menschen, darunter 124 Amerikaner, mit sich hinabgezogen. Sie war die letzte große Gestalt, die den Gang der Geschichte verändert hat. Denn der Tod der Amerikaner beschleunigte den Eintritt der Vereinigten Staaten in den Ersten Weltkrieg – und sicherte auf diese Weise letztlich den Sieg der Alliierten.

Doch die Versenkung der *Lusitania* war nicht nur ein momentanes Ereignis im Verlauf des blutigsten Kriegs, den die Welt bis dahin je erlebt hatte. Sie hat die Historiker auch vor ein Geheimnis gestellt, das bis zum heutigen Tage nicht gelöst werden konnte. Dieses Geheimnis lautet: war die *Lusitania* ein Passagier- oder ein Kriegsschiff? Hatte der Dampfer Waffen an Bord? Und wurde er wissentlich geopfert, um Amerika zum Kriegseintritt zu bringen?

Die *Lusitania* war dazu bestimmt, das Blaue Band, das für die schnellste Atlantik-Überquerung verliehen wird, zwei deutschen Dampfern abzujagen, die es seit 1897 hielten. Der Dampfer wurde aufgrund geheimer Abmachungen von der Admiralität bezuschußt, ein Punkt, der niemals geklärt werden konnte. Sie war 223 Meter lang, konnte 2300 Passagiere auf luxuriöseste Weise befördern, hatte eine Besatzung von 900 Mann, fuhr 25 Knoten – und konnte mit zwölf 6-cm-Geschützen ausgerüstet werden.

Die letzte Fahrt des Dampfers von New York nach Liverpool begann am 1. Mai 1915. Die Deutschen hatten Passagiere mit der Absicht, auf der *Lusitania* zu reisen, davor gewarnt, auf diesem Schiff zu buchen, und klargestellt, daß jedes feindliche Passagierschiff in Gewässern des Kriegsgebietes Gefahr liefe, angegriffen zu werden, und daß neutrale Regierungen »ihre Mannschaften, Passagiere und Handelswaren solchen Schiffen nicht anvertrauen sollten«.

Die deutsche Botschaft in Washington ging sogar so weit, Annoncen in amerikanische Zeitungen zu setzen mit der Warnung: »Reisende, die sich auf der Atlantik-Passage einschiffen wollen, werden daran erinnert, daß Deutschland und Großbritannien sich im Kriegszustand miteinander befinden und daß Schiffe, die unter der britischen Flagge fahren, Gefahr laufen, zerstört zu werden. Passagiere, die auf Schiffen Großbritanniens oder seiner Verbündeten im Kriegsgebiet reisen, tun dies auf eigenes Risiko.«

Dennoch buchten 188 Amerikaner als Passagiere an Bord der *Lusitania*, und mehr als 4000 Kisten Munition zu Kriegszwecken wurden den offiziellen, »unschuldigen« Ladungsverzeichnissen hinzugefügt.

Als der Dampfer New York verließ, beschäftigten sich einige Leute jenseits des Atlantiks gerade mit ihrer Zukunft. Winston Churchill, der damals oberster Dienstherr der Admiralität war, trat mit dem Ersten Seelord, Lord Fisher, und mit Fachleuten des Marinegeheimdienstes zusammen, die zuvor beauftragt worden waren, eine Studie über die Auswirkungen der Versenkung eines Dampfers mit amerikanischen Passagieren an Bord anzufertigen. Zur selben Zeit schrieb der US-Botschafter in London in einem Brief an seinen Sohn: »Was wird Uncle Sam wohl tun, wenn ein britischer Dampfer voller amerikanischer Passagiere in die Luft gejagt wird?« Und König Georg V. gewährte Präsident Woodrow Wilsons Sonderbotschafter, Oberst Edward House, eine Audienz, in deren Verlauf einem Bericht zufolge der König gefragt haben soll: »Was wird Amerika tun, wenn Deutschland die *Lusitania* versenkt?«

Der Schauplatz für das Verhängnis war bereitet. Am 7. Mai näherte sich das Schiff der irischen Küste. Der Kapitän, Captain William »Bowler Bill« Turner, hatte nur eine Warnung vor der bevorstehenden Gefahr empfangen. Es war eine Funknachricht von dem Vizeadmiral Sir Henry Coke, dessen Hauptquartier in Queenstown, Cork, lag, und sie lautete: »U-Boot-Aktivitäten vor der irischen Küste.«

Eines dieser U-Boote war die U 20 unter dem Kommando von Kapitänleutnant Walter Schweiger. Die U 20 war seit dem 30. April auf See und befand sich gerade auf dem Weg zurück zu ihrem Flottenstützpunkt in Wilhelmshaven, als die *Lusitania* am Horizont auftauchte. Schweiger erkannte den Dampfer zuerst nicht und konnte ihn nur als einen »Wald von Masten und Schornsteinen« beschreiben – in jenen Tagen war die *Lusitania* das größte Schiff der Welt.

Als sich der Dampfer Kinsdale Head näherte, änderte er seinen Kurs. »Er kam nun direkt auf uns zu«, sagte Schweiger. »Sie hätten selbst dann keinen besseren Kurs wählen können, wenn sie freiwillig versucht hätten, uns einen Abschuß zu bieten.«

Bei einer Distanz von kaum vierhundert Metern gab Schweiger Befehl, den Torpedo abzufeuern. Er traf die *Lusitania* steuerbord

Sinkende Lusitania

unter der Brücke. Das Wasser strömte mit zu großem Druck ein, als daß die 119 angeblich wasserdichten Kammern ihm hätten standhalten können. Der Bug tauchte in die ruhige See ein, und zugleich fing der Dampfer an, sich nach Steuerbord zu neigen.
Der Bug schlug 105 Meter tiefer auf dem Meeresboden auf, doch das Heck ragte noch in die Luft, die gewaltigen Schiffsschrauben gen Himmel gerichtet. Dann glitt der mächtige Rumpf dampfend und brodelnd auf den Grund.
Das Meer war mit verzweifelten Gestalten übersät. Die *Lusitania* war zwar mit Rettungsbooten gut bestückt gewesen, doch hatte die Zeit nicht gereicht, sie alle auszusetzen. Von den 1198 Menschen, die umkamen, waren 785 Passagiere, darunter 125 Kinder. Eine schwangere Frau kam im Wasser nieder: sie und ihr Baby starben.
Seitdem ist immer wieder heftig debattiert worden, ob die Deutschen mit Recht die *Lusitania* als ein legitimes Kriegsziel betrachteten, ob der Dampfer bewaffnet war und militärisches Frachtgut

mit sich führte, und über die größte Frage – hat die britische Regierung die *Lusitania* auf einen Selbstmord-Kurs durch ein von U-Booten verseuchtes Gewässer geschickt, um Amerika zum Kriegseintritt zu zwingen?
Die geheimnisvollen Umstände bei der Versenkung der *Lusitania* sind von Historikern und anderen Autoren immer und immer wieder erörtert worden, insbesondere von dem Schriftsteller Colin Simpson, in dessen Buch über dieses Thema* verschiedene strittige Theorien über die Tragödie vorgelegt sind – nicht zuletzt die, daß das Schiff mit zwölf 6-cm-Geschützen sowie einer großen Ladung Munition und Sprengstoff bestückt war. Simpson behauptet, daß 1913 an der *Lusitania* in einem Liverpooler Trockendock Veränderungen vorgenommen worden seien, die es dem Dampfer möglich machten, Geschütze aufzunehmen und sich notfalls in einen Hilfskreuzer zu verwandeln. Einer der Dampfkessel, so heißt es, sei zu einem Magazin umgebaut worden, und man habe Aufzüge installiert, um die Granaten an Deck zu hieven.
Noch umstrittener ist die Behauptung, daß die Admiralität – und das bedeutet Churchill – die Zerstörer-Eskorte der *Lusitania* abberufen hat, obwohl man von U-Booten auf ihrem Kurs wußte. Captain Turner ist nie davon in Kenntnis gesetzt worden, daß die Kriegsschiffe, die er noch in der Nähe wähnte, woandershin geleitet worden waren. Und Turner selbst, der die Versenkung überlebt hat, behauptete später sein Leben lang, daß eine verschlüsselte Geheimnachricht der Marine ihm befohlen habe, den Kurs in Richtung der Stelle zu ändern, wo das U-Boot wartete.
Während seiner jahrelangen Nachforschungen förderte Simpson bis dahin unveröffentlichte Dokumente aus den Washingtoner Nationalarchiven, von der Cunard-Reederei und der Admiralität zutage. Sie bewogen ihn, wie viele andere Historiker auch, zu der Annahme, daß nach dem Unglück eine massive anglo-amerikanische Verschleierungsaktion in Gang gesetzt wurde. Das Ladungsverzeichnis wurde angeblich gefälscht, und sowohl in Sir Cokes als auch in dem offiziellen Logbuch der Admiralität sind die Eintragungen des 7. Mai entfernt worden – die einzigen fehlenden Seiten in der gesamten Zeit des Krieges.
Das andere große Geheimnis, das die Forscher verwirrt hat, ist die Frage, warum die *Lusitania* so rasch sank. Der deutsche Torpedo

* Colin Simpson: *Lusitania* (Longman, 1972)

vom Typ G, den die U 20 abgefeuert hatte, hatte weder ein besonders großes Kaliber, noch schlug er tief ein. Dennoch sank ein mächtiger Ozeanriese in nur achtzehn Minuten. Warum?
Es wurde behauptet, der Dampfer sei mit einem gefährlichen Konstruktionsfehler gebaut worden. Die Kessel und Maschinen beanspruchten zuviel Raum, so daß Teile der mitgeführten Kohle in Kammern gelagert werden mußten, die nicht für diesen Zweck vorgesehen waren. Die Maschinisten wählten für ihre Kohlelager spezielle Tragkraft-Kammern, die einen Sicherheitsfaktor des Schiffes darstellten. Die leeren Luftkammern, die das Schiff hätten über Wasser halten sollen, waren auf jener verhängnisvollen Fahrt voll mit Kohlen beladen.
Aber es ist eine noch schlimmere Erklärung für das rasche Hinscheiden der *Lusitania* vorgeschlagen worden. Froschmänner, die zu dem Wrack hinabgetaucht sind, haben berichtet, daß die Seitenwand und der Boden des Schiffes von innen durch eine weitaus schwerere Explosion aufgesprengt worden seien, als der Torpedo sie hätte verursachen können. Was hat eine solche Sprengung auslösen können?
Hätte es sein können, daß tief drinnen in den Laderäumen der *Lusitania* mehr gestapelt worden ist als Butter, Käse und Messingstäbe, die das Ladungsverzeichnis aufweist? Mehr sogar als die 4000 Kisten Munition, von denen später zugegeben wurde, daß sie an Bord waren? War die *Lusitania* in Wahrheit ein richtiges Munitionsschiff, das seine Identität hinter 1198 unschuldigen, dem Untergang geweihten Menschen verbarg?

GESCHÖPFE DER TIEFE

Riesenschlangen – oder einfach nur Seemannsgarn?

Seit Seefahrer über die Ozeane gesegelt sind, kehrten sie mit Erzählungen von Meeresungeheuern und Teufeln der Tiefe zurück. Die meisten dieser Berichte haben sich aufgrund von Zeit, schlechtem Gedächtnis – und manchmal Alkohol – in Nebel gehüllt. Doch es gibt manche, denen man Beachtung schenken muß...
Lange bevor der Film »Der weiße Hai« Urlauber davon ab-

Vision eines Seeungeheuers

schreckte, an der nordamerikanischen Atlantikküste zu baden, hat es eine merkwürdige Reihe sensationeller Begegnungen mit schrecklichen Ungeheuern gegeben. Bereits 1636 fand in der Bostoner Presse eine Debatte über Seeschlangen statt, die angeblich vor Kap Ann lebten. Doch es war 1817, als der Seemonsterwahn in Neuengland wirklich losging. In jenem Jahr meldeten mehrere Menschen, sie hätten ein Meeresungeheuer vor der Küste von Massachusetts gesichtet.

Das Ungeheur wurde erstmals am 6. August gesehen, und seine Aktivitäten schienen sich auf den Fischereihafen von Gloucester zu konzentrieren. Eine offizielle Untersuchung wurde eingeleitet, und nicht weniger als elf Augenzeugen sagten unter Eid aus. Die Beschreibungen des Ungeheuers sind deshalb gut dokumentiert. Das Geschöpf, so scheint es, war gut zwanzig Meter lang, dunkelbraun und glich einer Schlange. Ein Seemann namens Amos Story behauptete, das Monster zweimal gesehen zu haben. Er sagte: »Sein Kopf sah aus wie bei einer Schildkröte und war bestimmt größer als der Kopf von jedem Hund, den ich bisher gesehen habe. Es trug ihn zehn oder zwölf Zoll über Wasser und bewegte sich sehr schnell voran.«

Das einheimische Fischervolk knüpfte ein starkes Netz, um zu versuchen, die Bestie zu fangen, doch ohne Erfolg. Einige bildeten bewaffnete Suchtrupps, aber nur ein Mann kam zum Schuß auf das Wesen. Es war Matthew Gaffney, ein Schiffszimmermann, der zweimal feuerte, als die Riesenschlange sein Boot umkreiste. Das Ungeheuer verschwand unter der Oberfläche und verließ einige Tage später die Gegend. Zum letzten Mal wurde es vor Kap Ann in Richtung Norden gesichtet.

Vielleicht hat sich das Geschöpf später eines anderen besonnen und wandte sich wieder gen Süden, denn 1819 gab es einen Bericht von einer riesigen Seeschlange, die den Schoner *Sally* angegriffen

habe. Im selben Jahr wird ein zweiter Angriff von der Küste gemeldet – ein kleines Segelschiff war untergegangen, und die Überlebenden beschuldigten ein Seeungeheuer.
Quellen aus erster Hand, die solche Berichte erhärteten, sind selten und werden von wissenschaftlich denkenden Menschen mit Recht als verdächtig betrachtet.
Eine Begegnung, die jedoch ernst genommen wurde, ereignete sich am 6. August 1848. Der Kapitän und mehrere Besatzungsmitglieder des britischen Kriegsschiffs *Daedalus* sahen einen dunkelbraunen Kopf mit einer struppigen Mähne im Nacken, der sie vor der westafrikanischen Küste aus dem Wasser anlugte. Zurück im Heimathafen, berichtete Captain Peter McQuhae vor den Beauftragten der Admiralität:
»Es war eine gewaltige Schlange, die Kopf und Schultern stets etwa vier Fuß über der Wasseroberfläche hielt, und das Tier war, soweit wir schätzen konnten, mindestens sechzig Fuß lang. Es glitt schnell vorüber, doch so dicht an unserer Leeseite, daß ich, wäre es ein Mann aus meinem Bekanntenkreis gewesen, leicht und mit bloßem Auge seine Gesichtszüge hätte erkennen können. Der Durchmesser der Schlange betrug etwa 15 oder 16 Zoll hinter dem Kopf, der zweifelsfrei der einer Schlange war. Es tauchte während der zwanzig Minuten, die es sich in Sichtweite unserer Fernrohre aufhielt, nicht einmal unter die Oberfläche. Es hatte keine Flossen, doch so etwas wie eine Pferdemähne oder vielmehr ein Büschel Seetang, der seinen Rücken umspülte. Es wurde außer von mir selber noch vom Bootsmannsmaat, dem Steuermannsmaat und dem Mann am Ruder gesehen.«
Eine ähnlich beschriebene Schlange wurde etwas später im Jahr in derselben Gegend von einer amerikanischen Brigg gesichtet, der *Mary-Ann*. Ihre Besatzung beschrieb das Wesen mit fast denselben Worten wie Captain McQuhae.
Warum sollte ein erfahrener Kapitän der Königlichen Kriegsmarine lügen und riskieren, sich lächerlich zu machen, wenn er von erfundenen Begegnungen mit Meeresungeheuern berichtete? Und es scheint noch weniger Gründe dafür zu geben, warum zwei angesehene Mitglieder der Königlichen Zoologischen Gesellschaft dies tun sollten. Im Jahre 1905 waren diese zwei Männer, Mead Waldo und Michael Nicholl, an Bord des Dampfschiffes *Valhalla* vor der brasilianischen Küste, als längsseits von ihnen ein rätselhaftes Wesen auftauchte. Es wurde nicht nur von ihnen,

sondern auch von drei Mitgliedern der Schiffsbesatzung gesehen. Waldo berichtet später von dem Ereignis:
»Ich sah eine große Flosse oder Hautfalte aus dem Wasser ragen, die Farbe war dunkelbraun, ähnlich wie Seetang, an der Kante war sie etwas gekräuselt. Unter Wasser konnte ich die Umrisse eines beachtlichen Körpers erkennen. Der Hals hatte etwa den Umfang eines menschlichen Leibes. Der Kopf sah aus wie bei einer Schildkröte, ebenso die Augen. Es bewegte seinen Hals auf eigentümliche Weise von einer Seite zur andern. Wir liefen mit ziemlich hoher Geschwindigkeit und entfernten uns bald von dem seltsamen Wesen.«
Neuengland, Westafrika, Brasilien – drei Begegnungen mit ähnlichen Geschöpfen des Meeres. Konnte es wirklich solche Relikte aus einer anderen Zeit noch geben, die sich in den Tiefen verborgen hielten?
Viele hundert Menschen müssen dies wohl annehmen, denn sie behaupten, sie gesehen zu haben. Und nicht nur im Meer, sondern auch in Seen.
COLL, *nordwestliches Schottland*: 1808 hatte ein Geistlicher, der vor der Insel Coll fischte, eine Begegnung mit etwas, das er als ein abscheuliches Meeresungeheuer mit langem Hals beschrieb. Dreizehn einheimische Fischer unterstützten seine Behauptung und sagten, daß das Geschöpf zwischen zwanzig und dreißig Meter lang gewesen sei.
PORT, *Fairy, Victoria*: Australische Siedler meldeten, sie hätten 1848 ein merkwürdiges Geschöpf in einem See gefangen. Es hatte einen Kopf wie ein Känguruh, doch mit einem langen Hals und struppiger Mähne. Man vermutete, daß es ein »Bunyip« sei, ein rätselhaftes Tier, von dem man glaubte, daß es einst in abgelegenen Seen und Flüssen an vielen Orten von Australien gelebt habe. Sein Name ist ein Eingeborenenwort und bedeutet Wasserteufel.
GALAPAGOS-INSELN, *Pazifik*: 1852 segelten zwei amerikanische Walfänger Seite an Seite etwa 250 Meilen nordwestlich der Galapagos-Inseln. Der Kapitän eines dieser Schiffe, der *Monongahela*, sandte drei Boote aus, um etwas anzugreifen, was er für einen Riesenwal hielt. Die Männer harpunierten und töteten es – doch nicht bevor es zwei der Boote zum Untergehen gebracht hatte. Die Besatzung des zweiten Schiffes, der *Rebecca Sims*, beobachtete das kämpfende Wesen und beschrieb es später als ein grau-braunes Reptil von etwa fünfzig Meter Länge, das mit seinen

Ein Riesentintenfisch, entdeckt im Jahre 1861, 120 Meilen nordöstlich von Teneriffa.

Kauwerkzeugen geknirscht hätte. Der Kapitän der *Monongahela* hatte dem Ungeheuer den Kopf abgeschnitten und ihn in ein Faß mit Alkohol an Deck gelegt. Dann setzte er mit seiner Beute die Segel für die Heimreise. Weder sein Schiff noch die Besatzung wurden je wieder gesehen.
LEWIS-INSEL, *Schottland*: Am 22. März 1856 berichtete die *Times*, daß in einem See der Lewis-Insel ein Wassergeschöpf gesichtet worden sei, das »aussah wie ein Torfbrocken oder wie ein Sechs-Mann-Ruderboot«. Es verschlang eine Decke, die ein Mädchen, das Vieh hütete, liegengelassen hatte, und verschwand wieder in dem See.
SOUND OF SLEET, *Nordwestschottland*: 1872 behaupteten zwei Geistliche, einer Seeschlange mit sieben Höckern und einer Länge von dreißig Metern begegnet zu sein.
NORDSEE: 1881 wurde ein schottisches Fischerboot, die *Bertie*, von einem bösartigen, gehöckerten Ungeheuer angegriffen, das es fast zum Kentern gebracht hätte. Ein Besatzungsmitglied feuerte sein Gewehr auf das Geschöpf ab, doch es tauchte weiter mehrere Stunden lang um das Schiff herum, bevor es schließlich bei Anbruch der Dämmerung verschwand.
LLANDUDNO, *Nordwales*: 1882 sahen ein Anwalt und ein Friedensrichter ein dunkles, wellenförmiges Wesen von der Größe eines Dampfschiffes die Bucht durchqueren. Als man sie zu einer genaueren Angabe seiner Größe drängte, gaben sie etwa siebzig Meter an.
KAPSTADT, *Südafrika*: 1893 sichtete die Besatzung des Dampfschiffes *Umfuli* ein Meerungeheuer vor dem Kap. Sie beschrieben es als einen »riesengroßen Aal, dreißig Meter lang und mit einem Rachen von zwei Metern«.
ORKNEY-INSELN, *Schottland*: Ein Vater begegnete zusammen mit seinem Sohn auf einem Segelturm einem Geschöpf »mit einem giraffenähnlichen Hals, der sechs Meter aus dem Wasser ragte«.
SANTA CRUZ, *Kalifornien*: 1925 wurde ein ungeheurer Kadaver an den Strand gespült. Ein Zoologe, der ihn untersuchte, beschrieb ihn als »zwölf Meter lang, mit einem langen, dünnen Hals, einem breiten Schädel und einem Maul, ähnlich einem Entenschnabel«. Er erklärte, daß er vor einem völligen Rätsel stehe.
PRAH SANDS, *Cornwall*: 1928 wurde ein Kadaver ohne Kopf an Land gespült. Er war zehn Meter lang, hatte vier kleine Flossen und einen spitz zulaufenden Schwanz. Gattung unbekannt.

CADBURY-BUCHT, *Chatham-Inseln, British-Columbia*: 1932 entdeckte ein Archivar im Urlaub Kanadas bekannteste Seeschlange, die später den Spitznamen Caddy bekam. Er sagte, »Windung um Windung kam sie an die Oberfläche«, und er schätzte ihre Gesamtlänge auf knapp dreißig Meter. Mehr als hundert andere Leute behaupteten, Caddy in derselben Gegend gesehen zu haben.

OKANAGAN-SEE, *British-Columbia*: Seit den 50er Jahren wurde in dem See häufig ein großes, über zwanzig Meter langes Geschöpf mit vier oder mehr Höckern gesichtet. Die Riesenschlange bekam den Spitznamen Ogopogo. Ihre ursprüngliche Bezeichnung war Naitaka (»Ungeheuergeist des Sees«), der Name, den ihr die eingeborenen Indianer vor langer Zeit gegeben hatten. Die abenteuerlichste Behauptung über den Ogopogo lautet, daß er 1854 ein Pferdegespann gefressen habe, das einem Siedler gehörte und den See durchschwamm.

GORVAN, *Ayreshire, Schottland*: 1953 wurde ein zwölf Meter langes Wesen, dessen Hals man wieder mit dem einer Giraffe verglich, an den Strand gespült. Einheimische verbrannten den Kadaver.

FLORIDAKÜSTE: Spät im Jahre 1962 trieben fünf Meilen vor der Küste fünf Taucher der US-Luftwaffe in einen dichten Nebel hinein. Plötzlich verspürten sie einen ekelerregenden Gestank, und Sekunden später türmten sich »ein ungeheurer Kopf und Hals« über ihnen auf. Die Taucher fielen vor Schreck ins Meer. Nur einer überlebte und konnte die Geschichte erzählen. Seinen Angaben zufolge wurden die anderen unter gellenden Entsetzensschreien hinabgezogen.

SIBIRIEN: 1964 berichtete ein Forscherteam der Universität Moskau, ein Tier, das wie ein Dinosaurier aussah, in dem abgelegenen Chaiyr-See gesichtet zu haben.

GREAT BARRIER REEF, *Australien*: Der Taucher Robert Le-Serer entdeckte auf dem sandigen Meeresboden »eine riesige Bestie, über zwanzig Meter lang und mit einem Rachen von mehr als einem Meter Breite«.

CONNEMARA, *Irland*: 1965 zündete ein Amateurzoologe eine Explosion in Lough Fadda, nachdem er Berichte über Begegnungen mit Ungeheuern dort studiert hatte. Er wurde durch den Anblick eines großen Geschöpfes belohnt, das etwa fünfzig Meter vor der Küste das Wasser peitschte.

NORDATLANTIK: 1966 ruderten Captain John Ridgway und Sergeant Chay Blyth in ihrem kleinen Boot über den Atlantik. In einer besonders ruhigen Nacht wachte Ridgway plötzlich von dem Geräusch eines geheimnisvollen Wesens auf, das sich durch den Ozean »wand und drehte«. Er schätzte es auf eine Länge von zehn bis dreizehn Metern und sagte, es habe einen phosphoreszierenden Schimmer gehabt.

LOCH MODAR, *Westschottland*: 1969 berichteten zwei Fischer, sie hätten ein Riesenmonster mit klaffendem Maul und geripptem Rücken gesehen.

Seitdem hat es verschiedene weitere Meldungen von Ungeheuern in Seen und Buchten entlang der zerklüfteten schottischen Westküste gegeben. Alle verblaßten jedoch bis zur Bedeutungslosigkeit neben dem rätselhaftesten Ungeheuer, das je aus den Tiefen an die Oberfläche getaucht ist – dem Geschöpf, dessen Heldentaten in der folgenden Geschichte erzählt werden.

DAS BELIEBTESTE UNGEHEUER DER WELT

Hält sich ein scheues, aber freundliches Monster namens Nessie in den Tiefen von Loch Ness verborgen?

Vor mehr als 10000 Jahren höhlte der letzte Eiszeitgletscher im schottischen Hochland eine breite Spalte aus. Als das Eis wich, füllte sich der zurückbleibende, 36 Kilometer lange Riß mit Wasser – und sorgte so für ein Heim für eines der geheimnisumwittertsten und dennoch beliebtesten Geschöpfe aller Zeiten, das Ungeheuer von Loch Ness.

Die Sage von dem Ungeheuer »Nessie« – wie es allmählich liebevoll genannt wurde – ist mit dem Loch Ness, dem Gletschersee, seit seinem erstmalig festgehaltenen öffentlichen Erscheinen 565 n. Chr. verbunden. In jenem Jahr machte der heilige Columba eine Missionsreise nach Inverness, um den Pikten, einem keltischen Stamm in Nordschottland, das Christentum zu bringen. Er forderte einen seiner Gefolgsleute auf, auf den See hinauszuschwimmen, um ein Boot, das vom Ufer abgetrieben war, zurückzubringen. Als der Mann losschwamm, »erhob sich eine merkwürdige Bestie aus dem Wasser«, nur wenige Meter vor ihm. Der heilige Columba, so lautet die Sage, blickte das Geschöpf an und rief: »Weiche zurück und rühre diesen Mann nicht an.« Das Ungeheuer floh.

Seitdem haben die Leute von Great Glen am Loch Ness Nessie und ihre Vorfahren als scheue, zurückgezogene und harmlose Wesen kennengelernt, die nur selten die Oberfläche ihrer Bergbehausung aufsuchen. Obwohl die Einheimischen von den Bewohnern ihres Sees seit Jahrhunderten Kenntnis haben, hat sich Nessies Ruhm erst innerhalb der letzten fünfzig Jahre verbreitet.

Am 14. April 1933 fuhren John Mackay und seine Frau eine vor kurzem gebaute Straße am Loch Ness entlang. In der spiegelglatten Oberfläche des Sees spiegelten sich die umgebenden Berggipfel. Plötzlich packte Mrs. Mackay ihren Mann am Arm.

»John«, stammelte sie. »Was ist das... da draußen?«

Das sonnenbeschienene Wasser des Sees begann zu schäumen und zu brodeln, als ob ein Vulkan unter der Oberfläche ausgebrochen wäre. John Mackay, ein einheimischer Hotelbesitzer, bremste scharf ab. Dann sahen er und seine Frau mit einer Mischung aus Faszination und Furcht zu, wie ein riesenhaftes Wesen auftauchte... ein Wesen mit mindestens zwei Höckern oder Haarbüscheln und einem Hals wie eine Schlange. Das Ungeheuer peitschte die Wasseroberfläche. Dann tauchte es ab und verschwand.

Seit diesem Tag im Jahre 1933 hat Nessie Wissenschaftler, Naturforscher und Tausende von anderen Monster-Jägern mit ihrem Versteckspiel zappeln lassen. Mehr als dreitausendmal ist dieses schwer zu fassende Wesen angeblich gesichtet worden.

Dem bemerkenswerten Erlebnis der Mackays folgte eine ähnliche Begegnung im November desselben Jahres. Diese Begegnung gab den Ausschlag dafür, daß der Nessie-Kult so richtig auf Touren kam – denn sie sorgte für das erste Photo von dem Ungeheuer. Dieses Photo wurde von dem Ingenieur Hugh Gray aufgenommen, als er in der Nähe seines Hauses in dem Dörfchen Foyers nach dem Sonntagsgottesdienst spazierenging. Der See lag wie ein Mühlteich da, doch bemerkte er etwa zehn Meter vom Ufer entfernt seltsame Wirbel.

»Ein runder Rücken und Schwanz tauchten auf«, sagte er später, »und ein über zehn Meter langes Geschöpf peitschte das Wasser und wirbelte eine Gischtwolke auf.«

Das Photo von dem Ungeheuer wurde zur Analyse an die Kodak

geschickt. Die Firma bestätigte, daß der Film nicht behandelt worden war, doch konnte das schemenhafte Bild nicht überzeugen.

Das Photo, das von vielen Experten immer noch als das beste angesehen wird, wurde im April 1944 von Robert Kenneth Wilson geschossen, einem Londoner Chirurgen von einwandfreiem Charakter und absoluter Glaubwürdigkeit. Wilson und ein Freund fuhren den Loch Ness entlang. Sie hatten gerade ihre Urlaubsreise angetreten, auf der sie hofften, Photos von wildlebenden Tieren zu machen – doch die Bilder, die Wilson an jenem Tag machte, zeigten eine Art wildes Tier, von dem er sich nie hätte träumen lassen, daß es überhaupt existierte.

Der Chirurg und sein Begleiter waren die Nacht hindurch gefahren und beschlossen, für eine Pause in der Nähe von Invermorriston anzuhalten. Als Wilson sich am Loch Ness die Beine vertrat, wurde er eines Köpfchens gewahr, das aus dem Wasser lugte. Er eilte zu seinem Wagen zurück, packte seine Kamera und machte eine Reihe Schnappschüsse. Sie zeigten einen anmutigen Kopf und Hals und die schwachen Umrisse eines Körpers, der unter der Oberfläche blieb.

Diese Photos – und Hunderte, die seitdem aufgenommen worden sind – wurden von den Widersachern der Nessie-Legende natürlich damit abgetan, daß sie Baumstämme, Robben, Vögel, Otter oder gekenterte Boote zeigten. Doch was immer die Wahrheit sein mag, diese ersten Berichte und Photos von dem Ungeheuer von Loch Ness sorgten für eine weltweite Sensation.

Am See wimmelte es bald von Touristen, Wissenschaftlern, Großwildjägern, Schuljungen und Schwindlern. Die Dorfbevölkerung machte ein Bombengeschäft mit Übernachtungen und Frühstück. Der Zirkusdirektor Bertram Mills bot jedermann 20000 Pfund, der ihm das Ungeheuer lebend bringen könnte. Im Parlament wurden Anfragen zu Nessies Sicherheit gestellt. Schließlich wurde ein Gesetz verabschiedet, das jedes Lebewesen im Loch Ness davor schützte, »geschossen, gefangen oder belästigt zu werden«. Das einzige, woran es fehlte, war eine ernsthafte, wissenschaftliche Überprüfung der Beweisstücke, die Tag für Tag vom Loch Ness gemeldet wurden. Der Hauptgrund dafür war, daß eine Reihe von Falschmeldungen – unwahre Begegnungen, retuschierte Photos und ähnliches mehr – aus Nessie bald einen Witz machten. Die gerissenen Schotten, so wurde gesagt, hatten ein großarti-

NESSIES KENNKARTE

Augenzeugenberichte haben von Nessie folgendes Bild zusammengestellt:
***Länge:* Über 15 m.**
***Rumpf:* Mindestens 10 m lang mit einem Umfang von 4 m.**
***Kopf:* Ähnlich einer Schnecke und sehr klein im Vergleich zum Körper.**
***Hals:* Etwa 1–2 m lang, anmutig und von der Dicke eines Elefantenrüssels.**
***Schwanz:* Ziemlich flach, am Ende stumpf.**
***Flossen:* Zwei kleine vorn, zwei große hinten.**
***Haut:* Ähnlich einer Schnecke – grau, silbern und schwarz.**

ges Mittel gefunden, um einfältigen Fremden das Geld aus der Tasche zu ziehen.
In einen der ersten Schwindelfälle war der Großwildjäger Michael Wetherell verwickelt, ein Mitglied von Englands hochangesehener Zoologischen Gesellschaft. Im Dezember 1933 entdeckte er am Ufer des Sees etwas, was ein Trittsiegel des Ungeheuers sein konnte. Wetherell sagte: »Es ist ein vierfüßiges Tier. Seine Füße oder Pfoten haben einen Durchmesser von ungefähr acht Zoll. Ich schätze, daß es ein mächtiges Tier von ungefähr sieben Meter Länge sein muß.«
Unter großer Aufregung wurden Gipsabdrücke von den Fußstapfen zum Naturhistorischen Museum nach London geschickt. Sachverständige klassifizierten den Abdruck als »ähnlich dem eines Nilpferdes«. Und dann entdeckte man, daß ein ausgestopfter, präparierter Fuß von einem Nilpferd in dem Museum von Inverness vermißt wurde, nur ein paar Kilometer vom See entfernt.
Von den drei aufsehenerregendsten Begegnungen, die 1933 und 1934 gemeldet wurden, stammten zwei von Einheimischen, die dritte von einem Londoner Geschäftsmann.
Alexander Campbell, ein einheimischer freier Journalist, hat, wie folgt, beschrieben, was er an einem Junitag 1934 gesehen hat:

»Als ich mein Haus am See verließ, erhob sich das Geschöpf aus dem Wasser wie ein prähistorisches Monster. Es war zehn Meter lang, hatte einen langen, schlangenähnlichen Hals und einen flachen Schwanz. Wo Hals und Rumpf aufeinanderstießen, befand sich ein Höcker. Das Ungeheuer aalte sich in der Sonne, bis der Lärm eines Bootes aus dem Kaledonischen Kanal es störte. Es senkte seinen Hals, tauchte unter und hinterließ eine kleine Flutwelle.«

Wenige Wochen vor Campbells Begegnung hatte ein Mönch, Bruder Richard Horan, aus dem Benediktinerkloster von Fort August berichtet:

»Ich sah das Ungeheuer aus dem Wasser des Loch Ness aufsteigen und beobachtete es zwanzig Minuten lang. Kopf und Hals ragten in einem Winkel von 45 Grad aus dem Wasser. Es hatte einen stämmigen Hals, dessen Unterseite von silbriger Farbe war. Es hatte eine Stupsnase. Als ein Motorboot in Hörweite kam, sank das Ungeheuer langsam.«

Der Direktor einer Londoner Firma berichtete von einer etwas abweichenden, doch gleichermaßen faszinierenden Begegnung mit dem Ungeheuer:

»Meine Frau und ich fuhren mit dem Auto das Seeufer entlang, als wir etwa zweihundert Meter vor uns ein außergewöhnliches Tier die Straße überqueren sahen. Es hatte einen langen Hals, ein wenig dicker als ein Elefantenrüssel, und einen großen, knapp zwei Meter hohen Rumpf. Es hatte eine dunkle Haut von widerlichem Gewebe und bewegte sich in einer Art ruckweisem Gang fort. Ich beschleunigte den Wagen, doch das Wesen verschwand im dichten Unterholz.«

Andere Monsterjäger berichteten, das Tier gesehen zu haben, wie es sein Maul auf- und zuklappte. Einige sagten, es hätte eine Mähne wie ein Pferd. Ein Detektiv behauptete, nahe genug herangekommen zu sein, um zu sehen, wie Wassertropfen von seiner schuppigen Haut spritzten, als das Ungeheuer sich schüttelte.

Im Sommer 1934 hatte sich Nessies Ruf weit genug verbreitet, um John Earnest Williamson zu interessieren, einen Amerikaner, der ein führender Experte auf dem Gebiet der Unterwasserphotographie war. Er kam mit einem komplizierten Apparat zum Loch Ness, den er Photosphäre nannte – eine versenkbare Kugel mit Fenstern, in der er in einem Armstuhl saß und Unterwasseraufnahmen machte.

Was Williamson nicht wußte, bevor er zum Loch Ness kam, war, daß dort in einer Tiefe von mehr als zehn Metern das Wasser erst dunkelbraun und dann schwarz wie Tinte ist, das auch das durch-

Das Ungeheuer von Loch Ness bei Schloß Urquhart.

dringendste Licht trübt. Die Finsternis rührt von Torfpartikeln her, die seit vielen tausend Jahren von den Bergen in den See gespült worden sind. Williamson gab sein Vorhaben auf und fuhr nach Hause.
Bis zum Ausbruch des Zweiten Weltkrieges wurden jedes Jahr ganze Serien von Begegnungen gemeldet und viele weitere Photos gemacht. Doch während der Kriegsjahre waren keine Touristen dort. Die Straßen um den See herum wurden nur von wenigen Einheimischen und den Streitkräften benutzt. Nessie hörte auf, für Schlagzeilen zu sorgen.

Erst 1947 fing sie wieder an, sich auf den Titelseiten bemerkbar zu machen. In diesem Jahr berichteten der Sekretär des Bezirksrats von Inverness und drei seiner Freunde, daß sie die Höcker eines Tieres gesehen hätten, das im See schwamm. Die Jagd auf das Ungeheuer war wieder einmal eröffnet.
Im Jahre 1951 stand der Holzfäller Lachlan Stuart eines Morgens in der Frühe auf und trat aus der Tür seines kleinen Gehöfts, um seine Kuh zu melken. Er schaute auf den See, verharrte einen Augenblick, dann eilte er zurück ins Haus und griff nach seiner Kamera. Mit ihr lief er ans Ufer hinunter und konnte nur eine Aufnahme machen, bevor der Verschluß blockierte. Sein Photo zeigt drei große Höcker, die über einen Meter aus dem Wasser hervorragen. Nicht in dem Bildausschnitt zu sehen, aber Stuarts Beschreibung zufolge, saß darauf ein Hals mit einem Kopf, der wie der von einem Schaf aussah, außer daß er eher schwarz war und Haare, Wolle oder Schuppen hatte. Seiner Beschreibung nach, die ein Freund, der ebenfalls ans Ufer geeilt war, bestätigte, muß das Ungeheuer um die zwanzig Meter lang gewesen sein.
Unter den registrierten Begegnungen im Laufe der nächsten Jahre befanden sich die folgenden:

1953: Mehrere Männer, die am See Holz schlugen, berichteten, daß sie das Ungeheuer zwei Minuten lang beobachtet hätten.

1954: Ein Fischerboot, das vom Kaledonischen Kanal, dem Wasserweg, der den See mit dem Meer verbindet, einlief, ermittelte über sein Echolot ein großes Wesen, das sich in einer Tiefe von über 150 Metern durch das Wasser bewegte. Seine Länge betrug »mindestens 15 Meter«.

1959: Der Streifenbeamte der Verkehrswacht, James Alexander, hielt mit seinem Seitenwagenmotorrad am Seeufer an. Alexander, der mit dem Rücken zum See stand, überkam plötzlich das unheimliche Gefühl, beobachtet zu werden. Er drehte sich herum – und da, so behauptete er, waren Kopf und Hals des Monsters, die über zwei Meter aus dem Wasser ragten. Er hielt einen vorbeifahrenden Lastwagen an, und der Fahrer bestätigte die Geschichte.

1960: Torquil MacLeod und seine Frau fuhren durch die Gegend von Invermorriston, als sie ein großes Wesen sahen, das sich am

Strand des gegenüberliegenden Ufers aalte. MacLeod beobachtete es mit dem Fernglas neun Minuten lang, bevor es sich ins Wasser fallen ließ. Seiner Beschreibung nach hatte es eine graue, elefantenähnliche Haut und große Schaufelflossen. Er schätzte seine Länge auf zwanzig Meter.

1961: Der Flugingenieur Tim Dinsdale machte den ersten Film von dem Ungeheuer. Der Vierminutenstreifen zeigte ein Geschöpf mit gehöckertem Rücken, das sich im Zickzack mit fünfzehn Stundenkilometern durch das Wasser bewegte. Dinsdale war so überzeugt von dem, was er gefilmt hatte, daß er seine Karriere aufgab, um an dem See zu leben und Nessie zu jagen.

1961: Mehr als ein Dutzend Gäste eines Hotels am See behauptete, beobachtet zu haben, wie ein Tier von zehn Meter Länge und zwei Höckern auf dem Rücken aus dem Wasser auftauchte und sechs Minuten lang zu sehen war.

1962: Der weltbekannte britische Naturforscher Peter Scott half mit, das *Büro zur Erforschung des Phänomens von Loch Ness* ins Leben zu rufen, das alle seriösen Untersuchungen des Geheimnisses koordinieren sollte. Zehn Jahre lang hielten Freiwillige und ein oder zwei Vollzeitkräfte des *Büros* am See Wache. Ihre Kameras waren rund um die Uhr schußbereit. Sie hielten viele eigene Begegnungen fest und notierten ganze Serien von Augenzeugenberichten.
Doch der einzige Lohn, der solch einen Aufwand wert gewesen wäre, stellte sich nicht ein. Auch ihnen gelang es nicht, ein endgültiges Photo von Nessie zu machen.
Die vielleicht nützlichste Tätigkeit des *Büros* bestand darin, daß es Filme davon, was das Ungeheuer sein sollte, an das *Joint Air Reconnaissance Intelligence Centre* zur unabhängigen Analyse schickte. Dieses Forschungszentrum berichtete, daß ein Film einen Gegenstand abbilde, der weder ein Schiff noch ein Unterseeboot sei, sondern ein »Lebewesen von vier bis fünf Metern Länge, einem Meter Höhe und zwei Metern Breite« zu sein schiene. Ein anderer Film zeigte ein ähnliches Wesen von zwei Metern Breite und fast zwei Metern Höhe.
Doch das *Büro zur Erforschung des Phänomens von Loch Ness* verpaßte seine größte Chance, das Rätsel zu lösen. 1971 leitete

Tim Dinsdale ein hundert Mann starkes Team des *Büros*, als sich ein schwarzes, schlangenähnliches Geschöpf aus dem Wasser erhob. Dinsdale hatte fünf Kameras dabei, aber er war zu überrascht, um auch nur von einer Gebrauch zu machen.
Frank Searle ist ein weiterer aus der kleinen Schar von Fanatikern, die die Monsterjagd professionell betrieben haben. 1969 gab dieser waschechte Londoner und ehemalige Fallschirmspringer seinen Beruf als Leiter eines Supermarktes auf, kaufte sich eine erstklassige Photoausrüstung und machte sich auf, um in einem Zelt am Loch Ness zu leben.
Da saß Searle nun und beobachtete und wartete auf seine Chance, ein Vermögen zu machen. Denn er hatte sich ausgerechnet, daß, falls seine Geduld mit den ersten vollständig überzeugenden Aufnahmen von Nessie belohnt würde, sie 750000 Pfund an weltweiten Veröffentlichungsrechten wert sein würden.
Searle hat behauptet, die Ungeheuer vierundzwanzigmal gesehen zu haben – er schätzt, daß es eine ganze Kolonie von mindestens zwanzig Stück gibt. Er sagt: »Sie sind von massiger Statur, drei bis vier Meter lang, haben einen schafsähnlichen Kopf und einen über zwei Meter langen Hals. Ihre Flossen ähneln Schaufeln.«
1972 und noch 1976 machte Searle Photos, von denen er behauptete, sie zeigten das Ungeheuer. Sie wurden in der ganzen Welt veröffentlicht und als »die bisher erstaunlichsten« beschrieben. Doch ein Glasgower Zoologie-Professor sagte von ihnen: »Mein erster Eindruck ist, daß es sich hier um einen Tierkadaver handelt, der für einige Zeit im Wasser gewesen ist. Es kann auch ein Baum sein.«
Während der 60er und 70er Jahre setzte sich die Monsterjagd als eine Art britischer Volkssport fort. Und Nessie wuchs zum größten Einzelaktivposten der schottischen Touristenkammer an.
Ein Taucher, der in den See hinabstieg, um die Leiche eines Ertrunkenen zu bergen, berichtete von einem grauenerregenden Anblick. Er hatte ein großes Felsenriff gesehen, das über und über voll war von Aalen, »so stark wie der Rumpf eines Mannes«.
Ein Froschmann, der in dem See arbeitete, behauptete, Nessie sei nur dreißig Meter von ihm entfernt an die Oberfläche geschwommen. Er sagte: »Es war etwa zehn Meter lang, hatte einen langen Hals, einen otterähnlichen Schwanz und vier Flossen. Als ich nach meinem Maat rief, tauchte es weg und verschwand.«
Man schlug unterschiedliche Wege vor, um Nessie in die Falle zu

treiben oder anzulocken. Den See mit stählernen Schleppnetzen durchzukämmen, kam bei einem Kostenaufwand von 200000 Pfund nicht in Frage. Darum gab es einen Plan, Nessie dazu zu verleiten, sich im Wasser zu aalen, das man mit riesigen heißen, im Wasser versenkten Platten anwärmen wollte. Bei Probeversuchen tauchte ein britisches Mini-U-Boot auf einhundertfünfzig Meter Tiefe in den See hinab. Seine Insassen konnten nichts sehen. »Dort unten ist es so finster wie in der Hölle«, sagten sie.

1969 setzte die amerikanische Invasion am Loch Ness ein. Dan Taylor, ein ehemaliges Besatzungsmitglied eines U-Boots der US-Navy aus Atlanta, Georgia, hatte fünf Jahre und 20000 Pfund darauf verwendet, ein kleines gelbes U-Boot aus Fiberglas zu konstruieren, das er *Viperfisch* taufte. Sein Plan war, daraus Pfeile abzufeuern, um ein Stückchen von Nessies Fleisch abzuspalten. Taylor behauptete, Nessie mit seinem Echolot aufgespürt zu haben, doch nie lange genug, um sie zur Strecke zu bringen. Er sagte auch, daß er in ein vierzig Meter tiefes Loch abgesackt sei. Doch er machte nur denselben Fehler wie John Williamson 35 Jahre zuvor. Er hatte nicht berücksichtigt, daß in einer Tiefe von mehr als zehn Metern das Wasser des Sees undurchdringlich trüb ist. Er packte seine Sachen und fuhr nach Hause.

1970 verbrachte Dr. Robert Rines, Vorsitzender der Akademie für angewandte Wissenschaften in Belmont, Massachusetts, zwei Wochen am Loch Ness. Er leitete ein Viermannteam, das mit einem Ortungsgerät, Unterwasserkameras und einem »Sex-Cocktail« ausgerüstet war, der aus den Fortpflanzungssäften solcher Tiere wie Seekühe, Aale und Seelöwen zubereitet war. Das Team hatte auch Tonbandaufnahmen dabei, die unter Wasser abgespielt werden sollten, mit den Geräuschen von einer Vielzahl von Wassertieren, die sich paaren, miteinander kämpfen oder »sprechen«. Rines behauptete, daß der Sex-Cocktail es ihm ermöglicht habe, mit Geschöpfen in Berührung zu kommen, »die hundertmal größer als jeder Fisch im See waren«. Sie lebten, sagte er, auf einem Riff, siebzig Meter vom Seeufer entfernt. Zwei Jahre später zeigte Rines in Boston Photographien in Farbe und Schwarzweiß vor, die er im See aufgenommen hatte und auf denen etwas zu sehen war, was ein Rumpf vom Umfang einer Kuh mit sehr großen Flossen zu sein schien.

Fast zur selben Zeit wie Rines' Expedition kam ein anderes amerikanisches Team am See an. Dieses wurde von der Whisky-Firma

Cutty Sark gesponsert und stand unter der Leitung von Professor James Ullrich vom Smithsonian-Institut. Ullrich hatte die Vorkehrung getroffen, sich für 15 Pfund bei Lloyds über 5000 Pfund für den Fall zu versichern, daß er von dem Ungeheuer gebissen oder verstümmelt würde. Er sagte: »Das Ungeheuer ist kein Mythos mehr, sondern eine wissenschaftliche Tatsache.« Und ein Mitglied seines Teams war sich seiner Sache ebenso sicher: »Das ist gar keine Frage. Es gibt ein Ungeheuer. Niemand nimmt doch ernsthaft an, daß das Ding ein Abflußrohr, acht Baumwurzeln oder ein großer Kuchenkrümel auf der Kameralinse ist, oder? Denn wenn das der Fall sein sollte, glaube ich, werde ich verrückt.«
Cutty Sark hatte mit der Londoner Lloyds die Zahlung von einer Million Pfund an jeden vereinbart, der vor Mai 1972 das Ungeheuer lebend und unversehrt fangen würde. Es gab keine ernsthaften Bewerber, und Ullrichs Team, das so ziemlich dieselben Mittel benutzte, wie die Rines-Expedition sie angewandt hatte, einschließlich der Sexköder, gelang es nicht, ein besseres Beweisstück beizubringen als seine Vorgänger, um die Legende zu unterstützen oder zu erschüttern.
Dann schlossen sich die Japaner dem Nessie-Boom an. 1973 kam Yoshiou Kou, ein 36jähriger Mann aus dem Showbusineß, der Muhammed Ali und Tom Jones nach Japan gebracht hatte, mit einem fünfzehn Mann starken Team an den Loch Ness. Ein japanisches Geschäftskonsortium hatte das Geld aufgetrieben, und Kou kündigte an, daß sein Team zwei U-Boote benützen werde, die bald aus Tokio eintreffen würden. Doch als Kous Taucher sahen, wie tintenschwarz das Wasser war, sagten sie ihren Auftrag ab.
In der Zwischenzeit schienen die Amateurbeobachter des Ungeheuers mehr Erfolg gehabt zu haben. 1974 fuhren der Lastwagenfahrer Andy Call und sein Beifahrer Henry Wilson den See entlang, als plötzlich das Wasser zu schäumen begann und ein Wesen an die Oberfläche kam. Call sagte: »Es war schwarz, fünfzehn oder zwanzig Meter lang und hatte einen Kopf wie ein Pferd. Wir beobachteten es etwa fünfzehn Minuten lang. Es tauchte dreimal unter.«
Im nächsten Jahr behaupteten Studentinnen aus München, mehrere Höcker gesehen zu haben, die sich im Wasser bewegten. Zehn Tage später meldeten französische Mädchen eine ähnliche Begegnung. Ihnen schloß sich eine englische Touristengruppe an, die ihre Geschichte stützte.

1978 fuhren der Lastwagenfahrer Hugh Chisholm und seine Frau Mhairi den See entlang zu ihrem Haus in Inverness, als sie das Ungeheuer sahen. Mrs. Chisholm sagte: »Es war wirklich riesengroß, und der Kopf und ein Höcker waren deutlich zu sehen. Als es wieder unter Wasser verschwand, ließ es große Wellen zurück.« Sie erzählte auch, ihr Ehemann hätte früher bereits einmal behauptet, Nessie gesehen zu haben – und sie hätte ihn ausgelacht.
Dennoch ist der vielleicht überzeugungskräftigste Beweis von der Existenz eines Ungeheuers im Loch Ness als Ergebnis einer zweiten Schottland-Expedition unter Führung von Dr. Rines herausgekommen. Am 20. Juni 1975 versenkte sein Team zwei Unterwasserkameras im See bei dem ehemaligen Schloß Urquhart. Sie befanden sich in einer Tiefe von 33 und 66 Metern und nahmen mit Hilfe von ungemein starken Stroboskoplampen in Abständen von 75 Sekunden 2000 Bilder auf. Die dabei entstandenen Photos schienen ein rötlichbraunes Tier mit einem dickleibigen Rumpf von etwa vier Meter Länge und einem geschwungenen Hals von knapp drei Meter Länge zu zeigen. Der Kopf des Geschöpfs sah mit seinem aufgerissenen Rachen und seinen zwei röhrenartigen Hörnern ziemlich furchterregend aus.
Sie überzeugten schließlich den ehemaligen Monsterjäger Peter Scott von Nessies Existenz. Er sagte: »Es gibt da unten wahrscheinlich zwischen zwanzig und fünfzig Stück von ihnen. Ich nehme an, daß sie zur Familie der Plesiosaurier gehören.«
Der Plesiosaurier ist seit sieben Millionen Jahren von der Erde verschwunden. Die Monsterjäger glauben deshalb, daß Nessies Vorfahren vielleicht vom Meer abgeschnitten worden sind, als sich der See am Ende der Eiszeit gebildet hat. Der See ist bis zu 330 Meter tief – tiefer als die Nordsee –, und seine Weite und Abgeschiedenheit haben es vielleicht diesen Geschöpfen erlaubt, ungestört als Überlebende eines anderen Jahrtausends zu wachsen und zu gedeihen.
Doch weshalb die Fülle von Begegnungen ab 1933? Die Monsterjäger haben auch hierfür eine Erklärung.
Die Straße, die John Mackay und seine Frau entlangfuhren, als sie am 14. April 1933 Nessie als erste entdeckt haben, war erst vor kurzem gebaut worden und die erste, die am Seeufer entlangführte. Um sie anzulegen, hatte man Tausende von Tonnen Gestein in den See gesprengt und eine üppige Vegetation, die jahrhundertelang seine Ufer verhüllt gehalten hatte, gerodet. Diese Sprengun-

gen, so behaupteten die Experten, haben die urzeitliche Unterwasserbehausung der Ungeheuer zerstört – und sie zum ersten Mal zu heimatlosen Wanderern im See gemacht.

DER FLUCH DES »FLIEGENDEN HOLLÄNDERS«

Viele haben das Schiff gesichtet, das auf ewig dazu verdammt ist, über die Meere zu segeln.

Was war – oder ist – der *Fliegende Holländer*? Und warum hat ein offensichtlich übertriebenes Seemansgarn solch eine Faszination über Jahrhunderte hinweg behalten – sogar bei denen, die nie zur See gefahren sind? Die warnende Erzählung von dem Schiffskapitän, der einen Pakt mit dem Teufel schloß, war Seeleuten lange vor Wagners berühmter Oper wohlbekannt. Eine Phantasiegeschichte, gewiß, doch alle paar Jahre, sogar noch bis heute, taucht die Sage als unheimliche und abschreckende Warnung wieder auf.
Die Sage geht auf das 17. Jahrhundert zurück, als ein skrupelloser und habgieriger Holländer, Kapitän Hendrik van der Decken, in Amsterdam Segel setzte, um in Ostindien sein Glück zu machen. Alles verlief reibungslos, bis sein Schiff zur Umsegelung des Kaps der Guten Hoffnung ansetzte. Ein heftiger Sturm kam auf, riß die Segel in Fetzen und setzte Tag für Tag den Aufbauten des Schiffes auf übelste Weise zu.
An diesem Punkt der Geschichte wird die Sage zum Mythos – angeblich erschien nun der Teufel dem Kapitän und fragte ihn, ob er bereit sei, Gottes Willen herauszufordern und geradewegs in den Sturm hineinzusteuern. Der ungeduldige Holländer willigte ein und zog so den Fluch des Allmächtigen auf sich: Er und sein Geisterschiff sollten ohne Unterlaß bis zum Tage des Jüngsten Gerichts die Meere durchpflügen.
Es ist ein Märchen, und niemand erwartet, daß man es ernst nimmt. Und dennoch sind im Verlauf der Jahrhunderte häufig merkwürdige alte Geisterschiffe gesichtet worden, die dem zertrümmerten Ostindienfahrer glichen, viele von ihnen in der Gegend, in der der *Fliegende Holländer* ursprünglich verschwunden war. Doch nicht nur das, sondern auch der Glaube der Seefahrer,

daß jedem, der das Phantomschiff sieht, bald darauf ein Unglück zustoße, hat sich in der Regel bewahrheitet.
Einige der Zeugen dieser Meereserscheinung waren äußerst achtbare Personen. Am 11. Juli 1881 machte Prinz Georg, damals 16jähriger Leutnant der Königlichen Marine, der spätere König Georg, eine historische Eintragung in sein Logbuch an Bord der *HMS Inconstant* vor der australischen Küste. Er schrieb:

»Um vier Uhr morgens kreuzte der *Fliegende Holländer* vor unserem Bug. Er gab ein phosphoreszierendes Licht von sich wie ein von innen heraus glühendes Phantomschiff; inmitten dieses Lichtes waren in zweihundert Meter Entfernung die Masten, Sparren und Segel einer Brigg deutlich zu erkennen, die backbord voraus lag, wo sie ebenso der wachhabende Offizier auf der Brücke als auch der Leutnant vom Achterdeck sah, der schnell ans Vorderdeck beordert wurde. Doch als er dort ankam, war keine Spur oder irgendein Zeichen von einem wirklichen Schiff weder in der Nähe noch fern am Horizont mehr zu sehen, obwohl die Nacht klar und die See ruhig war.«

Offensichtlich war der junge Prinz von der Fata Morgana, die dreizehn weitere Männer an Bord der *Inconstant* und zweier Schwesterschiffe gesehen hatten, tief beeindruckt. Noch am selben Tag stürzte der Matrose, der den *Fliegenden Holländer* als erster gesichtet hatte, von einem Mast herab und fand den Tod. Der Tod des Großadmirals erfolgte wenig später.
Den *Fliegenden Holländer* haben mehrere Schiffer vor dem Kap der Guten Hoffnung gemeldet, doch die vielleicht erstaunlichsten Augenzeugenberichte wurden von Leuten gegeben, die auf dem Festland standen.
Im September 1942 saßen vier Leute gerade zur Entspannung auf der Terrasse ihres Hauses in Mouille Point, Kapstadt, als sie ein altes Segelschiff entdeckten, das in die Tafelbucht steuerte. Sie verfolgten sein Vorankommen etwa fünfzehn Minuten lang, bevor es jenseits der Robben-Insel außer Sicht verschwand.
Drei Jahre zuvor, im März 1939, wollen nahezu hundert Menschen den gespenstischen Ostindienfahrer gesehen haben. Sie nahmen gerade ein Sonnenbad am Glencairn-Strand der Falschen Bucht südöstlich von Kapstadt, als ein voll aufgetakeltes Segelschiff aus dem Hitzedunst auftauchte. Es kreuzte mit vollen Segeln in der Bucht, obwohl sich kein Lüftchen regte. Das Schiff schien einen entfernten, abgelegenen Strand anzusteuern. Doch als die Menge

der aufgeregten Zeugen weiter zuschauen wollte, verschwand der *Fliegende Holländer* so plötzlich, wie er aufgetaucht war.
Andere Weltteile haben ebenfalls ihre eigenen »Fliegenden Holländer«.
Englands Geisterschiff sucht immer wieder die Goodwin Sands auf, die Sandbank im englischen Kanal, die 234 Wracks gefordert hat. Es war auf der Goodwin-Sandbank, wo am 13. Februar 1748 die *Lady Lovibond* auf Grund lief. Das Schiff hatte London mit Kurs auf Oporto verlassen, mit dem frisch verheirateten Schiffer, Captain Simon Pal, seiner Braut und einigen Hochzeitsgästen an Bord. Doch der Sage zufolge tötete ein eifersüchtiger Maat, der ebenfalls in die Braut verliebt war, Pal und steuerte das Schiff auf einem Selbstmordkurs auf die Goodwins. Die gesamte Mannschaft kam in den Fluten um.
Am 13. Februar 1798 – genau fünfzig Jahre nach diesem Tag – wurde ein der *Lady Lovibond* völlig gleicher Dreimastschoner mit Kurs auf die Goodwins gesichtet. Die Besatzung eines Fischerbootes folgte ihm und hörte die Klänge von einer Feier und von Frauenstimmen. Der Schoner lief auf die Sandbank auf, brach auseinander – und verschwand.
Dieselbe Erscheinung wurde genau weitere fünfzig Jahre später von einer anderen Schiffsbesatzung berichtet. Eine Gruppe von Beobachtern hatte sie am 13. Februar 1898 in der Nähe von Deal,

Kent, gesehen. Sollte das Phantom alle fünzig Jahre wieder auftauchen? Beobachter hielten am 13. Februar 1948 Ausschau. Die Sicht war schlecht, und sie sahen nichts.
Nordamerikas »Fliegender Holländer« hält sich vor der Küste von Rhode Island verborgen. Sein Name ist *Palatine,* und er verließ Holland 1752, vollgepackt mit Kolonisten, deren Ziel Philadelphia war. Doch im Wintersturm trieb das Schiff vom Kurs ab, der Kapitän ging über Bord, und die von Panik ergriffene Mannschaft meuterte. Die Passagiere verbrachten den Weihnachtstag in Angst und Schrecken. Zwei Tage später lief die *Palatine* vor Block Islands auf ein Felsenriff und löste sich allmählich auf. Als der Sturm sich legte, zog die Ebbe das todgeweihte Schiff wieder auf die See hinaus, und es glitt langsam von den Felsen herunter. Doch bevor es offenes Gewässer erreicht hatte, enterte ein Dutzend einheimischer Fischer die *Palatine,* brachten die Passagiere um und plünderten das Schiff.
Nachdem ihr rasendes Wüten ein Ende hatte und sie die *Palatine* aller Dinge von Wert beraubt hatten, setzten die Fischer das Schiff in Brand und schauten zu, wie es, vom Bug bis zum Heck in Flammen, auf das offene Meer zutrieb. Doch selbst die abgebrühten Fischer packte das Entsetzen, als sie sahen, wie auf der *Palatine* eine Frau aus ihrem Versteck auftauchte und an Deck um Hilfe schrie, bis sie ein Opfer der Flammen wurde.
Seitdem ist die *Palatine* über zwei Jahrhunderte lang immer wieder vor der Küste von Neuengland erschienen, ein zerschelltes, in blutrote Flammen getauchtes Segelschiff.

3.

Geheimnisse des Himmels

Seit der Mensch zum Himmel aufgeschaut und die Vögel um ihre Kunst zu fliegen beneidet hat, haben ihn die Geheimnisse über seinem Kopf stets fasziniert – der Himmel, die Sterne, die Unendlichkeit...
Was ist das Geheimnis der Schwarzen Löcher im Weltraum? Woher kommen die Fliegenden Untertassen? Und wurde die Flammenhölle, die einst einen Teil von Sibirien verwüstet hat, von Besuchern aus dem Weltall verursacht? Der Mensch mag die Lüfte erobert haben, doch ist er noch weit davon entfernt, ihre tiefsten Geheimnisse lösen zu können.

BEGEGNUNGEN DER DRITTEN ART

Die Existenz von UFOs wird von Astronauten bekräftigt – und von einem Präsidenten der USA

Jimmy Carter

Als Barney und Betty Hill ihre Geschichte erzählten, wollte ihnen kein Mensch glauben. Barney, ein amerikanischer Sozialarbeiter, hatte erzählt, daß er mit seiner Frau eine einsame Straße in New Hampshire entlanggefahren war, als ein Raumschiff vor ihrem Auto gelandet und eine merkwürdige Gestalt ausgestiegen sei. Es folgten zwei spurlose Stunden, die im Gedächtnis der Hills völlig ausgelöscht waren. Das nächste, woran sie sich wieder erinnerten, war, daß sie auf die Uhr schauten und sich auf derselben Straße, aber fünfzig Kilometer weiter, befanden.

Die Geschichte des Ehepaares war verblüffend, doch kaum zu glauben – bis man die beiden in Hypnose versetzt und über ihre fehlenden zwei Stunden ausgefragt hatte. Die Geschichten, die sie dann erzählten, waren gleichlautend. Sie erzählten, man habe sie an Bord des Raumschiffes gebracht und dort bestimmten Tests unterzogen. Außerdem zeichneten sie Bilder von den Wänden der Fähre, die mit Himmelskarten bedeckt waren.

Man legte die Karten Astronomen vor, die vor einem Rätsel standen. Denn die Grafiken wiesen unter anderem weit entfernte Sterne auf, die den Astronomen damals nicht bekannt waren – und die seitdem entdeckt worden sind.

Die Hills sind nur zwei von Millionen von Menschen rund um den Erdball, die Erscheinungen beobachtet haben, die man heute als UFOs zu bezeichnen pflegt – Unbekannte Fliegende Objekte.

Und unter diesen Millionen gibt es wenige Auserwählte – Menschen, die von sich behaupten, den Besatzungsmitgliedern solcher Raumschiffe von Angesicht zu Angesicht begegnet zu sein. Solche Zeugen laufen Gefahr, als Geisteskranke, Trunkenbolde oder Lügner abgestempelt zu werden, wenn sie von ihren merkwürdigen Begegnungen berichten. Doch heutige Wissenschaftler denken nicht daran, solche Beweise abzutun. Schließlich behauptet sogar der ehemalige US-Präsident Jimmy Carter, ein UFO gesehen zu haben: »Ein vor- und zurückweichendes Objekt, das seine Farbe von Blau zu Rot wechselte und das in einem leuchtenden Schein glänzte.«
Der Astronaut Gordon Cooper sagte: »Intelligente Wesen von einem anderen Planeten besuchen regelmäßig unsere Welt. Die amerikanische Regierung und die Raumfahrtbehörde besitzen eine große Fülle von Beweisen für diese Besuche, doch wahren sie Stillschweigen, um die Leute nicht zu verängstigen.«
Ed Mitchell, der als sechster Mensch den Mond betreten hat, sagt: »Ich bin völlig davon überzeugt, daß einige wirkliche UFOs gesichtet worden sind. Die Frage lautet nicht, ob es UFOs gibt, sondern *was* sie sind.«
Der ehemalige Luftwaffengeneral der britischen Luftstreitkräfte, Lord Dowding, glaubte hartnäckig an die »Fliegenden Untertassen«. Bereits 1954 sagte er: »Ich habe noch nie eine Fliegende Untertasse gesehen, trotzdem glaube ich, daß es sie gibt. Es haben sich einander ergänzende Beweisstücke in solcher Fülle angehäuft, daß sich meines Erachtens daraus eine unter allen Umständen völlige Gewißheit ergibt. Es besteht keine andere Möglichkeit, als die Theorie anzuerkennen, daß sie extraterrestrischen Ursprungs sind. Zum ersten Mal, seit Geschichte geschrieben wird, ist von nun an vielleicht eine eindeutige Verständigung zwischen der Erde und anderen Planeten möglich.«
Obwohl Dowding zugab, niemals eine Fliegende Untertasse gesehen zu haben, sind bei ihm während des Zweiten Weltkrieges eine Vielzahl von Meldungen über Begegnungen mit UFOs von den Piloten unter seinem Kommando eingegangen. Doch die ersten UFO-Meldungen setzten schon lange vor unserem Luftzeitalter ein. Eine der gesichertsten Begegnungen aller Zeiten etwa ereignete sich vor mehr als siebenhundert Jahren...
Am Neujahrstag 1254 starrte eine Gruppe englischer Mönche bei St. Albans voller Furcht zum Himmel auf »eine Art großes Schiff

von anmutiger Bauweise und wunderbarer Farbe«. Sechsunddreißig Jahre später berichteten Mönche von der Byland-Abtei, Yorkshire, daß sie eine »große, runde, silberne Scheibe« am Himmel gesehen hätten. Und 1546 ereignete sich eines der aufsehenerregendsten UFO-Phänomene im Laufe der Geschichte, als ein Schwarm glänzender Scheiben den Himmel über Basel in der Schweiz bedeckte.

Doch erst seit dem letzten Jahrhundert hat das UFO-Geheimnis die menschliche Vorstellungkraft wirklich in seinen Bann geschlagen. Die Begegnungen scheinen in Phasen verlaufen zu sein.

Ein Spitzenjahr war 1897, als eine Flut von Meldungen aus den Vereinigten Staaten eintraf. Ein großes »Raumobjekt« landete in Carlinville, Illinois, doch hob es schleunigst ab, als neugierige Bewohner der Stadt sich ihm näherten. Mehr als zehntausend Menschen sahen ein rätselhaftes »Luftschiff mit blitzenden Lichtern« zehn Minuten lang über Kansas City schweben, bevor es in den Weltraum schoß. Im selben Jahr beobachtete ein Mitglied des Repräsentantenhauses, Alexander Hamilton, wie ein gewaltiges Objekt draußen vor seinem Haus in Le Roy, Kansas, landete. Er beschrieb es als »zigarrenförmig, etwa einhundert Meter lang,

DIE ERSTEN »FLIEGENDEN UNTERTASSEN«

Als am 24. Juni 1947, einem klaren und sonnigen Tag, der amerikanische Zivilpilot Kenneth Arnold den Mount Rainier im Staate Washington überflog, sah er in der Ferne einen Verband glänzender Objekte. Zuerst dachte er, es seien Kampfflieger, doch als sie auf ihn zuschossen und mit unglaublicher Geschwindigkeit über die Berggipfel strichen, wurde ihm klar, daß sie etwas waren, »was er noch nie zuvor gesehen hatte«. Er beobachtete sie, wie sie am Horizont hin- und herirrten, und schätzte ihre Geschwindigkeit auf 2000 km/Std. Als er landete, mußte er nach Worten suchen, um die geheimnisvollen Objekte zu beschreiben ... und brachte diesen Satz hervor: »Wie Untertassen, die übers Wasser streichen.« So wurde der Begriff »Fliegende Untertassen« geboren.

durchsichtig und strahlend hell erleuchtet«. Sechs seltsame Wesen waren in der Fähre zu sehen, doch als sich ihnen Mitglieder von Hamiltons Stab nähern wollten, hob sie ab und flog mit unerhörter Geschwindigkeit außer Sichtweite.

Eine zweite Flut von Begegnungen datiert von 1909, diesmal aus Großbritannien. Innerhalb von zwei Monaten gingen Meldungen von Raumfähren aus vierzig Städten ein. Die aufregendste stammte aus Caerphilly, Südwales, wo ein großes, zylinderförmiges Objekt bei der Landung gesehen worden war. Zwei Wesen stiegen aus, doch als man sich ihnen näherte, eilten sie wieder hinein und hoben ab. Eine ähnliche Flut von UFOs gab es in Neuseeland, in demselben Jahr, und in Ontario, Kanada, vier Jahre später.

Das Einsetzen des Luftreiseverkehrs führte zu einem dramatischen Anstieg der Zahl von UFO-Meldungen. Die vielleicht erste Luft-zu-Luft-Begegnung hatte der Flugpionier Francis Chichester, der später als Weltumsegler berühmt werden sollte. Chichester flog mit seinem Flugzeug, der *Gipsy Moth,* von Australien nach Neuseeland, als seitlich von ihm ein seltsames Luftschiff auftauchte. Es war kreisrund und von strahlendem Glanz. Es begleitete ihn ein paar Kilometer, bevor es beschleunigte und in der Ferne verschwand.

Viele UFO-Begegnungen gab es während des Zweiten Weltkriegs – kein Wunder, wenn man die gestiegenen Luftaktivitäten in Betracht zieht –, doch über die meisten von ihnen wurde aus Sicherheitsgründen der Mantel des Schweigens gebreitet. Erst nach dem Krieg begannen die Akten über UFOs und Fliegende Untertassen wirklich anzuschwellen.

1947: Der amerikanische Pilot Kenneth Arnold sichtet einen Verband Fliegender Untertassen (s. Kasten).

1948: Hunderte von Menschen sehen ein großes weißes Objekt am Himmel von Medisonville, Kentucky. Drei P 51 Mustangs werden hinaufgeschickt, um der Sache nachzugehen. Als das Objekt davonrast, nimmt einer der Piloten die Jagd auf. Später am Tag findet man das Wrack seines Flugzeugs.

1952: Der Amateur-Astronom George Adamski aus Palomar, Kalifornien, nimmt die berühmtesten (doch heute im allgemeinen nicht mehr beachteten) Photos von einem UFO auf. Er hat sie mit seinem Spiegelteleskop aufgenommen, und sie zeigen angeblich eine Fliegende Untertasse, die in einer Höhe von gut fünfhundert Metern schwebt.

1952: Eine geheimnisvolle, glänzende Fähre landet auf dem Flughafen von Marseille und hebt dann senkrecht wieder ab.
1952: Seltsame Lichter über Washington DC, die von der Presse auf den Namen Washington-Inversion getauft werden (s. Kasten).
1953: Der Düsenjäger F 89 der US-Luftwaffe jagt ein UFO über dem Oberen See. Zielgeber beobachten die Verfolgung auf ihren Radarschirmen und müssen zusehen, wie das Flugzeug aufholt und dann vom Bildschirm verschwindet. Das UFO rast nach Norden aus dem Radargebiet. Die Suchtrupps finden keine Spur von dem Düsenjäger.
1953: L. Gordon Cooper, der spätere US-Astronaut, sieht ein UFO, als er mit seinem Düsenjäger Deutschland überfliegt. Er sagt: »Nun glaube ich fest an extraterrestrische Luftschiffe.«
1953: Der Pilot einer DC-6-Verkehrsmaschine funkt auf einem Flug von der Wake-Insel nach Los Angeles die Meldung von einem sich nähernden UFO durch. Das Funkgerät verstummt. Suchtrupps finden später das Wrack und zwanzig Leichen.
1954: Besatzung und Passagiere einer Boeing-Linienmaschine beobachten auf ihrem Flug von New York nach London einen Verband von sieben Luftschiffen, die sich mehrere Minuten lang seitlich von dem Verkehrsflugzeug halten. Die UFOs scheinen sechs Fliegende Untertassen und ein »Mutterschiff« zu sein.
1956: Glänzende UFOs werden von zwölf Augenzeugen über Ostengland gesichtet. Dies bestätigt die Radarüberwachung des Luftstützpunktes Lakenheath in Suffolk.
1958: Zwei Männer nähern sich in ihrem Auto einem dreißig Meter langen, glänzenden, eiförmigen Objekt, das über einer Brücke in der Nähe von Baltimore, Maryland, schwebt. Als ein Blitz von Licht und Hitze schießt es in den Himmel. Die Gesichter der Männer weisen später Anzeichen von Strahlenverbrennungen auf.
Seit den frühen 60er Jahren wurde eine völlig unerklärliche Überschwemmung von UFO-Meldungen registriert – alle aus ländlichen Gebieten Großbritanniens. Mit den Jahren bildete sich ein Muster heraus, und zwei dieser Gegenden wurden direkt berühmt für ihre Besuche aus dem All. Eines dieser Gebiete ist die Gegend um Warminster, Wiltshire, herum, und ein anderes bildet einen Teil von Wales, das als das Broadhaven-Dreieck bekannt geworden ist. Die Menschen, die in diesen und anderen UFO-geneigten Gebieten von Großbritannien leben, sind nicht immer unverletzt

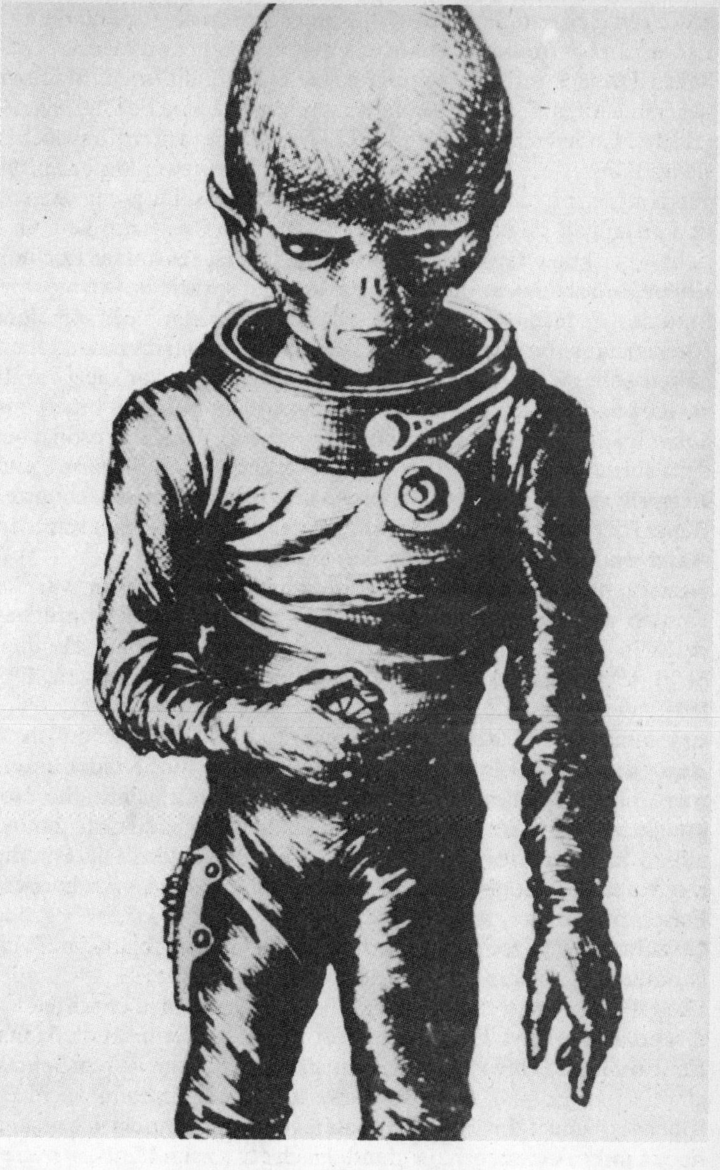

Ein gängiges Bild von einem UFO-Besatzungsmitglied.

aus ihren Begegnungen mit den Raumschiffen davongekommen. Es war ein Uhr morgens, als Mrs. Pauline Coombs aus dem Breadhaven-Dreieck ihre Begegnung hatte. Sie saß mit ihrem Mann in der Stube ihres einsamen Bauernhauses, als sie zum Fenster schaute. Mrs. Coombs mußte einen Schreckensschrei unterdrücken, als sie im Fenster die Umrisse sah von einer »über zwei Meter aufragenden Gestalt... Sie war von Kopf bis Fuß silbern angezogen, und es umgab sie ein leuchtender Glanz, aber sie hatte kein Gesicht – gar keine Gesichtszüge, nur ein leeres, schwarzes Loch«.
Voller Entsetzen war die junge Frau zuerst sprachlos. Als sie ihre Stimme wiederfand, schrie sie nach ihrem Mann, der mit dem Rücken zum Fenster saß. Er rief bei Nachbarn an, damit sie ihnen helfen sollten, doch in der Zeit, bis sie kamen, war die Gestalt verschwunden. Mrs. Coombs sagte aus: »Der Schweiß brach uns aus, wir zitterten und schrien vor Angst. Unser Hund, der sonst bei dem geringsten Geräusch anschlägt, lief nur im Kreis herum und weigerte sich nachher, das Haus zu verlassen.« Ein benachbarter Bauer, der als erster zugegen war, sagte aus: »Die beiden waren in Angst und Schrecken – völlig von Sinnen.«
Sie hatten allen Grund, es zu sein. Nur drei Tage zuvor war die Familie mit ihrem Auto unterwegs gewesen, als sie von etwas verfolgt wurde, was sie als einen glühenden Ball am Himmel beschrieb, der sie zurück zu ihrem Bauernhof in Ripperton, Dyfed, jagte.
Ein Jahr später hatte die Familie ihre alleraußergewöhnlichste Begegnung. Das Ehepaar war mit zwei seiner fünf Kinder unterwegs, als eine silberne Scheibe am Himmel auftauchte. Sie umkreiste sie, dann steuerte sie auf die nahe gelegene Küste zu und schien in einer breiten Felswand zu verschwinden. Die Familie folgte dem Weg, den das UFO genommen hatte. »Als wir bei dem Felsen ankamen«, sagte Mrs. Coombs, »sahen wir zwei große Gestalten in glänzenden, silbernen Anzügen. Sie gingen eine Weile umher, dann verschwanden sie in dem Fels.«
Die UFOs haben sich das Breadhaven-Dreieck ohne ersichtlichen Grund ausgesucht. Eine Nachbarin von Mrs. Coombs, die Hausfrau Josephine Hewison, schaute eines Morgens aus ihrem Schlafzimmerfenster und sah etwas, das ihrer Behauptung nach ein silbernes, ungefähr zwanzig Meter großes Raumschiff war und neben ihrem Gewächshaus stand. Nach etwa zehn Minuten hob es ab und flog davon.

»SIE SAGEN DIE WAHRHEIT«

Erfahrene amerikanische Mediziner haben Hypnose angewandt, um die Geschichten, die Leute erzählten, die behaupteten, sie hätten persönliche Begegnungen mit fremden Lebewesen gehabt, auf ihren Wahrheitsgehalt zu überprüfen. Die Ergebnisse waren oft überraschend.
Ein 16jähriger Gymnasiast, der behauptet hatte, ein großes grünäugiges Wesen in seinem Garten gesehen zu haben, stimmte einem Test im South-West-Montana-Mental-Health-Centre, einem Klinikum in Anaconda, zu. Der Junge hatte vergessen, was geschehen war, nachdem er den Wesen begegnet war, doch unter Hypnose sagte er aus, daß drei seltsame Fremde ihn in ein Raumschiff gezerrt hätten. Nachdem sie ihn untersucht hatten, sagten sie ihm, er würde den ganzen Vorfall vergessen.
Dr. Kent Norman, der das Experiment geleitet hat, sagte: »Ich glaube, daß der Junge aufrichtig wiedergab, was er erlebt hat.«
Einen ähnlichen Standpunkt vertritt Dr. Leo Sprinkle von der Universität Wyoming, Laramie, dessen Tests gezeigt haben, daß die ersten Begegnungen mit Wesen aus dem All gegen den Willen der untersuchten Personen stattgefunden hatten. Die erlitten häufig körperliche Folgeschäden und Gedächtnisschwund. Dr. Sprinkle sagte: »Ich weiß nicht, ob die Begegnungen dieser Leute physischer oder psychischer Natur waren, doch ich neige persönlich und als Arzt zu der Annahme, daß ihre Behauptungen wahr sind.«
Dr. Alvin Lawson von der California State University, Long Beach, gibt sich vorsichtiger. Nachdem er verschiedene Zeugen, die behaupteten, entführt worden zu sein, in Hypnose versetzt hatte, sagte er: »Die Geschichten sind zumindest teilweise wahr. Aber das heißt nicht, daß ihre Erfahrungen notwendigerweise ›wirkliche‹, physische Ereignisse gewesen sein müssen – daß sie mehr als Halluzinationen sind.«

Louise Basset, die Frau eines Restaurantbesitzers von Ferryside Carmathen, erzählte: »Eines Nachts, als ich gerade nach Hause fuhr, verstummte plötzlich mein Radio. Zur gleichen Zeit sah ich Lichter am Himmel blitzen. Ich machte einen Umweg, um ihnen auszuweichen, doch fünf Kilometer weiter tauchten sie wieder auf.« Als Mrs. Bassets Radio ausging, passierte dasselbe mit den Radios und Fernsehern von Dutzenden anderer Leute in der Gegend. Mrs. Bassets Hund hatte sich damals mit im Auto befunden. »Seit jener Nacht war er nicht mehr derselbe«, sagte sie.
Der Ladengehilfe Stephen Taylor war eines Nachts noch spät zu Fuß in der Nähe seines Hauses unterwegs, fünfzehn Kilometer von dem Hof der Coombs entfernt, als er ein glänzendes Objekt am Himmel sah. Er sagte: »Es hatte einen Durchmesser von ungefähr fünfzehn Metern, und das Licht schien von der Unterseite auszugehen. Plötzlich schoß aus dem Gebüsch vor mir ein Hund. Dann tauchte direkt neben mir eine große Gestalt auf. Ich erschrak, holte zu einem Schlag gegen sie aus und bin dann geflohen. Als ich in dieser Nacht nach Hause kam, fing mein eigener Hund an, mich wütend anzuknurren. Er wollte mich nicht an sich heranlassen.«
Die beweiskräftigsten Zeugen von allen sind vielleicht die Kinder der Grundschule von Broadhaven. Fünfzehn von ihnen – vierzehn Jungen und ein Mädchen – spielten gerade Fußball, als sie nach drinnen eilten, um ihrem Direktor zu melden, sie hätten ein Raumschiff am Himmel gesehen. Der Direktor, Ralph Llewellyn, unterteilte sie in verschiedene Gruppen und forderte sie auf, Bilder zu zeichnen von dem, was sie gesehen hätten. Anschließend verglich er die Ergebnisse miteinander und war verblüfft von ihrer Ähnlichkeit. Auch nach jahrelanger Befragung blieben die Kinder bei ihrer Erzählung.
Eine ähnliche Entdeckung wurde an der Grundschule von Wawne gemacht, etwa dreihundertfünfzig Kilometer von Humberside entfernt. Zwanzig Kinder im Alter von sechs und sieben Jahren kamen in das Büro ihres Direktors Michael Yates gerannt, um ihm zu erzählen, sie hätten ein seltsames Objekt am Himmel gesehen. Die Kinder beschrieben ein klassisches UFO – »wie eine umgekehrte Schüssel mit einem Buckel obendrauf«.
In Elgin, im Nordwesten von Schottland, beschrieben zwei zehnjährige Mädchen »eine silberne Untertasse mit einer Beule obendrauf«, die sie in einem Wald schweben gesehen hätten. Die Fähre strahlte ein rotes Licht aus, sagten sie, und ein Mann in einem

silbernen Anzug stand neben ihr. Mrs. Caroline McLennan, die Mutter eines der Mädchen, sagte: »Als meine Tochter davon erzählte, erinnerte ich mich, daß ich ein surrendes Geräusch gehört und zu meiner Nachbarin gesagt habe: ›Hört sich an wie eine Fliegende Untertasse.‹ Die Mädchen führten uns zurück in den Wald, und wir entdeckten einen großen Fleck mit niedergedrücktem Gras. Die Blätter an den Bäumen ringsherum waren angesengt.« Eine Fähre von der Form einer Untertasse mit einem Lichtschein, der nach unten strahlte, wurde von mehreren Leuten aus derselben Gegend und in derselben Nacht bezeugt.

Karen Iveson, eine junge Finanzbeamtin, sah sie, als sie mit ihrem Freund im Parley Cross, Dorset, ausging. Sie sagte: »Es war etwas, was ich noch nie in meinem Leben zuvor gesehen hatte. Es war ein großes, silbriges, scheibenförmiges Objekt, das von der Mitte aus einen spitz zulaufenden silbergrünen Lichtkegel aussandte. Das Schiff schwebte lange Zeit über einem Feld, dann beschleunigte es mit einer phantastischen Geschwindigkeit und flog, gerade auf Baumhöhe, davon. Wir waren beide ziemlich erschrocken.«

Dieselbe Erscheinung überraschte auch Mrs. Pauline Fall und eine Freundin. Mrs. Fall sagte: »Es sah aus wie die Unterseite von einem Teller, und aus der Mitte drang ein silbriger Lichtkegel. Das Licht strahlte direkt auf mein Auto, und die Fähre kam die ganze Zeit tiefer und näher zu uns heran. Mir zog sich der Magen zusammen. Dann verschwand die Fähre. Das Auto hat seit dieser Nacht nie wieder normal funktioniert.«

Ein wenig weiter im Norden der Begegnungen von Dorset liegt die UFO-»Hauptstadt« der Welt – Warminster in Wiltshire. UFO-Gucker haben in dieser Kleinstadt einen Informationstreff und ein Rundschreiben ins Leben gerufen, um ihre Mitglieder auf dem Stand der letzten Begegnungen zu halten. Dutzende von Meldungen über eine glitzernde Fliegende Untertasse, die als das »Ding von Warminster« Berühmtheit erlangte, wurden hier registriert.

Neil Pike und seine Ehefrau Sally sind zwei der UFO-Beobachter von Warminster, und sie behaupten, schon zweimal ein Raumschiff und Raumfahrer gesehen zu haben. Bei einer Gelegenheit standen die beiden mit einem Trupp Himmelsgucker auf einem Hügel in der Nähe von Warminster, als sie etwas ausmachten, wovon sie annahmen, es wären zwei UFOs. Mrs. Pike sagte: »Plötzlich wurde die Luft wärmer, und zwei schemenhafte Gestalten tauchten auf. Sie waren sehr groß, und wir konnten ihre

Umrisse erkennen – doch sie schienen aus Nebel oder Rauch zu bestehen. Sie hatten keine Gesichtszüge.« Ihr Mann, Sicherheitsbeamter bei einer Bank, ging auf die Gestalten zu. Sie schienen sich vor seinen Augen aufzulösen. Doch Mrs. Pike sagte: »Wir anderen sahen zu, wie er mitten durch diese Gestalten hindurchging und am andern Ende wieder herauskam.«

Wenn Warminster auch die »UFO-Hauptstadt« sein mag, so nehmen doch die Vereinigten Staaten für sich in Anspruch, daß in ihrem Raum die größten und aufregendsten Erscheinungen fremder Raumschiffe gemeldet worden sind.

1964: Der Streifenbeamte Lonnie Zamora sieht in der Nähe der Stadt Socorro, New Mexico, ein UFO landen. Er rast zu der Stelle hin und trifft auf zwei merkwürdige Gestalten, die er als etwa 1,30 Meter groß beschreibt, und die neben einer leuchtenden, oval geformten Raumfähre stehen. Sie fliehen hinein und heben ab. Abdrücke, die von der Landevorrichtung des UFOs stammen könnten, werden später entdeckt.

1965: James McDivitt sichtet auf einer Erdumlaufbahn von 160 km Höhe von Gemini 4 aus ein zylinderförmiges Objekt mit vorstehenden Antennen. Er fängt an, es zu photographieren, doch McDivitt und sein Co-Astronaut Ed White werden alarmiert, daß das Raumschiff mit ihnen zusammenstoße, und sie bereiten ein Ausweichmanöver vor. Ehe sie dies jedoch ausführen können, verschwindet das UFO.

1965: Landarbeiter berichten aus Kelly, Kentucky, sie hätten aus hundert Metern Entfernung auf fremde Wesen geschossen. Immer, wenn eines dieser Wesen von einer Gewehrkugel getroffen worden war, kippte es um – und glitt dann wieder aufrecht weiter, ohne irgendein Geräusch zu verursachen.

1972: Muhammad Ali absolviert gerade sein Training im Central Park von New York, als er einem UFO begegnet. Er sagte: »Ich war kurz vor Sonnenaufgang draußen und machte mein Lauftraining, als dieses strahlende Licht über mir schwebte. Es schien mich geradezu zu beobachten. Es stand wie eine riesige Glühbirne am Himmel.«

1973: John Gilligan, Gouverneur von Ohio, berichtet, ein UFO bei Ann Harbour, Michigan, gesehen zu haben. Er beschreibt es als einen »senkrechten Lichtpfeil, der bernsteinfarben glühte«.

1973: Jimmy Carter, damals noch Gouverneur von Georgia, sitzt zusammen mit zwanzig weiteren Personen nach einem offiziellen

Abendessen in Thomastown, Georgia, auf einer Veranda, als sie, Carter zufolge, mit eigenen Augen ein UFO sehen, »das so groß wie der Mond zu sein schien und manchmal die Farbe von Rot nach Grün wechselte«.
1973: Die Astronauten Jack Lousma, Owen Garriot und Alan Bean photographieren in 400 km Höhe von Skylab 2 aus zehn Minuten lang ein rotierendes rotes UFO.
1973: Der Polizeichef von Falkville, Alabama, Jeff Greenshaw, fährt auf eine zwei Meter große, metallische Gestalt auf der Straße

zu. Die Gestalt flieht die Straße entlang. Greenshaw verfolgt sie mit seinem Streifenwagen. Das Wesen läßt den Wagen hinter sich und verschwindet in der Ferne.
1973: Die Werftarbeiter Charles Hickson und Calvin Parker verbringen gerade ihre Freizeit in der Nähe von Pascagoula, Mississippi, beim Angeln, als den Anglern zufolge plötzlich eine dreißig Meter lange, silbrige Fähre vor ihnen schwebt. Eine Luke öffnet sich, und drei graufarbene Fremde gleiten heraus. Sie haben eine verschrumpelte Haut, Hände wie Klauen und nur einen Augenschlitz. Die Angler werden auf wunderbare Weise vom Flußufer emporgehoben und schließen sich den Wesen aus dem All an, die in das Innere ihrer Fähre zurückgleiten. Nachdem sie dort angelangt sind, werden die zwei Männer mit dem Rücken auf einen Tisch gelegt, und eine Kamera senkt sich von der Decke auf sie herab, um sie zu untersuchen. Nach etwa zwanzig Minuten werden die zwei Freunde von den Fremden wieder freigelassen und melden ihr Erlebnis. Man hypnotisiert sie und schließt sie an Lügendetektoren an, aber ihre Geschichte bleibt dennoch dieselbe.
1975: Der Waldarbeiter Travis Walton fährt zusammen mit fünf Freunden mit einem Lastwagen durch das Gebiet von Snowflake, Arizona, als sie plötzlich ein strahlendes Licht über einer Baumgruppe schweben sehen. Der Fahrer, Mike Rogers, bremst ab. Walton springt hinaus und läuft auf das UFO zu, doch bevor er weit kommen kann, zuckt ein Blitz auf, und er fällt zu Boden. Seine Freunde fahren weiter, um aus der Gefahrenzone zu gelangen, doch kehren sie kurz darauf zurück, um Walton zu bergen. Er ist verschwunden. Fünf Tage später taucht er in der nahe gelegenen Stadt Neber wieder auf und behauptet, die Zeit mit »unheimlichen Wesen, die wie Embryos aussahen«, verbracht zu haben. Walton wird einem Lügendetektortest unterzogen, der anzeigt, daß er die Wahrheit sagt.
1977: Zwei Krankenschwestern gehen in ihrer Freizeit auf Staten Island, New York, spazieren, als sie sehen, wie ein zigarrenförmiges Objekt in einer dünn bewaldeten Gegend landet. Völlig durcheinander halten sie einen Streifenwagen an, der zu dem Schauplatz zurückfährt – gerade rechtzeitig, um zu sehen, wie ein UFO, »größer als das Goodyear-Luftschiff«, in die Luft schießt und davonrast. Die Polizei jagt ihm über die Landesgrenze bis nach New Jersey nach, doch es verschwindet in einem silbrigen Nebel.
1978: Sir Eric Gairey, Premierminister von Grenada, unternimmt

den erfolglosen Versuch, die Vereinten Nationen zu einer offiziellen Untersuchung von UFOs zu bewegen. Er behauptet, eins gesehen zu haben – »ein funkelndes goldenes Licht, das mit ungeheurer Geschwindigkeit am Himmel flog«.
1978: Die in Deutschland gebürtige Schauspielerin Elke Sommer sitzt im Garten ihres Hauses von Los Angeles, als plötzlich aus heiterem Himmel ein leuchtender, orangefarbener Ball auftaucht, »der glänzte und dahinglitt wie ein großer Mond«. Er schwebte auf sie zu, und sie flieht ins Haus. Als sie wieder hinausgeht, ist er verschwunden.
In demselben Jahr 1978 verschmolzen für genau zwei Stunden zwei der größten Geheimnisse der Welt miteinander zu einem. Das war die Zeitspanne, während der es Radarbeobachtern gelang, die Fährte eines UFOs zu verfolgen, das im Zickzack das Bermuda-Dreieck überquerte, einen geheimnisvollen Meeresfriedhof für Schiffe und Flugzeuge, die dort spurlos verschwunden sind.
Das UFO wurde auch von Augenzeugen gesichtet. Es war eine runde Fähre, die rotes, grünes und weißes Licht ausstrahlte und auf unbegreiflich ziellose Weise umherirrte. Weder ein ziviles noch ein militärisches Luftfahrzeug befand sich zu dem Zeitpunkt in der Gegend. Experten der elektronischen Luftabwehr von Pinecastle bei Astor, Florida, gaben sich die größte Mühe, das seltsame Flugobjekt zu stellen, als es plötzlich die Richtung änderte. Einen Augenblick blieb es in der Luft stehen, um im nächsten Moment auf 750 km/h zu beschleunigen.
Ein Mann am Radarschirm sagte: »Es manövrierte auf solche Weise und mit solchen Geschwindigkeiten, daß es unmöglich ein Flugzeug oder ein Hubschrauber gewesen sein kann. Ich habe so etwas noch nie gesehen, und ich will so etwas auch nicht noch einmal sehen.«
Die bemerkenswerteste Welle von UFO-Begegnungen der jüngsten Zeit setzte in den letzten Tagen des Jahres 1978 ein. Ein australisches Fernsehteam flog am Silvestertag über das Kalkoura-Gebiet der Südinsel von Neuseeland, um vorausgegangenen UFO-Meldungen von Verkehrspiloten nachzugehen. Die Fernsehjournalisten drehten den ersten lohnenden Fernsehfilm von einem UFO – von mehreren runden Objekten, die von leuchtenden orangefarbenen Ringen umgeben waren und um ihr Flugzeug herumsausten.
Zur gleichen Zeit, als diese Begegnung stattfand, fingen in Wel-

lington Luftraumkontrolleure Serien von umherirrenden Echozeichen auf den Radarschirmen ihres Towers auf. Sie bewegten sich drei Stunden lang mit beachtlicher Geschwindigkeit über den Schirm. Einer der Kontrolleure sagte: »In den letzten Tagen haben sechs Piloten UFOs gesehen, und es hat eine ganze Menge von Radarsignalen gegeben. Da draußen geht offenbar etwas Merkwürdiges vor sich.«

Um sich nicht von dem australischen Fernsehknüller ausstechen zu lassen, stieg zu Beginn des Januar 1979 ein neuseeländisches Kamerateam in derselben Gegend in die Lüfte. Sie konnten ein Objekt filmen, das sie als einen »erleuchteten Tischtennisball, der nur so kreiste, pulsierte und herumflitzte«, beschrieben.

DIE WASHINGTON-INVASION

Fliegende Untertassen und UFOs scheinen normalerweise dichtbevölkerte Gebiete zu meiden. Doch eine der berühmtesten Visiten aus dem All fand direkt über der Hauptstadt der USA statt. Die Presse nannte sie die Washington-Invasion.

Am Abend des 19. Juli 1952 bewegten sich fünf seltsame, starke Lichter im Zickzack am Himmel, die von Tausenden von Menschen beobachtet wurden. Einen Tag später, am 20. Juli, tauchten sie wieder auf – diesmal mit Verstärkung. Nun waren es zwischen sechs und zwölf Objekte, und ihre schnellen, ziellosen Bewegungen schlossen die Möglichkeit aus, daß es sich um herkömmliche Luftfahrzeuge handeln könnte.

Drei Kampfdüsenjäger vom Typ F 94 wurden hinaufgeschickt, um die rätselhaften Objekte anzufliegen. Zwei der Abfangjäger konnten keine Spur von den UFOs ausfindig machen, doch der dritte Pilot flog geradewegs in einen Schwarm von bläulichweißen Lichtern. Die Lichter, sagte er, bewegten sich fünfzehn Minuten lang an seiner Seite, bevor sie mit erstaunlicher Geschwindigkeit auseinanderstoben.

Der Pilot konnte sicher zu seinem Stützpunkt zurückkehren, und die Lichter wurden nie wieder gesehen.

Während all diese Aktivitäten sich in Australasien ereigneten, wurden ähnliche Begegnungen von allen Enden der Welt gemeldet. In Großbritannien versetzten weiße Bälle am Himmel Augenzeugen von Schottland bis zur Südküste in Angst und Schrecken. Einige Leute behaupteten, daß diese Objekte sie »angeflogen« hätten.

In Israel wurde eine wahre Flut von Begegnungen mit roten Bällen und blitzenden Lichtern gemeldet. In Norditalien wurden Dutzende von Dörfern an den Hängen des Gran Sasso in Dunkelheit getaucht, nachdem man ein UFO über einem Wasserkraftwerk hatte schweben sehen. Die Techniker sagten, die Instrumente hätten plötzlich verrückt gespielt und die Maschinen gestoppt. In Südafrika begegnete eine junge Frau »sechs dunkelhäutigen Männern« auf einer Landstraße in der Nähe von Johannesburg. Sie sprachen mit Fistelstimmen, doch flohen sie in einer glänzenden Raumfähre, als sie anfing, sich aufzuregen.

Rund um die Welt haben Wissenschaftler und Astronauten Mutmaßungen über eine »Invasion« aus dem All verlacht. Sie führten die vermeintlichen Begegnungen auf Meteoriten und Raumschutt zurück, die beim Eintreten in die Erdatmosphäre verglühen. Sir Bernard Lovell, Leiter der astronomischen Rundfunksendung der Britain's Jodrell Bank, tat die Begegnungen als »reine Sciencefiction« ab.

Viele Menschen haben im Laufe der Jahre ähnlichen Spott über die UFO-Begegnungen verbreitet. Nur wenige sahen sich imstande, die Behauptungen der aufrichtigen und zumeist erschrockenen Leute zu unterstützen, die solche Himmelsobjekte von nahem gesehen haben wollen. Dennoch werden täglich neue Begegnungen gemeldet. Das UFO-Rätsel weigert sich einfach, sich von selbst zu erledigen.

DAS PHÄNOMEN DER SCHWARZEN LÖCHER

Sogar gewaltige Sonnen haben diese Riesenstrudel des Alls verschluckt

Jenseits der Erdatmosphäre liegt ein unermeßlicher Raum, den der Mensch erst zu erforschen begonnen hat. Seine Geheimnisse werden eines nach dem anderen abgeklopft. Dennoch taucht mit jeder gemachten Entdeckung ein neues und oft noch größeres Geheimnis auf.

Eines der verwirrendsten Phänomene, das die Wissenschaftler je entdeckt haben, ist jenes, das man die Schwarzen Löcher genannt hat. Man kann sie nicht sehen, und der einzige Beweis dafür, daß es sie gibt, ist die Wirkung, die sie auf andere Objekte ausüben. Sie sind eine Art Strudel im All. Jeder Schutt etwa, der auf seinem Weg durch das All rast und sich dabei zu sehr in die Nähe eines Schwarzen Lochs verirrt, wird von seinem dunklen Magen eingesackt. Wohin es geht, das können Wissenschaftler nur raten. Was mit ihm geschieht, weiß niemand. Atomteilchen, galaktische Nebel, ja sogar gewaltige Sonnen können spurlos verschwinden. Hören sie auf zu existieren? Oder wandern sie auf irgendeine seltsame Weise durch Raum und Zeit hindurch in eine andere Dimension?

Die Wissenschaftler kennen die Antwort nicht. Der amerikanischer Physiker John Wheeler nennt die Schwarzen Löcher »die größte Krise, der die Physik jemals gegenüberstand«.

Schwarze Löcher sind riesige Sterne, die plötzlich in sich zusammengefallen sind. Einer Theorie zufolge ist dies ein unendlicher Prozeß. Er verläuft immer weiter, der Stern wird ständig kleiner und gewinnt zunehmend an Dichte. Ein Stern von der zehnfachen Größe der Sonne würde enden als ein Schwarzes Loch von nur sechzig Kilometer Durchmesser. Ein Teelöffel von dieser Materie würde Millionen von Tonnen wiegen. Weil die Anziehungskraft dieser relativ kleinen, dichten Objekte so groß ist, kann ihnen nichts, nicht einmal Licht, entkommen. Und alle normalen Gesetze der Wissenschaft verlieren vor ihnen ihre Gültigkeit.

Das erste Schwarze Loch wurde am 16. Mai 1973 identifiziert. Wissenschaftler untersuchten damals bereits »tote« Sterne. Diese schlossen die sogenannten weißen Zwergsterne mit ein – wie unsere eigene Sonne einmal einer werden wird, wenn sie in etwa 8 Milliarden Jahren auskühlt. Größere Sterne sterben auf andere Weise ab und werden zu Gebilden, die als Neutronensterne bekannt sind. Wieder andere werden Pulsare genannt, wegen der regelmäßigen Signale, die sie abgeben.

Doch, so fragten die Wissenschaftler, was geschieht mit den allergrößten Sternen?

Der Schlüssel zu dem Rätsel fand sich im Cygnus, dem Sternbild des Schwans. Ein supergigantischer Stern dieser Konstellation benahm sich höchst sonderbar. Weitere Nachforschungen ergaben, daß der Stern von der Anziehungskraft eines unsichtbaren Nachbarn beeinflußt werden mußte. Obwohl man ihn nicht sehen konnte, deuteten alle Indizien auf seine machtvolle Existenz. Dann erbrachten einige intensive Untersuchungen dreier englischer Wissenschaftler – Peter Sanford, Fred Hawkins und Keith Mason – den Beweis, daß diese unsichtbare Kraft eben das war, was von nun an als Schwarzes Loch bezeichnet wurde. Ähnliche Nachforschungen wurden in Gang gesetzt, um in dem Sternensystem Speilon Aurigae die Existenz weiterer Schwarzer Löcher nachzuweisen.

Die Untersuchung des Supergiganten aus dem Sternbild des Schwans hatte gezeigt, daß große Gaswolken von dem Stern in das Schwarze Loch hinabgezogen wurden. Wenn sich der Stern dem »äußersten Horizont« nähert – dem unwiderruflichen Punkt, von dem an er nicht mehr gesehen werden kann –, geraten die Anziehungskräfte des Sterns und des Schwarzen Lochs miteinander in Widerstreit. Licht, das von dieser Gegend ausgesandt wird, bewegt sich so langsam, daß es beinahe stillzustehen scheint.

Theoretisch würde ein Mensch, der in ein Schwarzes Loch ginge, gestreckt werden, wobei der dem Loch am nächsten gelegene Teil schneller angezogen würde als die weiter entfernten Teile. Seine Gestalt würde noch Millionen von Jahren fortleben, obwohl der Fall in ein Schwarzes Loch ihn nur einen Sekundenbruchteil kosten würde. Die unglaubliche Anziehungskraft würde ihn schließlich in Atome zertrümmern. Doch an diesem Punkt würden Raum und Zeit ihre herkömmliche Bedeutung verlieren. Er würde in das eingetreten sein, was die Wissenschaftler Singularität nennen – den Punkt, an dem ein unendlich kleines Objekt unendliche Dichte und Anziehungskraft besitzt.

Manche Wissenschaftler haben sich gefragt, was passieren würde, wenn ein Mensch seine Zerstörung beim Eintritt in ein Schwarzes Loch vermeiden könnte. Eine Antwort, auf die sie gekommen sind, lautet: Weil Schwarze Löcher alle normalen physikalischen Gesetze aufheben, würde er, nachdem er auf der anderen Seite wieder aufgetaucht wäre, sich in einem anderen Universum wiederfinden – oder sogar rückwärts durch die Zeit reisen.
Eine andere Theorie besagt, daß der Mensch in den Schwarzen Löchern schließlich unerschöpfliche Energiequellen anzapfen könnte, wenn er Abfall in sie hineingeben und die dabei entstehende Gravitationsenergie auffangen und speichern könnte. Doch die Sache hat einen Haken. Wenn nicht die größte Sorgfalt aufgeboten wird, könnte das Schwarze Loch sich weit genug auswachsen, um die Erde – und schließlich das ganze Universum – einzusacken und der Vergessenheit auszuliefern.
Die Schwarzen Löcher helfen vielleicht, ein anderes Rätsel zu lösen: was hält das Universum zusammen? Der »Urknall«-Theorie zufolge ist das Universum durch eine riesige Explosion entstanden und dehnt sich ständig weiter aus. Aber was hält in diesem Fall das Universum davon ab, unbegrenzt auseinanderzufliegen? Der große Wissenschaftler Albert Einstein schlug als Erklärung vor, das Universum müsse genügend Masse besitzen, die es zusammenhielte. Diese Masse könnten die Schwarzen Löcher sein, die den Auswirkungen des »Urknalls« entgegenarbeiten und andere Sterne und ihre Planeten zusammenziehen. Wenn dem so wäre, dann würde sich im Laufe von Millionen von Jahren dieser Prozeß beschleunigen und die Schwarzen Löcher am Ende alle anderen Himmelskörper aufzehren. Und anstatt mit einem Knall oder mit Gewimmer zu enden, würde das Universum einfach verschluckt.

BISHER WEISS NIEMAND, WARUM DIE »HINDENBURG« VERUNGLÜCKT IST

Die ruhigen und gelassenen Worte des Rundfunkreporters Herbert Morrison berichteten von der Ankunft des riesigen Zeppelin-Luftschiffs *Hindenburg*, das seinen Weg zu dem Vertäuungsturm der Flugstation von Lakehurst, New Jersey, suchte. Es war unwahrscheinlich, daß seine Reportage überhaupt ausgestrahlt wür-

Das rauchende Wrack der Hindenburg *nach der Explosion.*

de. Schließlich handelte es sich um einen Routineflug, und es befand sich niemand Berühmtes an Bord.
»Die Seile sind ausgeworfen, und die Männer am Boden haben sie aufgefangen«, sagte Morrison. »Die Heckmotoren des Schiffes halten es gerade in ausreichender Höhe, damit...«
Da schlug seine milde Stimme plötzlich in ein Schreien um: »Es steht in Flammen!«
Mit einem Knall war an der Rückseite des riesigen Gasballons der *Hindenburg* eine kleine, flackernde Flamme aufgetaucht, dann brach sie in eine weißglühende Woge aus, die das Luftschiff entlangfegte. Morrisons Worte wurden zu einem fast zusammenhanglosen Gestammel, während er dasaß und hilflos mitansehen mußte, wie die Katastrophe vor seinen Augen ihren Lauf nahm: »Es ist schrecklich... die Flammen schlagen zweihundert Meter hoch in den Himmel... jetzt steht es in Rauch und Flammen... die Passagiere...«
Kleine Gestalten stürzten sich aus der Flammenhölle, und Morrison schluchzte: »Ich gehe kurz hinein, wo ich es nicht sehen kann. Ich... ich... Leute, ich muß jetzt eine Weile unterbrechen. Das ist das Schlimmste, was ich je erlebt habe. Das ist eine der schlimmsten Katastrophen der Geschichte.«
Als Morrison seine Reportage nur wenige Sekunden später wieder aufnahm, war das Unglück praktisch vorbei. Das Luftschiff – der Stolz Hitler-Deutschlands – war ein Haufen glühender Schutt.
Das war am 6. Mai 1937. Und bis dahin war die *Hindenburg* nicht

nur als das größte Luftschiff aller Zeiten, sondern auch als das sicherste bekannt gewesen. Mit unbeirrbarer Gleichmäßigkeit pflügte es seinen Weg durch Regen, Sturm und Nebel über den Atlantik. Es war 273 m lang, 42 m hoch, und unter seinem Bauch – unter ungefähr zwei Millionen Kubikmetern hochexplosiven Wasserstoffs – beförderte es einhundertzweiunddreißig Passagiere in luxuriösem Komfort.

Die *Hindenburg* hatte die Welt endlich, nach vorausgegangenen amerikanischen und britischen Luftschiffunglücken, davon überzeugt, daß das Zeitalter der Flugreisen tatsächlich angebrochen war. Deutscher Erfindungsgeist und deutsche Tüchtigkeit hatten die Gefahren überwunden.

Ernst Lehmann, der Erste Offizier, der als Beobachter für den Kapitän, Max Pruss, mitreiste, hatte zu einem Passagier gesagt: »Machen Sie sich keine Sorgen, mein Freund. Zeppeline verunglücken nie.« Und der Chefsteward Hubert Kubis sagte zu einem anderen Passagier: »Wir Deutschen machen keinen Unsinn mit Wasserstoff.«

Die Sicherheitsvorkehrungen waren sehr streng. Alle Streichhölzer und Feuerzeuge wurden den Passagieren abgenommen, als sie an Bord kamen, Stege wurden mit Gummi überzogen, um Funken vorzubeugen, Besatzungsmitglieder, die in besonders gefährdeten Bereichen arbeiteten, trugen Filzstiefel und Asbestanzüge ohne Metallverschlüsse. Und der Luftdruck im Fahrgastbereich war ausreichend hoch, um ausströmenden Wasserstoff zu verdrängen.

Die *Hindenburg* näherte sich Lakehurst zum ersten Mal gegen vier Uhr nachmittags, doch Pruss gefiel der Anblick von einigen dunklen Sturmwolken nicht, und entsprechend der Zeppelintradition, niemals ein Risiko einzugehen, beschloß er, die Landung hinauszuschieben. Zwei Stunden später hatten sich die Sturmwolken verzogen, und man traf die Vorbereitungen zu einer scheinbar routinemäßigen Landung. Den Passagieren wurden sogar ihre Feuerzeuge und Streichhölzer wieder ausgehändigt. Der Funkoffizier Willy Speck meldete dem Schwesterschiff der *Hindenburg,* der *Graf Zeppelin,* daß sie sicher gelandet seien.

Dann brach das Unheil herein.

Pruss hatte sich unter Kontrolle, bis seine Gondel auf dem Boden aufschlug. Er wurde schwer verletzt, doch nicht so schrecklich wie Lehmann, der in sich zusammengesackt unter den Trümmern aufgefunden wurde und der immer wieder vor sich hinmurmelte:

»Ich kann das nicht begreifen.« Er klammerte sich noch zwei Tage lang ans Leben, und unmittelbar, bevor er starb, hat man ihn gefragt: »Was war die Ursache?« Sein letztes Wort lautete: »Blitz.« Doch ein verwundertes Stirnrunzeln zog über sein Gesicht, als ob er an seinen eigenen Worten zweifelte.
Insgesamt starben zwanzig Besatzungmitglieder, fünfzehn Passagiere und ein Mitglied des Bodenpersonals, und ein weiteres Dutzend Menschen wurde schwer verletzt. Doch waren die übrigen siebenundneunzig Menschen an Bord wie durch ein Wunder unversehrt davongekommen.
Die Untersuchungsbeamten schienen angesichts der Frage, was das Unglück verursacht habe, ebenso vor einem Rätsel zu stehen wie jedermann sonst, aber schließlich sahen sie den Grund in einer ungewöhnlich starken elektrischen Aufladung der Atmosphäre.
Fünfunddreißig Jahre später schob der Schriftsteller Michael McDonald Mooney in seinem Buch *Hindenburg* die Schuld dem Besatzungmitglied Erich Spehl zu, einem jungen Mechaniker. Mooney behauptete, Spehl sei von einer antinazistischen Geliebten angestiftet worden, eine Brandbombe an Bord der *Hindenburg* zu legen. Sie sollte eigentlich zünden, nachdem der Zeppelin gelandet war, doch hatte Spehl nicht die durch das Wetter bedingte Verzögerung der Landung voraussehen können...
Mehrere andere Besatzungsmitglieder glaubten natürlich, daß das Inferno auf Sabotage beruhe, die von dem Wunsch getragen gewesen sei, das Ansehen Hitler-Deutschlands anzukratzen.
Es hatte Hinweise auf das bevorstehende Unglück gegeben: Der deutsche Botschafter in Washington hatte einen Brief mit der Warnung erhalten, daß sich eine Bombe an Bord des Luftschiffs befände. Vor dem Abflug der *Hindenburg* in Frankfurt hatte einer der Offiziere plötzlich um die Erlaubnis gebeten, seiner Frau »zum letzten Mal« Lebwohl zu sagen; und einem anderen Offizier war von einem Wahrsager prophezeit worden, daß er in einem brennenden Luftschiff sterben werde.
Doch ob das Verhängnis auf Sabotage oder einem Unglücksfall beruhte – das Schicksal der *Hindenburg* bedeutete auch das Ende der prächtigsten Art der Flugreise, die die Welt je gesehen hatte.

WIE IST GLENN MILLER WIRKLICH GESTORBEN?

Seit die Militärmaschine des Bandleaders Glenn Miller auf einem Flug von England nach Frankreich am 15. Dezember 1944 verschwunden ist, haben die Mutmaßungen über sein Schicksal kein Ende genommen. Es ist ein Geheimnis, das noch heute Millionen von Musikliebhabern in aller Welt beschäftigt.

Miller war vierzig Jahre alt und auf dem Höhepunkt seiner Karriere, als er verschwand. Sein einzigartiger Big-Band-Sound brachte Riesenhits hervor, Stücke wie »In the Mood«, »Moonshine Serenade«, »American Patrol« und »String of Pearls«. Mit ihrer Beliebtheit überschwemmten sie die ganze Welt, und die Band verdiente bald mehr als eine Million Pfund im Jahr.

Amerikas Eintritt in den Krieg führte zu Millers Einberufung als Hauptmann und zu seiner späteren Beförderung zum Major, als Leader der United States Air Force Band in Europa. In dieser Eigenschaft wollte er nach Paris fliegen, um eine Weihnachtssendung zu besprechen, obwohl solche Vorbereitungen normalerweise der Manager der Band traf. –

Miller startete trotz Nebelwarnungen in einer einmotorigen Maschine vom Typ Norseman D 64 vom Flughafen Twinwoods. Bei ihm waren der Pilot und ein weiterer amerikanischer Offizier. Das Flugzeug und seine Insassen wurden nie wieder gesehen. Trotz wiederholter Nachforschungen hat man weder die Leichen noch das Wrack gefunden.

Die damals am meisten verbreitete Theorie lautete, daß die leichte Maschine vereiste, in den Kanal abstürzte und die in ihr Eingeschlossenen ertranken. Viele Menschen jedoch weigern sich, diese offizielle und scheinbar logische Schlußfolgerung zu akzeptieren, und wie der Name und die Musik von Glenn Miller weiter am Leben geblieben sind, wurde sein Verschwinden zum Gegenstand unterschiedlichster und seltsamster Theorien.

Eine der jüngsten und verblüffendsten Behauptungen stammt von dem ergebensten Miller-Fan aller Zeiten. Der englische Geschäftsmann und ehemalige Pilot der Königlichen Luftwaffe, John Edwards, hat mehr als zwölf Jahre und ungefähr zehntausend Pfund auf den Versuch verwendet, das Geheimnis zu lüften. Eine seiner Behauptungen besagt, daß Miller gar nicht an Bord der Norseman-Maschine gewesen sei, als sie abstürzte. Er glaubt Be-

weise zu haben, daß der Bandleader drei Tage nach dem Verschwinden des Flugzeugs in Paris ermordet worden sei. Er meint, daß Miller, der als Schürzenjäger bekannt war, an einem Schädelbasisbruch in Pigalle gestorben ist, dem damaligen Schlupfwinkel der Prostituierten und Verbrecher von Paris. Die Behörden vertuschten den Skandal mit der Behauptung, daß Miller an Bord der vermißten Maschine sei.
Edwards hat mit einem Mann gesprochen, der angeblich gesehen hat, wie Miller mit der Unglücksmaschine sicher gelandet sei, nachdem er nur einen kurzen Flug zu dem Flugplatz von Bovingdon, Hertfordshire, gemacht hatte. Der Bandleader sei dann in eine Dakota umgestiegen und von neuem gestartet. Die Dakota kam sicher in Paris an.

Major Glenn Miller gibt einem US-Gefreiten ein paar Tips.

Edwards bekräftigt seine Theorie von einer Verschleierung durch die Behörden mit dem Hinweis darauf, daß eine vollständige Untersuchung nie stattgefunden habe. Er sagte: »Ich bin auf große Schwierigkeiten gestoßen, als ich versuchte, dieses Rätsel zu lösen. Berichte wurden als verbrannt in den Listen geführt. Andere Informationen, wie die Protokolle der Flugzeugbesatzung, sind unerklärlich vage. Sogar die Wetterlage hatte man als unbekannt verzeichnet. Doch manche der Informationen, die ich schließlich im Laufe der Jahre zusammengetragen habe, trafen ins Schwarze. Ich habe den Beweis, daß ein amerikanischer Militärarzt in Paris Millers Todesurkunde unterschrieben hat. Ein pensionierter Oberstleutnant der US-Luftwaffe kann sich daran erinnern, daß der Kommandeur der Pariser Militärpolizei ihm erzählt hat, daß Miller ermordet worden sei. Und ich kenne einen Mann aus Millers Band, der bestätigt hat, es sei bei denen, die ihm nahegestanden hatten, allgemein bekannt gewesen, daß ihr Boß in Paris ermordet worden ist.«

Bei einer unheimlichen spiritistischen Sitzung auf dem heute aufgegebenen Flugplatz von Twinwoods hat ein englisches Medium, Carmen Rogers, behauptet, daß sie in die Vergangenheit geschaut und gesehen hätte, was mit Miller geschah.

»Ich konnte ihn sehen, wie er mit zwei anderen Männern zum Flugzeug ging«, sagte sie. »Miller war durcheinander und machte sich Sorgen wegen familiärer und anderer Probleme. Er wollte diesen Flug nach Paris nicht machen. Ihm war übel, und er hatte Angst. Nachdem sie gestartet waren, bat Miller den Piloten, zu landen. Das Flugzeug kam auf der Essexer Seite der Themsemündung herunter. Dann stieg Miller aus und telephonierte nach London, um sein eigenes Verschwinden zu arrangieren.«

Zahllose weitere Theorien sind im Laufe der Jahre über Millers Schicksal vorgetragen worden. Er war ein Spion mit einem streng geheimen Auftrag, der dann fehlschlug. Er wurde bei dem Flugzeugabsturz so fürchterlich verstümmelt, daß er lieber im Verborgenen leben wollte. Er war ein Opfer von Gedächtnisschwund. Er wurde irrtümlich von einem britischen Kampfflugzeug über dem Kanal abgeschossen, usw....

Verschiedene Wracks aus der Kriegszeit wurden im Kanal gefunden, und jedes weckte die Hoffnung, daß es endlich die Norseman sei, die die Antwort auf das Miller-Geheimnis liefern könnte. Doch das Flugzeug ist nie gefunden worden.

So bleibt der Tod des Mannes, der die ganze Welt zu den Hits seiner Big Band summen ließ, im Nebel der Widersprüche. Doch für einige Leute besitzt der Versuch, dieses Rätsel zu lösen, einen besonderen Reiz. Sie glauben, daß der Bandleader beim Verlassen Englands eine Aktenmappe mitgenommen habe, die Originalpartituren von Glenn-Miller-Stücken enthielte, die noch nie gespielt worden sind. Jedermann, der sie unversehrt fände, würde ganz bestimmt mit einem Schlage reich.

WIE WANDERN DIE VÖGEL?

Die intelligentesten Navigatoren lassen den Menschen im ungewissen

Es handelt sich um eines der ältesten ungelösten Geheimnisse. Es hat den Menschen seit dem Heraufdämmern der Zivilisation verwirrt. Wie findet ein schwaches Vöglein mit seinem kleinen Hirn zweimal im Jahr den Weg von einem Ende der Welt zum anderen? Jeden Frühling und jeden Herbst sind Millionen und aber Millionen von Vögeln auf der Reise. Manche fliegen 20000 Kilometer weit und 10000 Meter hoch. Wohin sie ziehen und woher sie kommen, war durch Jahrhunderte hindurch ein Rätsel. Erst in unserem Jahrhundert konnte man ihre Reisen dadurch aufzeichnen, daß man Ringe an den Beinen der Vögel befestigt und Ort und Zeit ihres Abflugs wie ihre Ankunft festhält.

Die Ergebnisse solcher Experimente haben die Ornithologen verblüfft. Sie konnten zum Beispiel entdecken, daß Gänse regelmäßig zwischen Sibirien und Indien hin- und herziehen und dabei den Himalaya überfliegen, auf Höhen von bis zu 10000 Metern, höher als der Mount Everest. Eine arktische Seeschwalbe wurde auf Grönland mit einem Ring versehen und in Südafrika wieder eingefangen – nach einer Reise von ungefähr 15000 Kilometern in weniger als drei Monaten.

In der Tat, die arktischen Seeschwalben sind die Rekordhalter unter den Wandertieren. Sie fliegen von ihren arktischen Brutgebieten in Kanada, Sibirien und Nordeuropa rund um den Globus zu ihren Winterquartieren in der Antarktis – und von dort wieder zurück. Sie verbringen ihr Leben fast ständig in Bewegung. Sie sind acht Monate im Jahr vierundzwanzig Stunden lang am Tag unterwegs, und jeder Vogel legt bis zu 36000 Kilometer zurück.

Warum tun sie das? Sie folgen weder besonderen klimatischen noch Nahrungsgegebenheiten. Am festgesetzten Tag der Wanderung brechen sie auf, selbst wenn die Nahrungsbedingungen noch so hervorragend sind. Ebenso bleiben sie, wenn die Zeit der Wanderung noch nicht gekommen ist, beharrlich da, selbst unter den schlechtesten Bedingungen.

Wie machen sie das? Ein Flugzeugpilot braucht Jahre an Ausbildung und eine Unmenge von Geräten, um seinen Weg von einem großen Flughafen zum anderen zu finden. Ein Vogel kann eine Reise von derselben Länge machen, ohne seinen Kurs auch nur für einen Augenblick zu ändern, bis er an genau demselben Nest ankommt, das er im vorangegangenen Jahr verlassen hat.

ANDERE WANDERTIERE

Nicht nur Vögel können weite Entfernungen mit unfehlbarer Präzision zurücklegen. Fische, Insekten, Reptilien und Säugetiere haben alle starke Heimat-Instinkte, die anscheinend nur dem Menschen fehlen. Die grünen Schildkröten verlassen jedes Jahr die Strände Südamerikas, um mehr als zweitausend Kilometer zu der kleinen Insel Ascension im Atlantik zurückzulegen. Auf irgendeine Weise gelingt es ihnen, die durch wechselnde Strömungen und plötzliche Stürme unvermeidlichen Abweichungen auszugleichen, um ihr Ziel stets zu erreichen, das nur acht Kilometer breit ist.

Aale, sowohl von Europa wie von Nordamerika aus, steuern jährlich die treibenden Tangmassen der Sargassosee an. Dort brüten sie, bevor sie bis zu 3000 Kilometer weit zurückkehren, um an ihre heimatlichen Flußufer zu gelangen. Die Navigation der Aale – und der Lachse, die ein ähnliches Kunststück fertigbringen – hat man zum Teil mit ihrem überaus feinen Geschmackssinn erklärt.

Schmetterlinge, vor allem der Chrysippus- und der Distelfalter, fliegen jährlich zwischen Kanada und der mexikanischen Grenze hin und her und kommen stets an dieselben Nistplätze zurück.

Die großen Sturmtaucher zum Beispiel versammeln sich jedes Jahr zu einem Verband von vier Millionen Tieren für ihren Abflug von Neufundland, Grönland oder Nordeuropa aus, um ihre Eier an ihren herkömmlichen und ausschließlichen, 9000 Kilometer entfernten Nistplätzen zu legen. Unbeirrbar verfolgen sie ihren Weg zu der kleinen Insel Tristan da Cunha, einem winzigen Fleck in der Weite des Südatlantiks, etwa 3000 Kilometer vom nächstgelegenen Festland entfernt.
Ornithologen haben einmal einen Sturmtaucher von der Insel Maux an der walisischen Küste gefangen. Sie setzten ihn in eine abgedunkelte Kiste und verfrachteten ihn mit dem Flugzeug über den Atlantik nach Boston, Massachusetts, wo sie ihn wieder freiließen. Wie konnte er seinen Kurs so präzise bestimmen, ohne je zuvor die Reise gemacht zu haben?

Die skandinavischen Lemminge, die in unglaublicher Zahl in Kolonien leben, haben ihre eigene Methode, um eine Überbevölkerung zu vermeiden. Wie auf ein Kommando wandern sie in einem riesigen lebenden und unaufhaltbaren Strom von ihren Bergen herab, wobei sie Gehöfte und Flußläufe durchqueren. Schließlich stürzen sie sich ins Meer. Eine Theorie lautet, daß ihr Massenaufbruch durch einen Instinkt ausgelöst werde, von Skandinavien zu den britischen Inseln zu wandern – durch einen Instinkt, der ihren Sinnen eingepflanzt worden ist, bevor die Eiszeitbrücke zwischen den zwei Landmassen schmolz.
Selbst Haustiere besitzen noch eine unerklärliche Fähigkeit, ihre Heimat wiederzufinden, wie es die zahlreichen Geschichten von Hunden und Katzen beweisen, die nach langen Reisen zu ihren Besitzern zurückgekehrt sind. Ein zäher Foxterrier verfolgte seinen Weg durch das sengende Herz Australiens von Darwin bis Adelaide, und eine anhängliche Katze lief ihren Besitzern von New York bis Kalifornien nach. Dies sind nur zwei der Heldentaten von den besten Freunden des Menschen, die selbst der Mensch nicht begreifen kann.

Eine arktische Seeschwalbe und ihr Wanderweg.

Vögel treten ihre langen Wanderzüge selten bei bewölktem Wetter an. So lassen sie sich vielleicht von der Sonne oder den Schatten, die sie am Boden wirft, leiten. Ornithologen haben jedoch herausgefunden, daß während der Wanderzeit mehr Vögel bei Nacht als bei Tage sich auf dem Flug befinden. Die Sonne wäre ihnen dann keine Hilfe. Sind Vögel also auch in der Lage, die Sternenkarte zu »lesen«?

Solche Leistungen würden eine ungemeine Findigkeit voraussetzen – denn der Sonnenstand und die Neigungswinkel wechseln in jeder Minute, und die Sterne ändern ihr Himmelsmuster von Nacht zu Nacht. Die Informationsmenge, die ein Vogel dann notwendigerweise in seinem kleinen Hirn speichern müßte, wäre buchstäblich astronomisch. Wenn dem so ist, dann ist der Ausdruck »Spatzenhirn« eine Verleumdung eines der intelligentesten kleinen Geschöpfe der Welt.

DIE FEUERBALL-KATASTROPHE VON SIBIRIEN

Wie ein 60 km breiter Landstrich völlig verwüstet wurde

Sogar in Nordsibirien mit seinen frostkalten Wintern und sengenden Sommern sind die frühen Stunden eines Junimorgens eine Zeit, in der es sich leben läßt. Und der Bauer Sergej Semenow hatte die Arbeit auf seinen Weizenfeldern unterbrochen, um sich im Sonnenschein auf der Veranda seines Bauernhauses ein paar Augenblicke Rast zu gönnen.

Es war kurz nach sieben Uhr am 30. Juni 1908, und Semenow, der kilometerweit entfernt war von dem Fieber der Revolution, das Teile des Landes zu überschwemmen begann, schien es eine gute Zeit, um am Leben zu sein.

Um genau 7.17 Uhr nahmen seine Träumereien ein jähes Ende. Eine gewaltige Explosion riß den Horizont mit einem gleißenden Licht entzwei.

Später sagte Semenow aus: »Ein greller Blitz zuckte auf. Es war so heiß, daß mir das Hemd fast auf dem Rücken verbrannte. Ich sah einen gewaltigen Feuerball, der einen riesigen Teil des Himmels bedeckte. Danach wurde es stockfinster.«

Das war, als die ungeheure Kraft der Explosion den Bauern von seiner Veranda geworfen und ihn bewußtlos gemacht hat. Als er seine Sinne wiedererlangte, rollte ein mächtiger Donner durch die Tundra. »Er schüttelte das ganze Haus und löste es fast aus seinem Fundament.«

Der Bauer Semenow hatte Glück. Wenn er näher am Zentrum der Flammenhölle gewesen wäre, hätte er nicht mehr gelebt, um seine seltsame und schreckliche Geschichte zu erzählen. Und nur aufgrund des Umstands, daß sich die Katastrophe in dem abgelegenen Tal der Tunguska ereignete, war die Verwüstung nicht noch fürchterlicher, als sie ohnehin schon war.

Das Inferno verödete ein Gebiet von der Größe Leningrads. Rentierherden verbrannten. Praktisch alle Bäume in einem Gebiet von mehr als sechzig Kilometer Breite wurden aus der Erde gerissen, von der Explosion hinausgeschleudert und lagen da wie die Speichen eines riesigen Rades. Angehörige von Nomadenstämmen wurden in einer Entfernung von siebzig Kilometern zu Boden geworfen, und ein sengender Wind riß ihre Zelte fort.

Was war die Ursache dieser fürchterlichen Verwüstung? Und könnte so etwas wieder geschehen?
Erst zweiundzwanzig Jahre nach der Explosion kam jemand einer Antwort auf diese Fragen nahe. 1930 verbrachte Professor L. A. Kulik von der Sowjetischen Akademie der Wissenschaften fast ein Jahr mit einer Gruppe von Forschern in dem Gebiet. Es war sein dritter Versuch, an den Schauplatz der Explosion zu gelangen. Seine zwei vorausgegangenen Expeditionen hatte er abbrechen müssen, weil die sumpfigen Wälder sich als undurchdringlich erwiesen hatten.
Professor Kulik stieß schließlich auf eine pockennarbige Kraterlandschaft. Er fand eine Fläche von nahezu 3000 Quadratkilometern, voll mit entwurzelten und verrottenden Bäumen, vor. Und, was am wichtigsten war, er konnte Augenzeugen der Explosion ausfindig machen. Sie erzählten von einem leuchtenden Feuerball, der am Himmel entlangfegte – »so hell, daß daneben sogar das Sonnenlicht dunkel schien«.
Menschen, die mehr als fünfundsiebzig Kilometer vom Zentrum der Explosion entfernt gewesen waren, sprachen von einer »mächtigen Erschütterung«, gefolgt von einem »feurigen Gebilde, das einen breiten Lichtstreifen am Himmel nach sich zog«. Ein Zeuge sagte: »Ich wusch gerade Wolle im Fluß Kan, als ich ein Geräusch wie vom Flügelschlagen aufgescheuchter Vögel hörte. Das Wasser im Fluß begann Wellen zu werfen. Dann gab es einen so mächtigen Stoß, daß einer meiner Freunde in den Fluß fiel.«
Etwa 350 Kilometer entfernt hatten Leute in der Stadt Kirensk eine Feuersäule gesehen, auf die »mehrere Donnerschläge und ein krachendes Geräusch« folgten. Und noch 1000 Kilometer entfernt, in Turuchansk, berichtete ein Zeuge von »drei oder vier dumpfen Schlägen, wie von ferner Artillerie«. Viele der Zeugen hätten ebensogut eine Nuklearexplosion beschreiben können. Mehrere Beobachter berichteten von einem Feuerball, auf den eine mehrere Kilometer hohe Rauchsäule in Form eines Pilzes folgte. Aber konnte sich fast vierzig Jahre vor der Verwüstung von Hiroshima und Nagasaki eine Atomexplosion ereignet haben?
Einige Wissenschaftler haben in der Tat vorgeschlagen, daß die Explosion nuklearer Natur gewesen sein könne. Sie trugen die verblüffende Theorie vor, daß ein Raumschiff mit Besuchern von einem anderen Planeten beim Eintritt in die Erdatmosphäre beschädigt worden sei. Der nukleare Treibstoff erreichte einen kriti-

Atompilz über Hiroshima nach der Explosion.

schen Hitzegrad und löste so eine Explosion aus, die der von einer 30-Megatonnen-Bombe gleichkam.
Der australische Journalist John Baxter und der amerikanische Wissenschaftler Thomas Atkins nahmen die Arbeiten der russischen Wissenschaftler auf und unterstützten die Theorie des explodierenden Raumschiffs durch folgenden Beweis:

- Bei einer Nuklearexplosion wird das Magnetfeld der Erde gestört. Nach der sibirischen Explosion war dies der Fall.

- Nuklearexplosionen hinterlassen ein bestimmtes Muster der Zerstörung. Die russische Explosion tat genau das.

- Die Atombomben, die 1945 auf Japan gefallen waren, haben sonderbare Pflanzenmutationen verursacht. Die sibirische Katastrophe hat ähnliche Mutationen hervorgerufen.

- Nuklearexplosionen hinterlassen kleine, grüne Kügelchen von geschmolzenem Staub, die man Trinititen nennt. Sie wurden nach der russischen Explosion gefunden. Und diese Trinititen enthielten, russischen Experten zufolge, Spuren von Metall, das normalerweise in dem Gebiet von Tunguska nicht vorkommt und sich gewöhnlich auch nicht in der Zusammensetzung von Meteoriten findet.

- Schließlich die zwei Hinweise auf Augenzeugenberichte von Leuten, die ein großes, bläuliches und zylinderförmiges Objekt mit donnerndem Lärm am Himmel rasen sahen, das eine Dunstspur nach sich zog, unmittelbar vor der Explosion.

Unter den anderen, weniger spektakulären Lösungsvorschlägen sind folgende zu nennen:
Die Kometen-Theorie. Unter Kometen hat man sich riesige Bälle von gefrorenen Gasen und Schutt vorzustellen. Einer könnte in die Erdatmosphäre eingetreten sein – obwohl von seinem Erscheinen nicht berichtet wurde – und eine solche Hitze entwickelt haben, daß er in der Luft explodierte.
Die Antimaterie-Theorie. Einige Wissenschaftler nehmen an, daß eine Masse von Antimaterie – eine Materie, die der auf der Erde entspricht, doch sich aus positiven (Protonen) statt aus negativen

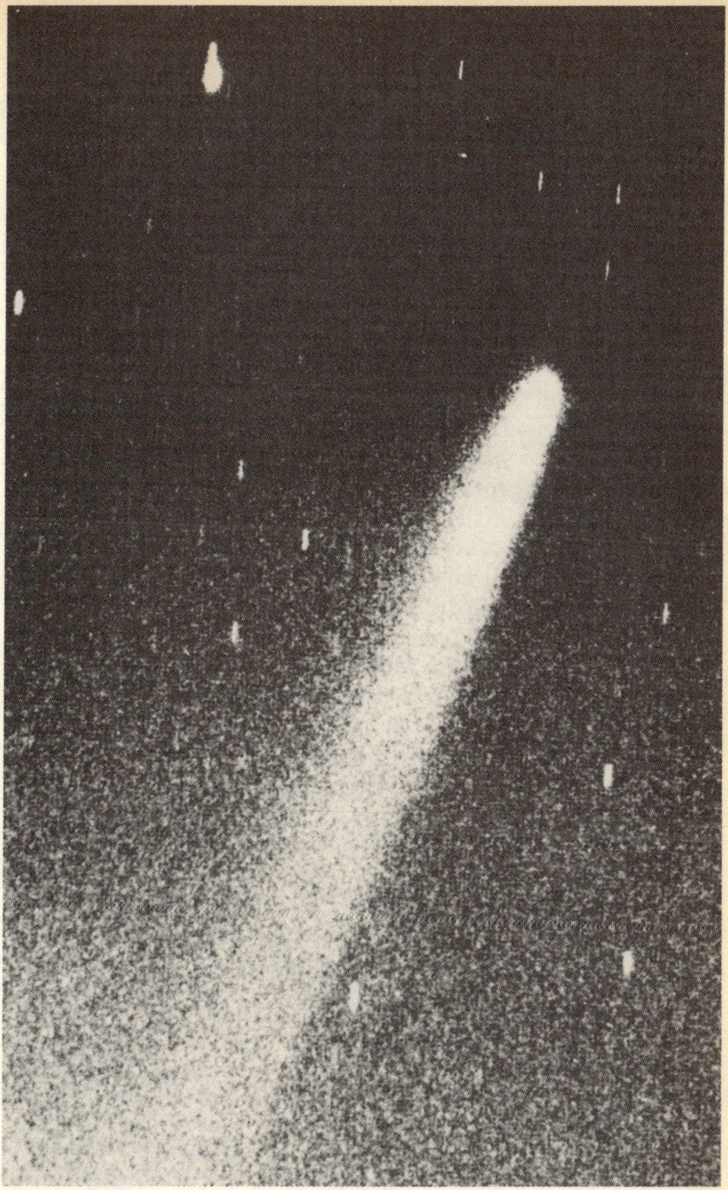

Der Komet Kahoutek am 4. Januar 1974.

Teilchen (Elektronen) zusammensetzt – in die Erdatmosphäre eingetaucht sein könnte. Sobald sie mit der normalen Materie in Berührung kam, erfolgte eine gewaltige Explosion.

Die Theorie vom Schwarzen Loch. Als Schwarze Löcher hat man sich Sterne vorzustellen, die auf eine geringe Größe in sich zusammengefallen sind. Aufgrund ihrer ungeheuren Masse – das Gewicht der Erde könnte in einem Schwarzen Loch die Größe eines Tennisballs umfassen – ist ihre Anziehungskraft so stark, daß sie jeglichen Lichtaustritt verhindert –, wo sie sind, gibt es nur ein schwarzes Loch im All. Man hat vorgebracht, daß vielleicht ein Schwarzes Loch in Sibirien einschlug.

Die Meteoriten-Theorie. Eine der verbreitetsten Theorien, obwohl sie zuerst abgelehnt worden ist, lautet, daß ein riesiger Meteorit auf die Erde herabgestürzt sei. Meteoriten treten täglich in einer Zahl von 200 Millionen in die Erdumlaufbahn ein; jedoch verglühen die meisten, bevor sie die Oberfläche unseres Planeten erreichen. Ein Meteorit, der in prähistorischer Zeit auf Arizona niedergefallen ist, hat einen Krater von einem Quadratkilometer hinterlassen. Weil es in Sibirien keinen Krater gab, haben Wissenschaftler einst behauptet, daß die Explosion nicht von einem Meteoriten hätte verursacht sein können. Doch seitdem hat man herausgefunden, daß ein Meteorit, der sich eher aus Gestein als aus Metallen zusammensetzt – was normalerweise der Fall ist –, explodieren kann, kurz bevor er auf dem Boden aufschlägt, und so zwar einen ungeheuren Schaden verursacht, aber keinen Krater.

Was immer die Ursache der Explosion in Sibirien gewesen sein mag, eines steht fest: Der Umstand, daß sie sich in einer praktisch unbesiedelten Gegend ereignete, war eine glückliche Fügung des Schicksals. Wenn das Objekt aus dem All auf eine Großstadt niedergegangen wäre, hätte das Ereignis eine der größten Katastrophen in der Geschichte der Menschheit bedeutet.

4.

Geheimnisse des Geistes

Der menschliche Geist ist eine weitgehend unerforschte Welt, ein Geflecht unvorstellbarer Vielfalt und außergewöhnlicher Kräfte. Und trotz der Chirurgen, trotz der Psychologen ist er uns heute ein ebenso großes Rätsel wie zuvor. Weshalb haben zum Beispiel manche Menschen die Kraft, keinen Schmerz zu empfinden? Weshalb können manche Seher so genau die Zukunft vorhersagen? Und weshalb sind Spiritisten anscheinend imstande, mit Toten in Verbindung zu treten?

DER DRITTE WELTKRIEG – 1999

Die Weissagungen zweier erstaunlicher Hellseher

Vor vierhundert Jahren prophezeite ein französischer Arzt, daß vor der kommenden Jahrhundertwende ein großer Weltkrieg ausbrechen werde, der seinen Höhepunkt an Zerstörung 1999 erreiche. In jüngerer Vergangenheit prophezeite eine amerikanische Hausfrau exakt dasselbe. Kein Grund zur Aufregung, solche abenteuerlichen Warnungen, möchte man meinen. Doch die Weissagungen stammen von den vielleicht bedeutendsten Untergangspropheten aller Zeiten.

Der Franzose war der bemerkenswerte Nostradamus, die Amerikanerin Jeane Dixon. Und die Weissagungen dieser beiden Hellseher haben bisher eine verblüffende Genauigkeit bewiesen.

Nostradamus wurde am 14. Dezember 1503 als Michel de Nostredame in St. Remy in der Provence geboren. Seine Familie war jüdischer Abstammung, doch er wurde katholisch erzogen. Schon zu der Zeit, da er noch ein glänzender Medizinstudent in Montpellier war, beschloß er, seinen Namen in Nostradamus abzuändern. 1529 wurde er mit einer Abhandlung über die Opfer einer Pestseuche berühmt, die mehr als vierzehn Jahre lang die Provence verheert und das Leben seiner Frau sowie seiner zwei Söhne gefordert hatte.

Doch trotz seines Rufs als Arzt lagen Nostradamus' wahre Interessen auf dem Gebiet der Astrologie und der Hellseherei. Als seine Familie gestorben war, zog er durch Frankreich, Korsika und Italien und machte Weissagungen, die sich fast immer zu bewahrheiten schienen.

Einmal hielt er sich auf dem Loire-Schloß des Seigneur de Florinville auf, der sich mit äußerst spöttischen Bemerkungen über die Fähigkeiten seines Gastes äußerte. Eines Tages, als der Gastgeber auf dem Bauernhof seines Anwesens umherging, fragte er: »Was hält die Zukunft für diese beiden Schweine bereit?« Nostradamus antwortete: »Das schwarze werdet Ihr essen, doch das weiße wird ein Wolf verschlingen.«

Um die Nichtigkeit solcher Prophezeiungen unter Beweis zu stellen, ordnete der Seigneur an, das weiße Schwein für das Nachtmahl an jenem Tage zu schlachten. Als das Mahl aufgetragen war, sagte der Gastgeber Nostradamus, daß er gerade das weiße Schwein esse – doch der Seher beharrte darauf, daß dem nicht so sei. Um der Debatte ein Ende zu machen, rief man den Koch herbei. Dieser mußte zugeben, daß ein junger Wolf, als er die Küche vorher an jenem Tag ohne Aufsicht gelassen hatte, sich mit dem weißen Schwein davongemacht habe. So sah er sich gezwungen, das zweite Schwein zu schlachten, um die Abendtafel zu bereiten.

Während seines Aufenthalts in Italien fiel Nostradamus eines Tages vor einem jungen Priester in den Staub, der ihm auf einem Feldweg entgegenkam. Der überraschte Mann, Felici Peretti, dachte, der französische Fremde sei ein Geisteskranker. Doch fast fünfzig Jahre später wurde derselbe unscheinbare Bauernpriester als Sixtus V. zum Papst geweiht.

1547 beendete Nostradamus seine Wanderschaft und heiratete wieder. Er ließ sich als Arzt in Salon in der Provence nieder und begann, seine großen Prophezeiungen zu verfassen. Sie wurden 1555 veröffentlicht – die ersten von zehn Bänden, die sieben Jahrhunderte abdecken. Die Voraussagen, die er in mehr als eintausend kryptischen Versen geschrieben hat, verschleierte er durch Rätsel und Symbole. Eigenen Angaben zufolge tat er dies, um seine Leser nicht über die Maßen zu ängstigen – oder, was vielleicht noch wichtiger war, um nicht wegen Hexerei angeklagt zu werden. Darum schrieb er »alles in eher umwölkter als offen prophetischer Gestalt nieder«.

Der junge Löwe wird den alten überwinden
Auf dem Kriegsfeld in nur einer Schlacht,
In einem goldenen Käfig wird er sein Auge durchbohren;
Zwei Wunden in einer, dann stirbt er eines grausamen Todes.

So lautete Nostradamus' Weissagung für Heinrich II. von Frankreich. Und 1559 stand Heinrich bei einem Turnier im Zweikampf gegen den Hauptmann seiner Schottischen Garde, Montgomery. Die zersplitterte Lanze des Schotten drang durch Heinrichs Gittervisier und durchbohrte sein Auge. Er wurde auch an der Kehle verwundet – »zwei Wunden in einer«. Zehn Tage später erlag der König seinem Todeskampf.

Die Verschmähte wird den Thron besteigen;
Ihre Feinde werden als Verschwörer entlarvt.
Ihr Zeitalter wird triumphieren wie keines zuvor.
Mit siebzig wird sie gewiß sterben, im dritten Jahr des Säkulums.

Das war die Weissagung für Königin Elisabeth I. von England, die in ihrem siebzigsten Lebensjahr (sie war neunundsechzig Jahre alt und sechs Monate) 1603 starb.

Die große Pest in der Hafenstadt
Wird nicht enden, bevor der Tod gesühnt ist,
Das Blut des Gerechten, der, unschuldig zwar, ergriffen und verurteilt ward.
Und den Frevel beging die große Dame, angestiftet von den Scheinheiligen.

Das schrieb Nostradamus und sagte damit die große Pest voraus, die 1665 London verwüsten sollte. »Dame« war die Bezeichnung für Kathedrale, in diesem Fall für St. Paul, mit dem »Gerechten« bezog er sich auf den hingerichteten König Karl I., und die »Scheinheiligen« waren die Puritaner.

Man wird das Blut der Gerechten von London fordern,
Das dreimal-zwanzig-und-sechs niederbrennt.
Die alte Dame wird von ihrer hohen Stellung stürzen,
Und viele andere Gebäude dieser Sekte werden zerstört.

Nostradamus sagte präzise den Großbrand von London 1666 voraus. Die »alte Dame« ist wieder die St.-Pauls-Kathedrale, die von den Flammen zerstört wurde.
Nostradamus blickte dann weiter voraus ins 18. Jahrhundert und schrieb von »einem Kaiser, der in der Nähe von Italien geboren

wird und Frankreich vierzehn Jahre lang regiert, bevor er sein Reich mit einem kleinen Ort vertauscht«. Wen hätte Nostradamus anders meinen können als Napoleon, den auf Korsika geborenen Kaiser, der nach St. Helena verbannt wurde?
In vielen Fällen verriet Nostradamus nicht nur Daten, sondern auch Namen. Er wies auf den Mediziner Louis Pasteur hin, als er schrieb: »Pasteur wird berühmt sein wie ein gottähnlicher Mann.« Und er schrieb über die beiden Widersacher des spanischen Bürgerkriegs, General Franco und Primo de Rivera, mit folgenden Worten: »Von Kastilien her wird Franco die Versammlung hervorbringen, und Riveras Leute werden im Gedränge stehn.« Er sah auch das Aufsteigen Adolf Hitlers voraus, den er »Hister« nannte. Über ihn hat er geschrieben:

In Österreichs Bergen, nahe dem Rhein,
Wird einfachen Eltern ein Sohn geboren,
Der behaupten wird, Polen und Ungarn zu verteidigen,
Und dessen Schicksal nie gewiß sein wird.

An anderer Stelle schrieb er:

Ein Führer von Großdeutschland
Wird kommen, um Hilfe zu bieten, die nur geheuchelt ist.
Er wird die Grenzen Deutschlands ausdehnen
Und Frankreich zwingen, sich in zwei Teile zu teilen...
Lebendiges Feuer und der Tod, verborgen in der Gestalt von Kugeln, werden losgelassen,
Gar fürchterlich und schrecklich.
Ganze Städte wird der Feind über Nacht in Schutt und Asche legen.

Schließlich sagte Nostradamus einen Krieg voraus, der alle Kriege beenden werde. Eine »gelbe Rasse« werde in Europa einfallen, und »Blut und Leichen« werden das Land überziehen. Das Blutbad werde seinen Höhepunkt erreichen »im Jahre 1999 und sieben Monden, wenn vom Himmel der große Schreckenskönig herabsteigt«.
Nostradamus hat auch seinen eigenen Tod vorausgesagt. Er schrieb: »Man wird mich tot neben meinem Bett und meiner Bank auffinden.« Elf Jahre später, am 2. Juni 1568, fand man ihn tot auf

einer Bank, die man seinem Krankenbett zur Seite gestellt hatte, damit er sich leichter hinein- und heraushelfen könne.
Die Prophezeiung eines weltweiten Holocaust, die Nostradamus vor vier Jahrhunderten ausgesprochen hatte, wiederholte sich in einer anderen Schreckensvision der Zukunft, die die außergewöhnliche amerikanische Wahrsagerin Jeane Dixon hatte. Die Frau eines Grundstücksmaklers aus Washington DC wurde seit ihrem neunten Lebensjahr als Hellseherin um Rat gefragt.
Mrs. Dixon hat einen Weltkrieg vorausgesagt, der in den späten 80er Jahren beginnen und 1999 seinen Höhepunkt erreichen wird – in demselben Jahr, das Nostradamus in seinen Werken nennt. Aber Jeane Dixons bemerkenswerteste Weissagung betraf Präsident John F. Kennedy.
1952, genau elf Jahre vor dem Tod des Präsidenten, saß Mrs. Dixon in der Washingtoner St.-Matthäus-Kathedrale, als sie plötzlich eine Vision hatte von einem »blauäugigen Mitglied der demokratischen Partei, der das Weiße Haus betrat«. Sie sah ein Datum: 1960. Sie sah auch eine Warnung – daß der Präsident ermordet würde.
Ihre Weissagung wurde damals gemeldet und bald wieder vergessen. Doch in den ersten Tagen des November 1963, drei Jahre nach Kennedys Wahl, setzte bei Jeane Dixon eine Reihe weiterer Visionen über den Präsidenten ein.
Als sie mit Freunden beim Essen saß, unterbrach sie plötzlich das Gespräch und sagte: »Er wird bald erschossen.« Auf die Frage, von wem sie spräche, antwortete sie: »Nun, vom Präsidenten natürlich.«
Im Laufe der wenigen folgenden Wochen unternahm Mrs. Dixon wiederholte Versuche, Kennedy vor der Gefahr, in der er schwebte, zu warnen, doch ohne Erfolg. Am 19. November rief sie laut aus: »Der Präsident ist erschossen worden!« Und am Morgen des Freitags, des 22. November, sagte sie: »Heute ist der Tag, an dem es geschehen wird.« An diesem Nachmittag wurde John F. Kennedy in Dallas, Texas, niedergeschossen.
Jeane Dixon sagte präzise die Todestage – und die Erfolge – vieler anderer Staatsmänner und berühmter Persönlichkeiten voraus. Der Komiker Bob Hope versuchte einmal, ihre Fähigkeiten zu testen, und fragte sie, wieviel Schläge er in einer Golfpartie vorher an jenem Tag gemacht habe. Den Namen seines Spielpartners erwähnte er nicht, denn der war ein streng gehütetes Geheimnis.

Die Schauspielerin Carole Lombard, die Jeane Dixons Warnung nicht beachtete.

Ohne zu zögern antwortete Jeane Dixon: »Sie brauchten zweiundneunzig Schläge, und Präsident Eisenhower sechsundneunzig.«

Scheinbar kann es gefährlich sein, Mrs. Dixons Warnungen in den Wind zu schlagen. Sie legte einmal einer berühmten Schauspielerin, die sie um Rat gefragt hatte, dringend nahe, während der folgenden sechs Wochen nicht mit dem Flugzeug zu fliegen. Die Schauspielerin, Carole Lombard, antwortete, dies müsse sie in drei Tagen aber tun, und sie war nicht bereit, ihre Pläne aufgrund der Warnungen der Hellseherin zu ändern. Mrs. Dixon erwies sich jedoch als so beharrlich, daß der Filmstar sich einverstanden erklärte, eine Münze zu werfen, um die Sache zu entscheiden. »Bei Kopf lasse ich den Flug streichen. Bei Zahl werde ich fliegen.« Die Münze landete bei Zahl. Drei Tage später kam Carole Lombard bei einem Flugzeugabsturz ums Leben.

WARNUNGEN, DIE CAESAR IN DEN WIND SCHLUG

Die so rational denkenden Römer ließen ihr Leben praktisch von Prophezeiungen lenken. Die berühmteste Voraussage aller Zeiten wurde Julius Caesar gemacht: »Hüte dich vor den Iden des März.« Diese Warnung wurde im Jahre 44 v. Chr. von dem bedeutenden Seher Vestritius Spurinna ausgesprochen.

Caesar war auch von einem Wahrsager gewarnt worden, »sich vor Cassius zu hüten« – einem der Verschwörer, die später seinen Tod aushecken sollten. Und am Vorabend des 15. März – den Iden des März – träumte Caesars Frau Calphurnia, daß Caesar niedergestochen würde. Vergeblich flehte sie ihn an, an jenem Tag nicht aufs Forum zu gehen.

Auf dem Weg zum Forum begegnete Caesar wieder Vestritius Spurinna und sagte zu ihm: »Nun, die Iden des März sind gekommen.« Der Seher aber antwortete: »Sehr wohl, Caesar, aber noch nicht gegangen.« Kurz vor Mittag hatte man Caesar erstochen.

Siebzehn Jahre später baute Caesars Erbe, Kaiser Augustus, einen Friedenstempel und befragte das berühmte Orakel von Delphi, wie lange er stehenbleiben würde. Die Antwort lautete: »Bis zu dem Tage, da eine Jungfrau ein Kind gebären wird und dennoch eine Jungfrau bleibt.« Augustus war höchst erfreut über diese Antwort, deren Bedeutung er so auffaßte, daß der Tempel ewig bleiben würde. Doch etwa zu der Zeit, als Jesus von Nazareth geboren wurde, stürzte der Friedenstempel auf unerklärliche Weise bis auf seine Fundamente ein.

Ferner wird berichtet, daß Augustus kurz vor dem Einsturz des Tempels eine Wahrsagerin um Rat fragte, die als die Sibylle von Tibur bekannt ist. Er fragte sie, ob er das Angebot des Senats, ihm den Titel Gott der Völker zu verleihen, annehmen solle.

Als die Sibylle überlegte, fiel eine Sternschnuppe vom Himmel herab. Unmittelbar darauf sagte sie: »Soeben wurde ein Knabe geboren, der der wahre Gott der Welt ist. Er ist von bescheidener Geburt und aus einem unbedeutenden Volksstamm. Er wird Wunder tun, aber man wird ihn verfolgen. Am Ende jedoch wird er den Tod besiegen und auferstehen aus dem Grabe, in das ihn seine Mörder gelegt haben...«

MUTTER SHIPTONS WARNUNGEN

Englands berühmteste Hellseherin wurde als Ursula Southell in einem Ort geboren, der Dropping Well heißt und in der Nähe von Knaresborough, Yorkshire, liegt. Trotz ihres Zwergwuchses fand sie einen Gatten – einen Zimmermann, Toby Shipton. Bis zu ihrem Tode im Jahre 1561, im Alter von dreiundsiebzig Jahren, gelang Mutter Shipton, wie sie genannt wurde, eine Reihe bemerkenswert genauer Prophezeiungen.

Dazu zählten die Vertreibung der Franzosen durch König Heinrich VIII., Kardinal Wolseys Verhaftung wegen Hochverrats, die Kaiserschnittgeburt Edwards VI., die Herrschaft einer jungfräulichen Königin (Elisabeths I.), die Enthauptung einer verwitweten Königin (Maria Stuarts von Schottland), die Hinrichtung Karls I. und der Großbrand von London.

Als sie weiter in die Zukunft schaute, schien Mutter Shipton die Erfindung von Radios, U-Booten, Autos und Schiffen aus Eisen vorauszusagen. Sie schrieb:

Rund um die Welt werden die Gedanken fliegen
In nur einem Augenblick.
Menschen werden unter Wasser wandeln,
Reiten, schlafen und selbst sprechen.
Wagen ohne Pferde werden fahren,
Und Unfälle die Welt mit Leid erfüllen.
Eisen wird auf Wasser schwimmen
So leicht wie ein Boot aus Holz.

Doch es gibt noch zwei weitere Zeilen, die allerdings den Voraussagen des Nostradamus und der Jeane Dixon ein wenig zu nahe kommen, um einen nicht zu beunruhigen:

Die Welt wird an ihr Ende gelangen
Im Jahre neunzehnhunderteinundneunzig.

VORAHNUNGEN, DIE SICH ERFÜLLEN SOLLTEN

Zahlreiche Träume haben dramatische Ereignisse in der Geschichte vorausgesagt

Jackie Kennedy.

Viele Männer und Frauen, die nie von sich angenommen hätten, daß sie übernatürliche Kräfte besäßen, haben plötzlich Visionen ihrer Zukunft bekommen. Für gewöhnlich sind dies Vorahnungen von Unglücksfällen. Doch nicht immer.

Am 7. Oktober 1571 unterbrach Papst Pius V. plötzlich eine weltliche Sitzung mit seinen Schatzbeamten und verkündete: »Laßt uns gehen und Gott Dank sagen. Heute hat sich der Sieg der christlichen Flotte zugetragen.« Ein Sekretär zeichnete die Bemerkung des Papstes auf und versah sie mit der Uhrzeit: fünf Uhr nachmittags. Zwei Wochen später traf die Nachricht in Rom ein, daß die vereinigten Flottenverbände von Spanien, Venedig und Genua die türkische Flotte in der Seeschlacht bei Lepanto am Nachmittag des 7. Oktober besiegt haben.

Viele Vorahnungen vollziehen sich im Traum. Im Jahre 1812, als Napoleons Armee auf Moskau vorrückte, träumte die Frau des russischen Generals Toutschkoff dreimal, daß ihr Mann an einem Ort gestorben sei, von dem sie vorher nie gehört hatte – Borodino. Nach jedem Traum suchte die Gräfin Toutschkoff vergeblich die Landkarten nach einem solchen Namen ab. Am 7. September jenes Jahres konnten die auf dem Rückzug befindlichen Russen das Blatt endlich wenden und Napoleons Heere bei einem unbedeutenden Dorf namens Borodino in die Flucht schlagen. Einer der Gefallenen war der Graf Toutschkoff.

Ein zweiter berühmter Fall einer Vorahnung ereignete sich in demselben Jahr. Wieder vollzog sich die Warnung in drei verschiedenen Träumen. Der Grubenbesitzer John Williams aus Cornwall erzählte Freunden, daß er in seinen Träumen gesehen hätte, wie im Foyer des Unterhauses ein Mann erschossen wurde, und daß man ihm, als er fragte, wer das Opfer sei, geantwortet hätte: »Der Schatzkanzler.«

Neun Tage später, am 11. Mai 1812, wurde Spencer Parceval, der Premierminister und Schatzkanzler zugleich war, ermordet. Williams Beschreibung des Attentats stimmte bis in die letzten Kleinigkeiten – ja sogar bis hin zu dem Schnitt der Weste des Opfers und den Knöpfen am Mantel des Mörders.

Einem anderen politischen Führer, Präsident Abraham Lincoln, wurde am 6. März 1865 in einem Traum ein unerfreulicher Blick in die Zukunft zuteil. Er hat seinem Freund, Ward Hill Lamon, darüber mit folgenden Worten berichtet:

Es schien eine tödliche Stille um mich her zu herrschen. Ich hörte unterdrückte Schluchzer, als würden viele Leute weinen. Ich weiß noch, daß ich mein Bett verließ und die Treppe hinunterging. Ich lief von einem Zimmer ins andere. Keine lebende Person war zu sehen, doch ich traf auf dieselben traurigen Kummerlaute, als ich weiterging.

Ich lief bis zum Ostzimmer, wo ich auf eine abscheuliche Überraschung stieß. Vor mir stand ein Katafalk, auf dem ein in ein Totenhemd gehüllter Leichnam ruhte. Um ihn herum standen Wachen und eine dichte Menge von Trauergästen, die voller Mitleid weinten.

»Wer ist im Weißen Haus gestorben?« fragte ich einen der Soldaten.

»Der Präsident«, gab er zur Antwort. »Ein Attentäter hat ihn ermordet.«

Am 14. April 1865 wurde Lincoln in einem Washingtoner Theater

erschossen. Sein Leichnam wurde im Weißen Haus aufgebahrt – im Ostzimmer.
Eines der berühmtesten Beispiele unbewußter Vorahnungen spielte sich in einem Roman ab, den 1898 der amerikanische Schriftsteller Morgan Robertson veröffentlichte. Er erzählte die Geschichte des größten und luxuriösesten Dampfers, der je gebaut worden war... wie er zu seiner Jungfernfahrt von Southampton nach New York ablegte... wie er im Atlantik mit einem Eisberg zusammenstieß... wie sein Rumpf unter der Wasserlinie aufgerissen wurde... wie er mit einem fürchterlichen Verlust an Menschenleben unterging, weil es nicht genügend Rettungsboote gab. Und der Name, auf den Robertson das Schiff getauft hatte, lautete – *Titanic*.
Ein anderer Riese des Fernreiseverkehrs, das Luftschiff R 101, klinkte am 4. Oktober 1930 seine Vertäuungsleinen aus und legte zu seinem Jungfernflug von England nach Indien ab. Als es London überflog, beobachteten Harold Ceazer und seine Frau es von ihrem Garten aus und sahen, wie seine Umrisse sich in die eines Sarges verwandelten. Sie hatten eine starke Todesahnung. Desgleichen der Sohn eines Mechanikers auf dem Luftschiff sowie die Frau des Kapitäns, des Flugoffiziers Carmichael Irwin. Die Frau des Kapitäns sagte zu Freunden: »Wir haben beide gewußt, daß er nicht mehr zurückkehren würde.« Am nächsten Morgen in der Frühe zerschellte die R 101 an einem Berghang in der Nähe von Beauvais in Frankreich, wobei bis auf sechs alle der vierundfünfzig an Bord befindlichen Passagiere getötet wurden.
Der kalifornische Besitzer einer Farbenfabrik, Jack Swimmer, verblüffte Presseleute mit seinen Voraussagen über die Stimmverteilung bei den amerikanischen Präsidentschaftswahlen von 1952, die Dwight D. Eisenhower an die Macht trugen. Doch 1956 brachte Swimmer das Wahlergebnis schon vorher unter Verschluß. Er händigte der Polizei von Los Angeles zur Safeaufbewahrung eine Liste der Stimmen aus, die seiner Meinung nach auf Eisenhower entfallen würden. Dies waren: bundesweit 33974241, für Kalifornien 2875637, für Los Angeles 1218462. Nachdem das Wahlergebnis verkündet worden war, stellte sich heraus, daß Swimmers Zahlen haargenau stimmten.
Eine weniger erfreuliche Voraussage machte 1962 das Schulmädchen Eryl Jones aus Südwales. Sie erzählte ihrer Mutter, sie hätte geträumt, sie wäre zu ihrer Schule in Aberfan gegangen, doch sei

Die Titanic *am Kai von Southampton.*

die Schule nicht mehr dagewesen. »Sie war unter etwas Schwarzem begraben«, sagte sie. Zwei Tage später, am 21. Oktober, rutschte eine Halde schwarzer Schlacke einen Berghang hinab auf die Schule und begrub mit ihr 144 Kinder und Lehrer unter sich. In dem Verkehrsflugzeug, das am 3. Juni 1967 an einem Berghang in der Nähe von Perpignan in Frankreich zerschellte, fehlte ein Passagier. Der Platz, den Gina Beauchamp reserviert hatte, war leer, weil sie beim Warten auf einen Bus zum Flughafen in London eine Vorahnung von dem Unglück gehabt hatte. Sie sagte zu ihrer Mutter, sie müßten den Ferienflug nach Spanien streichen lassen. Mrs. Mary Beauchamp bestand jedoch auf dem Antritt der Reise. Ihre Tochter blieb zurück – und überlebte.

An dem Tag, als John F. Kennedy umgebracht wurde, sagte er zu seiner Frau: »Wenn mich jemand von einem Fenster aus mit einem Gewehr abschießen will, kann ich ihn nicht daran hindern. Also wollen wir uns darüber nicht den Kopf zerbrechen.«

Obwohl Kennedy die Art seines Todes, der wenige Stunden später erfolgte, vorausgesagt hatte, handelte es sich hier nicht um eine bewußte Vorahnung. Doch fünf Jahre später, 1968, hatte Kennedys Witwe, Jackie, eine sehr deutliche Vorahnung – vom Tod ihres Schwagers. Voller Kummer sagte sie damals von Robert Kennedy, der gerade seinen Feldzug für die Präsidentschaft in Gang setzte: »Ich weiß, daß man ihn bald niederschießen wird – genau wie meinen Mann.«

Am 5. Juni wurde der junge Senator in einem Hotel von Los Angeles erschossen. Die Vorahnung war nur eine von Dutzenden gewesen, die rund um den Erdball gemeldet worden waren – alles unerklärliche Vorwarnungen einer Tragödie, die dann Wirklichkeit werden sollte.

MENSCHEN MIT SELTSAMER MACHT ÜBER DEN SCHMERZ

Schmerz – das ist etwas, was wir alle empfinden und wovor wir uns alle fürchten. Aber müssen wir das? Unsere Schmerzschwelle sinkt, wenn wir Schmerz erwarten – wenn wir gespannt, erschreckt oder überbewußt sind. Aber einige Menschen können sich darauf »programmieren«, keinen Schmerz zu empfinden – und niemand weiß, wie sie imstande sind, dies zu erreichen.

Es gibt nur außerordentlich wenige Fälle von Menschen (etwa ein Dutzend sind registriert), die tatsächlich nie in ihrem Leben Schmerz erfahren haben – die sich sogar Gliedmaßen gebrochen haben, ohne es zu wissen. Um eine solche scheinbar angenehme

Immunität braucht man sie jedoch nicht zu beneiden. Denn Schmerzen sind das Frühwarnsystem des Körpers vor Gefahren. Verbreiteter ist die gelegentliche Fähigkeit, sich – oder anderen – einzureden, ein Erlebnis sei nicht schmerzhaft. Bei einem Experiment der medizinischen Fakultät der Harvard University wurden einhundertfünfzig Patienten nach Operationen Spritzen verabreicht, die mit reinem Wasser gefüllt waren. Man sagte ihnen jedoch, daß es Spritzen mit schmerzstillenden Medikamenten seien. In der Hälfte der Fälle äußerten die Patienten, daß ihr Schmerz sich gelindert habe.

Solche Kräfte der Autosuggestion machen sich im Extrem bei Feuerläufern bemerkbar, deren Meisterschaft über den Schmerz Wissenschaftler schon seit Jahrhunderten verblüfft. Von dem Ritus, über glühende Kohlen zu laufen, wird schon bei Vergil und Plato berichtet. In modernerer Zeit ist er in Indien, Sri Lanka, auf dem Balkan, in Japan und besonders auf den Fidschi-Inseln ausgeübt worden. Man hebt dort einen Graben aus, der bis zu sieben Meter breit und zwei Meter tief ist, und füllt ihn mit Holzklötzen auf, die sodann angezündet werden. Man fügt Steine hinzu, bis der Graben ein Teppich von glühenden Steinen ist. Der Priester führt dann die Feuerläufer langsam über ihn hinweg. In den meisten Fällen scheinen die Feuerläufer sich in einem schwachen Trancezustand zu befinden, doch ist dies nicht immer so. Bei den Shinto-Feuerzeremonien in Japan sind die Feuerläufer oft bei vollem Bewußtsein und dennoch ihrer schweren Prüfung gegenüber völlig gleichgültig.

Im Jahre 1935 führte die Universität London ein wissenschaftlich kontrolliertes Experiment mit einem jungen Inder durch, der seelenruhig über Kohlen mit einer Temperatur von 440° Celsius lief und sich dabei keinerlei Verletzungen zuzog.

In den fünfziger Jahren wurden zwei bemerkenswerte Meldungen von Feuerläufern publik. Die eine stammte von einem amerikanischen Arzt, Harry B. Wright, der Zeuge einer Zeremonie auf der Fidschi-Insel Biti Levu gewesen war. Unmittelbar nach dem Feuerlauf stach er den Teilnehmern mit einer Nadel in die Fußsohlen und berührte sie mit einer brennenden Zigarette. Sie verspürten alle normal starken Schmerz.

Der andere Fall betraf den britischen Professor für englische Literatur, Edward Stephenson, der an einer Feuerlaufzeremonie in Tokio teilgenommen hatte. Er befand sich weder in Trance noch

hatte er an einem komplizierten Ritual teilgenommen. Doch den einzigen Schmerz, den er empfand, verspürte er, als er auf einen spitzen Stein trat und sich die Fußsohle aufritzte.
Wie sind die Feuerläufer dazu in der Lage, solche Wunder zu vollbringen? Wenn es einfach nur so wäre, daß sie keinerlei Schmerz verspürten, ließe sich das Phänomen aus einem hypnotischen Trancezustand erklären. Doch dies ist nicht immer der Fall. Und es liefert auch keine Erklärung dafür, daß sie nicht nur eine geistige, sondern auch noch eine bemerkenswerte körperliche Immunität gegenüber den Feuerteppichen erlangen, über die sie laufen.

STIMMEN VON DEN TOTEN

Skeptiker können die erstaunlichen Leistungen der Spiritisten nicht wegerklären

Nur wenige Geheimnisse haben den rational denkenden Menschen so sehr verwirrt wie der Spiritismus. Zweifler haben die Vorstellung von sich gewiesen, Lebende könnten mit Toten in Verbindung treten. Dennoch haben sie keine rationale Erklärung dafür zu bieten, wie eine Witwe mittleren Alters in Balham, London, Werke klassischer Musik im Stil der alten Meister komponieren konnte... was einen königlichen Marineinfanteristen ohne besondere historische Interessen instand gesetzt haben mag, die Lage der verborgenen Ruinen des ehemaligen Glasgow exakt zu bestimmen... und wie eine amerikanische Hausfrau aus St. Louis, Missouri, es geschafft haben soll, ein Epos in authentischem Mittelhochenglisch zu schreiben.
Der Spiritismus kam im März 1848 zur Welt, genauer, in einem kleinen Holzhaus in Hydesville, New York. Es war das Haus des Methodistenbauern John Fox, seiner Frau und seiner beiden Töchter Margret, fünfzehn, und Katie, zwölf, im Wayne County. Es begann mit seltsamen Klopflauten in der Nacht. Fast durch Zufall entdeckten die Mädchen, daß, wenn sie mit den Fingern schnippten oder auf den Tisch pochten, sie Antwort durch ähnliche Geräusche bekamen.
Wenn Katie eine Reihe lautloser Zeichen machte, hörte sie diesel-

be Anzahl von Klopfzeichen. Und als Mrs. Fox nach dem Alter ihrer Kinder fragte, vernahm sie zwei Serien mit der richtigen Anzahl von Schlägen, und dreier zusätzlicher. Ihr jüngstes Kind war im Alter von drei Jahren gestorben.

Die Familie dachte sich einen Code von Klopfzeichen aus, um mit der Macht, die hinter den Geräuschen stand, in Verbindung zu treten. Auf diese Weise behaupteten sie, erfahren zu haben, daß die Macht der Geist eines Hausierers namens Charles Rosma gewesen sei, den ein früherer Pächter ihres Hofes wegen des Inhalts seines Bündels und seiner Blechdose – fünfhundert Dollar – ermordet habe. Als bei den eingeleiteten Nachforschungen der Kellerboden ausgehoben wurde, fand man nichts. Doch 1904 stürzte eine Kellerwand ein – und legte ein Skelett, eine Blechdose und die Überreste eines Hausiererbündels frei.

Die Behauptungen der Familie, mit Toten sprechen zu können, verbreiteten sich wie ein Lauffeuer zu einer Zeit, da gerade Charles Darwins Theorie der Verwandtschaft des Menschen mit dem Affen die Predigten der Kirche vom Leben nach dem Tode in Frage stellte. Bald tauchten Medien mit der Behauptung, über ähnliche Kräfte zu verfügen, auf beiden Seiten des Atlantiks auf und leiteten Botschaften über Klopfzeichen, über Sprechen unter Selbsthypnose und über sogenanntes automatisches Schreiben weiter.

Der Schriftsteller Sir Arthur Conan Doyle, bekannt für die Fähigkeit zu logischen Schlüssen seiner Detektivgestalt Sherlock Holmes, glaubte leidenschaftlich daran. Der führende Naturforscher Großbritanniens, Sir William Crokes, Vorsitzender der Königlichen Gesellschaft der Wissenschaften, ließ sich ebenfalls bekehren. Königin Viktoria nahm an Séancen teil, um mit ihrem verstorbenen Mann, Prinz Albert, in Verbindung zu treten, und kehrte mit der Überzeugung zurück, dies auch getan zu haben.

Skrupellose Gauner entdeckten eine wunderbare Möglichkeit, mit der Leichtgläubigkeit anderer Geld zu machen, und viele betrügerische Medien und Photographen wurden von Wissenschaftlern und Journalisten entlarvt. Doch trotz einer feindlichen Öffentlichkeit hatte die spiritistische Bewegung, als sie ihren einhundertsten Geburtstag feierte, 50000 Mitglieder in Großbritannien und 250000 in Amerika. Und mehr als 100000 Menschen kauften die *Psychic News*, die wöchentliche Chronik spiritistischer Aktivitäten. Denn die aufgedeckten Gaunereien wurden mehr als ausge-

Rosemary Brown am Flügel

glichen durch die unerklärlichen Leistungen seriöser Medien – Leistungen wie die von Mrs. Rosemary Brown.

Mrs. Brown schaffte sich unmittelbar nach dem Krieg ein Klavier an, doch gab sie den Unterricht nach nur einem Jahr wieder auf. Nachbarn in Balham, Süd-London, sagten, sie hätte wenig Interesse an Musik gezeigt. Sie konnte sich gerade durch ein Kirchenlied hindurchkämpfen. Doch 1964 brachte sie ein Klavierstück hervor, das von einem der klassischen Meister hätte geschrieben sein können.

In der Tat behauptete sie, daß dem so wäre, daß der Komponist Franz Liszt, der 1886 gestorben war, ihre Hände zu den Tasten geführt und zu ihr gesagt hätte: »Ich komme wieder. Wir haben viel Arbeit miteinander zu tun.«

Im Laufe der nächsten wenigen Jahre brachte Mrs. Brown fünfhundert neue Kompositionen hervor, alle im Stil der alten Meister. Sie verfaßte eine vierzigseitige »Schubert«-Sonate, zwölf »Schubert«-Lieder und eine Fantasie impromptu »von Beethoven«.

Mrs. Brown sagte, jeder Komponist teilte sich ihr auf verschiedene Weise mit. Liszt und Chopin führten ihre Hände zu den Tasten, und sie schreibe das Werk später auf. Schubert versuche zu singen, habe aber nur eine mittelmäßige Stimme. Bach und Beethoven diktierten ihr einfach die Noten. Alle sprächen englisch mit ihr, fielen aber in ihre Muttersprache zurück, sobald sie zornig würden. Beethoven hätte gerufen: »Mein Gott!«, als die Türschelle ging, während sie gerade hart arbeiteten.

1970 erschien eine Langspielplatte mit einigen der Werke. Die Kritiker waren über ihren Wert geteilter Auffassung, aber alle waren sich über die Echtheit der Stile einig. Und der Komponist Richard Rodney Bennet sagte: »Man kann eine solche Musik nicht ohne jahrelange Übung imitieren. Manches von Beethoven könnte ich selbst nicht nachmachen.«

Glastonbury in Somerset ist seit Jahrhunderten eine historische Stätte. Der Legende zufolge wurden hier König Arthur und Königin Ginevra bestattet, und außerdem liegt dort der Heilige Gral – der Kelch, den Jesus beim Letzten Abendmahl benutzt hat – unter der Quelle am Felsenturm begraben. Jahr für Jahr strömen Tausende von Touristen herbei, um die alten Ruinen zu besichtigen, ohne zu wissen, daß Spiritismus die Ursache für die Entdeckung so mancher von ihnen war. Die archäologischen Ausgrabungen wurden angeregt von dem Manuskript einer mittelalterlichen Handschrift, die offenbar aus der Feder eines Mönches stammte, doch in Wirklichkeit ein Offizier der Königlichen Marine im Trancezustand verfaßt hat. Weder wußte er etwas von der Sache, noch davon, wie die Handschrift zustande gekommen war, und interessierte sich auch nicht weiter für sie, nachdem sie einmal da war.

Im Jahre 1924 merkte die Tochter eines Medizinprofessors, Geraldine Cummins, wie eine unsichtbare Hand ihr die Feder führte. Innerhalb nur eines Monats brachte sie mehr als eine Million Wörter durch automatisches Schreiben hervor. Forscher der schottischen Universitäten Edinburgh und St. Andrews untersuchten die Dokumente, die einen authentischen Bericht über das Leben der Apostel nach dem Tode Jesu darstellen sollten, geschrieben von Cleophas, einer bekehrten Christin aus dem ersten Jahrhundert. Die Forscher stimmten überein, daß die Geschichten Einblicke enthielten, die nur von einem Zeitgenossen der Apostel stammen könnten. Miss Cummins hatte nie Theologie studiert und hatte von dem behandelten Gegenstand nicht die leiseste Ahnung.

Im Jahr 1957 saß Miss Grace Rosher bei sich zu Hause in Kensington, London, und schrieb an Freunde. Plötzlich begann der Füller in ihrer Hand sich von allein zu bewegen und kritzelte: »In Liebe, Dein Gordon... ich bin es, Gordon.« Vier Tage später fing er wieder an und beschrieb, wie Gordon Burdick fünfzehn Monate zuvor in Kanada gestorben war.

Miss Rosher wußte, wer er war. Er war auf dem Weg nach England zu ihr gewesen, um sie zu heiraten, als er starb. Aber sie konnte nicht die Einzelheiten gewußt haben, die nun auf dem Papier standen. Und als das Kirchliche Studienwerk für Psychologische Forschungen die Schriftstücke zusammen mit Briefen von Burdick einem Graphologen zusandte, kam der zu dem Schluß, daß sie alle von ein und derselben Hand geschrieben worden seien.

Ein direkter Kontakt mit einem Geist wie dieser ist selten. Die meisten Leute sind auf die Einschaltung eines Mediums wie Lilian Bailey angewiesen. Sie war es, an die der australische Logopäde Lionel Logue sich wandte, als 1945 seine Frau in London starb. Ihn sollte eine doppelte Überraschung erwarten.

Zwanzig Jahre zuvor hatte König Georg V. Logue gebeten, seinen Sohn, den Herzog von York – den späteren Georg VI. – zu behandeln, um ihm zu helfen, sein Stottern zu beherrschen. Acht Jahre später sagte Lilian Bailey zu Logue: »Dort ist König Georg V. Er bittet mich, Ihnen dafür zu danken, was Sie für seinen Sohn getan haben.« Dann empfing Logue Botschaften von seiner Frau. Nachdem er gefragt hatte, wo sie einander zum ersten Mal begegnet wären, gewann er die Überzeugung, daß sie echt waren, denn es kam die richtige Antwort zurück: »Im Haus von Charlie Sparrow in Fremantle.«

Betrüger haben einen endgültigen Beweis spiritistischer Kontakte nahezu unmöglich gemacht. Und durch retuschierte Photographien sind Beweise mit der Kamera verdächtig geworden. Doch niemand hat bisher den findigsten Beweis wegdiskutieren können, den das polnische Medium Franek Kluski geliefert hat. Kluski, den Dr. Gustave Geley, Direktor des Internationalen Instituts für Metaphysik von Paris, den König der Medien genannt hat, konnte Geister, die sich durch ihn mitteilten, dazu überreden, entweder ihr Gesicht oder ihre Hände in heißes Wachs und dann in kaltes Wasser zu tauchen. Diese Prozedur brachte Wachsabdrücke hervor, die man später in Gips gießen konnte. Ein Vergleich der Wachshandschuhe, die bei der Sitzung entstanden, mit den Händen der im Raum anwesenden Personen zeigte, daß keiner paßte. Und die Handschuhe waren an den Gelenken so eng, daß niemand seine Hand hätte herausziehen können, ohne sie zu zerstören.

Die Kirche hat häufig spiritistische Phänomene untersucht, doch sich stets geweigert, ihre Ergebnisse zu veröffentlichen. Im Jahre 1937 hielt Cosmo Lang, der Erzbischof von Canterbury, einen

Königin Viktoria (George Hayles).

Bericht von sieben Mitgliedern eines zehnköpfigen Ausschusses unter der Leitung des Bischofs von Bath und Wells geheim. In dem Bericht stand zu lesen: »Gewisse außerordentliche psychische Erfahrungen erbringen einen starken *Prima-facie*-Beweis für ein Leben nach dem Tode und die Möglichkeit einer Kommunikation mit Geistern. Wir halten es für wahrscheinlich, daß sie in manchen Fällen von körperlosen Geistern ausgeht... Es gibt recht deutliche Parallelen zwischen wunderbaren Ereignissen, von denen das Evangelium berichtet, und neuzeitlichen Phänomenen, die durch Spiritisten bezeugt sind.«
Doch was Erzbischof Lang sich zu Lebzeiten weigerte zu veröffentlichen, war er anscheinend bereit, nach seinem Tode zu kommentieren. Im Jahre 1959, vierzehn Jahre nachdem er gestorben war, sagte seine Stimme durch das Medium Leslie Flint: »Wenn es um Spiritismus ging, hatte ich Angst. Doch es ist von lebenswichtiger Bedeutung, daß die Menschen aller Völker wissen, daß...« Dann verlor sich seine Stimme. Die Botschaft ist nie vervollständigt worden.

DIE DREI LEBEN DES GLENN FORD

Hollywood-Star stellt sich in die Reihe derer, die behaupten, schon einmal gelebt zu haben

Im Jahre 1978 traf den Filmstar Glenn Ford der Schicksalsschlag seines Lebens – seines dritten Lebens, genauer gesagt. Denn als ihn ein Arzt hypnotisierte, sprach er unter starker innerer Beteiligung von einem früheren Leben als Cowboy in Colorado. Später, bei einer anderen Sitzung, erinnerte er sich daran, Klavierlehrer in Elgin, Schottland, gewesen zu sein.
Als Ford die Tonbandaufnahmen der beiden Sitzungen hörte, war dies für ihn an sich schon eine Überraschung. Aber wie groß war erst seine Verblüffung, als Forscher Beweise herausfanden, daß seine früheren »Inkarnationen« gelebt hatten – und jeweils ungefähr zu der Zeit, die der Schauspieler angegeben hatte. »Ich bin über all das sehr verwirrt«, sagte Ford. »Es steht zu meinen ganzen religiösen Überzeugungen in völligem Widerspruch. Ich bin ein gottesfürchtiger Mann und stolz darauf, doch das hat mich völlig durcheinandergebracht.«

Ford ist nicht der erste Mensch, der Zeugnis von einer Wiedergeburt gegeben hat. Die Buddhisten glauben sogar, daß der Mensch eine ganze Reihe von verschiedenen Leben – sowohl menschlichen als auch tierischen – zu durchlaufen hat, bevor er den Segen des Nirwana erlangt – die Auslöschung der Individualität und die Auflösung des Ich im absoluten Geist. Doch Ford bietet einen der am besten dokumentierten Fälle vom Leben nach dem Tode.

Die erste Hypnosesitzung des Schauspielers fand in seinem Haus in Beverly Hills, Kalifornien, statt. Als damals Einundsechzigjähriger sprach er lebhaft davon, wie er als Cowboy, Charlie Bill, für einen Rancher namens Charlie Goodnight arbeitete und wie er aus einem Hinterhalt überfallen und erschossen wurde. Forscher der Universität von Kalifornien in Los Angeles fuhren nach Colorado und machten Belege sowohl von der Existenz Bills als auch der von Goodnight ausfindig.

Die zweite Sitzung, die wiederum mit einem Tonband aufgezeichnet wurde, fand in der Universität statt. Diesmal redete Ford mit derselben Lebhaftigkeit von seinem Leben als Charles Stuart und sagte: »Ich muß Luftikussen Klavierunterricht geben«, eine damals geläufige Bezeichnung für leichtfertige Kinder. Unter Hypnose spielte Ford auch Klavier, obwohl er später zugab: »Ich kann nicht eine Note spielen.«

Als die Forscher der Universität von Kalifornien Elgin aufsuchten, fanden sie das Grab eines Charles Stuart, der 1840 gestorben war. Sie zeigten Ford eine Photographie des Grabes. »Das wühlte mich wirklich sehr auf«, sagte er. »Ich spürte sofort, daß dies der Ort war, an dem ich beigesetzt worden war.«

Der ehemalige Hauptmann der britischen Armee Arthur Flowerdew zog sich in sein Landhaus in dem Dörfchen Bramerton in Norfolk zurück. Er war geboren und aufgewachsen in einem ländlichen Gebiet von England, hatte ein ruhiges Leben geführt und war niemals außerhalb Europas gereist. Dennoch war dieser gemütliche Großvater davon überzeugt, daß auch er schon früher einmal gelebt hätte – als Soldat der in Fels gehauenen jordanischen Stadt Petra, vor 2200 Jahren.

Flowerdew erzählte der Forscherin Joan Forman, die ein Buch über diesen Gegenstand geschrieben hat, daß von Kindheit an sein Geist von seltsamen, unerklärlichen Visionen heimgesucht worden sei. Als Junge habe er am Meer rote und bernsteinfarbene Steine aufgelesen und dabei gedacht: »Das ist die Farbe des Felsens der Stadt.« Später stellten sich Phantasiebilder ein von einer aus einem Felsen geschlagenen Stadt, von Menschen in langen, biblischen Gewändern, von einem Goldschatz, der in einem Tempel versteckt war, von einer engen Schlucht, die zu einer Wüste hinunterführte, von einem Kampf, bei dem er und zehn andere Männer die Schlucht gegen eine Horde von Invasoren verteidigten, und schließlich von dem Schmerz, als ein Speer, den ein riesiger Syrer geschleudert hatte, in seine Brust drang.

Miss Forman verglich seine Erzählungen mit den bekannten Gegebenheiten von Petra und fand heraus, daß vieles daran stimmte. Noch verblüffter aber war sie, als sie ihn einem einheimischen Schullehrer vorstellte, der während einer Urlaubsreise 1964 Farbdias von der Ruinenstadt aufgenommen hatte. Der Lehrer sagte: »Er wußte mehr zu erzählen, als man sehen konnte. Er war imstande zu beschreiben, was nach bestimmten Säulen außerhalb des Bildausschnitts kam.«

Flowerdew sagte: »Ich bin kein Bursche, der bei Tage träumt, und ich habe nie verstanden, wie ich die Bilder empfangen habe. Wenn man mich drängt, würde ich meinen, daß es mit Wiedergeburt zu tun hat, aber ich kann mir nicht vorstellen, wie es wohl geschehen ist.«

Dorothy Eady wurde 1903 in einer wohlhabenden Familie in Südlondon geboren. Als sie drei Jahre alt war, fiel sie eine Treppe hinunter und wurde von dem Hausarzt für tot erklärt. Doch als er und eine Krankenschwester zurückkamen, um sie aufzubahren, fanden sie das Mädchen lebend vor. Dennoch war nicht alles in Ordnung. Dorothy hatte von nun an die Eigenart, sich unter Tische und hinter Möbel zu verkriechen und darum zu bitten, daß man sie »nach Hause« bringe.

Als die Familie einmal die ägyptischen Säle des Britischen Museums besichtigte, bekam sie einen Anfall, küßte die Füße von Statuen, umarmte Mumiensarkophage und wollte, daß man sie bei »ihrem Volk« ließe. Als man ihr eine Photographie vom Tempel des Gottes Osiris zeigte, den der Pharao Seti I. am Ufer des Nils erbaut hatte, sagte sie zu ihrem Vater, daß der Tempel ihr wahres Zuhause sei, sie Seti gekannt habe und er ein netter Mann gewesen wäre.

Im Jahre 1930 heiratete Dorothy einen Ägypter und brach auf, um in seinem Land zu leben. Als sie einen Sohn bekamen, nannte sie ihn Seti und sich selber Um Seti, »Mutter des Seti«. Dies war

Glenn Ford.

zweiundzwanzig Jahre, bevor sie Abydos aufsuchte, die Stätte des alten Osiris-Tempels, und als ihr Zug in der Nähe mehrerer Kreidehügel anhielt, sagte sie, nun sei sie »zu Hause«. 1954 kehrte sie zurück, um in Abydos zu leben, wo sie mithalf, sich um den Tempel zu kümmern, täglich zu Osiris betete und die Tempelwächter versuchte zu überreden, daß man sie in diesem Boden beisetze, wenn sie stürbe.

Flowerdew und Dorothy Eady waren insofern ungewöhnliche Beispiele, als ihre Visionen von einem früheren Leben nicht auf Hypnose beruhten.

Viele Hypnoseärzte und Psychiater können Fälle in ihren Karteien vorweisen, die den zwei gleichen, die der walisische Hypnotiseur Arnall Bloxham aus Cardiff 1956 berichtete. Der eine betraf einen Jugendlichen, der unter Hynose lebhaft von einer früheren Existenz als Mann in einem Land redete, wo die Menschen sich mit Narben und Zähnen schmückten. Der andere betraf eine Frau, die behauptete, die Tochter von Karl I. und der Königin Henrietta Maria zu sein. Sie besaß nur geringe historische Kenntnisse, doch konnte sie den Hof König Ludwigs XIV. genau beschreiben, an dem sie und ihr »Bruder«, der zukünftige Karl II., während des Exils der königlichen Familie nach dem englischen Bürgerkrieg lebten.

Der amerikanische Hobby-Hypnotiseur Morey Bernstein berichtete in seinem Buch *Die Suche nach Bridey Murphy*, das 1956 veröffentlicht wurde, die merkwürdigen Behauptungen einer Hausfrau aus Colorado. Bernstein führte Mrs. Ruth Simmons, die 1923 im mittleren Westen der USA geboren wurde, gerade unter Hypnose in ihre Kindheit zurück, als sie anfing, als Bridey Murphy zu sprechen. Sie sagte, sie wäre am 20. Dezember 1798 in Cork, Irland, geboren, hätte im Alter von siebzehn Jahren einen Advokaten namens Sean McCarthy geheiratet und sei dann nach Belfast umgezogen. Sie sei nach einem Sturz 1864 gestorben und konnte ihre eigene Beerdigung sowie ihren Grabstein beschreiben.

Nachforschungen in Irland ergaben, daß vieles in ihrer Geschichte sich nur schwer bestätigen ließ. Doch waren ihre Beschreibungen der Küste von Antrim und einer Reise von Belfast nach Cork sehr präzise, und es fanden sich Hinweise auf einen Kolonialwarenhändler namens Farr, in dessen Laden Bridey eingekauft haben wollte. Mrs. Simmons war niemals in Irland gewesen, und ihre normale Sprache verriet auch nicht die Spur eines irischen Akzents.

DER MANN, DER ZWEI LEBEN ZUGLEICH LEBTE

Am 17. Januar 1887 verließ der amerikanische Zimmermann und Dorfprediger Ansel Bourne sein Haus auf Rhode Island, hob 551 Dollar von seiner Bank ab und machte sich zu einem Besuch bei seinem Neffen in Providence auf den Weg, um mit ihm über den Ankauf von einem Stück Land für eine Farm zu sprechen.

Am Morgen des 14. März wachte er plötzlich in einem Bett an der Rückwand eines kleinen Süß- und Schreibwarenladens in Norristown, Pennsylvania, auf und hatte keine Ahnung, was er dort tat.

Sein Hauswirt erklärte ihm, er sei A.J. Brown, habe den Laden Anfang Februar gemietet, das Geschäft geführt und die örtliche Methodistenkirche besucht. Doch Brown konnte sich an nichts erinnern, was geschehen war, nachdem er das Haus seines Neffen zwei Monate zuvor und dreihundertfünfzig Kilometer entfernt verlassen hatte. Er hatte auch keinerlei Ahnung, warum er ein Geschäft eröffnet haben sollte, von dem er nichts verstand und das ihn nicht interessierte.

Drei Jahre später wurde Bourne von dem Harvard-Professor William James hypnotisiert und er sagte, sein Name sei Albert John Brown. Er machte eine detaillierte Schilderung seiner Reise nach Pennsylvania vom 17. Januar und beschrieb die Eröffnung seines Ladens. Unklar war er sich über sein Leben vor dem 17. Januar und konnte sich kaum an etwas nach dem 13. März erinnern.

Professor James entschied, daß Brown und Bourne zwei verschiedene Personen seien, jede mit einer eigenen Ausdrucksweise, Gestik und Handschrift. Weitere hypnotische Behandlungen bewirkten allmähliches Verschwinden von Brown, der niemals wiederkehrte. Doch es gab keine Erklärung dafür, wie er zwei Monate lang das Leben eines anderen Mannes hatte führen können.

5.

Geheimnisse der Wissenschaft und Entdeckungen

Die Wissenschaft rühmt sich eines stets wachsenden Wissensstands, doch jeder wissenschaftliche Durchbruch hinterläßt eine leere Seite. Wie nahm das Leben auf der Erde seinen Anfang? Wer hat Stonehenge erbaut – und warum? Ist das Antlitz auf einem Leichentuch wirklich das von Jesus Christus? Bis diese und viele andere Fragen beantwortet werden können, muß die Wissenschaft sich angesichts so vieler Dinge, die sich noch einer Erklärung entziehen, demütig bescheiden.

DAS RÄTSEL DER SELBSTENTZÜNDUNG VON MENSCHEN

Opfer, die ohne einen ersichtlichen Grund in Flammen aufgehen

Die Witwe Mary Reeser war eine rundliche Frau von siebenundsechzig Jahren, die in ihrer bescheidenen, aber freundlichen Wohnung in St. Petersburg, Florida, ein ruhiges Leben führte. Am Morgen des 2. Juli 1951 traf ein Telegramm für sie ein. Ihre Hauswirtin, die im gleichen Haus wohnte, wollte es ihr bringen, doch konnte sie von Mrs. Reeser keine Antwort bekommen. Sie betätigte den Türklopfer. Aber er fühlte sich so heiß an, daß sie laut aufschrie.

Zwei Anstreicher arbeiteten gerade in der Nähe, so daß die Wirtin zu ihnen hinüberlief und sie bat, die Wohnung aufzubrechen. Sie stemmten sich mit der Schulter gegen die Tür. Holz begann zu splittern, und sie sprang auf. Die Wirtin und die Arbeitsmänner taumelten unter einer Welle von glutofenheißer Luft zurück. Doch als sie kurz darauf vorsichtig in die Wohnung eindrangen, gab es kein einziges Anzeichen von einer Feuersbrunst, wie sie es erwartet hatten. Alles, was sie sehen konnten, war eine schwache Flamme, die an der Scheidewand flackerte, die sie von der kleinen Küche der Wohnung trennte. Sie konnten sie leicht löschen und spähten um die Trennwand in die Küche.

Die Wirtin hatte erwartet, Mrs. Reeser zu sehen, vielleicht wie sie eingeschlafen in ihrem Armsessel saß. Doch alles, was sie von dem Armsessel erblicken konnte, waren ein paar Sprungfedern, und alles, was von Mrs. Reeser übriggeblieben war, waren ein paar bis zur Unkenntlichkeit verkohlte Knochen, ein Schädel, der durch intensive Hitzeeinwirkung auf die Hälfte seiner Größe zusammengeschrumpft war, und ein einzelner Satinhausschuh, in dem ein am Knöchel abgebrannter Fuß steckte...

Plastikgegenstände in der Küche waren geschmolzen, und ein Spiegel war bei der Hitze geplatzt. Doch das einzige andere Anzeichen dafür, daß es ein Feuer gegeben hatte, war eine kleine versengte Stelle am Fußboden. Eine Zeitung, die daneben lag, war fast unversehrt.

Bei einer Untersuchung, die zur Klärung des Todes von Mrs. Reeser eingeleitet wurde, bekannten die Experten, daß sie vor einem völligen Rätsel standen. Die Glut, die ihren Körper ver-

Selbstentzündung in Charles Dickens' Roman Bleakhaus.

zehrt hat, muß heißer gewesen sein als die 1400 Grad Celsius, die im städtischen Krematorium benötigt werden, um Leichen zu verbrennen. Dennoch hatte sich das Feuer nur wenige Zentimeter über den Körper der alten Frau hinaus ausgebreitet. Es ließ sich keine Brandursache feststellen. Und eine Vermutung der Polizei, Mrs. Reeser sei beim Rauchen eingeschlafen und habe ihre Kleidung in Brand gesetzt, stieß bei den Gerichtsmedizinern nur auf Gelächter.

Die Experten gestanden ihre Niederlage ein. Ihre einzige andere Wahl wäre gewesen, die Möglichkeit eines der seltsamsten und meistdiskutierten wissenschaftlichen Phänomene aller Zeiten anzuerkennen – die Selbstentzündung, bei der ein menschlicher Körper plötzlich in Flammen aufgeht, wobei manchmal die Kleider nicht einmal angesengt werden.

Der ungeklärte Fall der Mrs. Reeser ist nur einer von mehreren

Fällen von Selbstentzündung in jüngerer Zeit. Über solche Brände »menschlicher Fackeln« ist seit Jahrhunderten diskutiert worden. (Charles Dickens hat sich in seinem Roman *Bleakhaus* auf einen bezogen.) Doch weil die Wissenschaftler des 20. Jahrhunderts diesem Phänomen äußerst skeptisch gegenüberstehen, werden Fälle davon nur selten gut dokumentiert und kaum untersucht. Und dies, obwohl es neben dem Tod von Mrs. Reeser noch einige andere verbürgte Fälle gibt.

Im Jahre 1880 befand sich ein bedeutender Arzt, Dr. B.H. Hartwell, unter mehreren Zeugen des Todes einer jungen Frau in Ayer, Massachusetts. Flammen brachen plötzlich an dem Rumpf und an den Beinen der Frau aus, sie sank zu Boden und kam in einem fürchterlichen Feuer um.

In England starb 1919 ein zu seiner Zeit recht berühmter Autor, J. Temple Thurston, in seinem Haus in Kent. Sein Körper war von der Hüfte an abwärts gräßlich verbrannt. Das Untersuchungsergebnis lautete, er sei an Herzversagen gestorben. Doch niemand konnte erklären, wie es dazu kommen konnte, daß mehr als sein halber Leib verbrannt war, obwohl es im ganzen Raum sonst keinerlei Anzeichen von einem Feuer gab und sein restlicher Körper unversehrt war, und wie sein Leib in den Kleidern verbrennen konnte, ohne sie auch nur anzusengen.

Im Jahre 1922 verbrannte Mrs. Euphemia Johnson, eine achtundsechzigjährige Witwe, in ihrem Heim in Sydenham, London, zu einem Haufen verrußter Knochen. Das Feuer, das ihren Körper verzehrt hatte, muß so heiß wie in einem Glutofen gewesen sein – dennoch war ihre Kleidung unversehrt.

Zwei ähnliche schreckliche Fälle von Selbstentzündung ereigneten sich in den dreißiger Jahren in England. Der erste betraf eine neunzehnjährige Sekretärin, Maybelle Andrews, die mit ihrem Freund in einem Club von Soho, London, zum Tanzen aus war. Plötzlich schlugen Flammen aus ihrer Brust und ihrem Rücken und verzehrten sie innerhalb von wenigen Minuten, wobei sie allen Versuchen der anderen Tänzer, sie zu ersticken, widerstanden. Bei der Untersuchung konnte keine Lösung für ihren geheimnisvollen Tod vorgeschlagen werden. Ihr Freund, William Clifford, war wie erstarrt und sagte: »Die Flammen schienen aus ihrem Körper selbst hervorzubrechen.« Das Untersuchungsergebnis: Tod durch Unfall, verursacht von einem Feuer unbekannten Ursprungs.

Der zweite Fall wurde 1938 gemeldet. Phyllis Newcombe, 22, verließ gerade eine Tanzhalle in Chelmsford, Essex, als plötzlich blaue Flammen ihren Körper einhüllten. Innerhalb von Minuten schrumpfte sie zu einem Häuflein Asche zusammen. Der Untersuchungsrichter, der ihrem Tod nachging, sagte: »In meiner ganzen Laufbahn ist mir noch nie ein so merkwürdiger Fall vorgekommen wie dieser.«

Einen anderen Fall in England aus demselben Jahr hat der Biologe Ivan Sanderson untersucht, der die Gesellschaft zur Erforschung des Unerklärlichen in New Jersey gründete. Es handelte sich um den Fall von Mrs. Mary Carpenter, die an einem heißen Sommertag auf einem See der Norfolker Seenplatte eine Bootspartie machte. Plötzlich mußten ihr Mann und ihre Kinder voll Entsetzen mitansehen, wie sie in Flammen ausbrach und zu Asche zusammensank.

Zwei der am besten verbürgten Fälle von Selbstentzündung von Menschen in den letzten Jahren ereigneten sich in den Vereinigten Staaten. Der erste betraf Billy Peterson, der gerade in seinem geparkten Wagen in Detroit saß, als die Flammen sichtbar aus seinem Körper schlugen. Als Rettungsmänner seine verkohlte Leiche aus dem Auto zogen, entdeckten sie, daß die Hitze im Wageninnern so stark gewesen war, daß Teile des Armaturenbretts geschmolzen waren. Dennoch waren Billy Petersons Kleider nicht einmal angesengt.

Das zweite und gleichermaßen bemerkenswerte Beispiel dieses Phänomens ereignete sich am 5. Dezember 1966. Früh am Morgen begann Don Gosnell mit seiner Arbeit als Gasmann in Coundersport, Pennsylvania. Eines der ersten Häuser, die er aufsuchte, war das Heim von Dr. John Bentley, einem 92jährigen Hausarzt im Ruhestand. Da Gosnell wußte, daß der alte Mann sich nur noch mit Hilfe eines Laufgestells fortbewegen konnte, war er nicht sonderlich überrascht, als niemand an der Tür erschien. Er machte sich selber auf und ging die Treppe hinab in den Keller, um den Gasstand abzulesen. Dort entdeckte er ein kleines, fein säuberliches Aschehäuflein am Boden. Gosnell wunderte sich zwar, wie es wohl dahingekommen sei, doch schaute er nicht hinauf zur Decke, wo ein verrußtes Loch den Blick in das Badezimmer freigab. Die Asche war wie Pulver durch das Loch gerieselt.

Gosnell las den Stand des Gaszählers ab, ging zurück die Treppe hinauf und rief nach Dr. Bentley. Rauchspuren hingen in der Luft,

und als Gosnell den Flur entlangging, um nachzusehen, roch er einen »seltsamen, süßlichen Geruch«. Er öffnete die Badezimmertür und wankte voller Entsetzen zurück.
Das rußgeschwärzte Laufgestell des Arztes lag am Boden und hing über einem klaffenden Loch, dessen Rand vom Feuer verkohlt war. Ebenfalls am Boden lag das, was von Dr. Bentley übriggeblieben war – ein rechter Fuß, noch im Hausschuh, der über der Wade abgebrannt war.
Bei der nachfolgenden Untersuchung gab der Untersuchungsrichter als Ergebnis »Tod durch Ersticken und neunzigprozentiges Verbrennen des Leibes« zu Protokoll. Der einzige Kommentar, den er später abgeben sollte, lautete: »Das war die sonderbarste Sache, die du je gesehen hast.«

DER FLUCH DES TUTENCHAMUN

Der Tod streckt jeden nieder, der den Schlaf des Pharaos stört

In einem englischen Landhaus fing mitten in der Nacht plötzlich ein Hund an zu jaulen. Die anhaltenden, erbärmlichen Laute weckten das ganze schlafende Haus auf. Man konnte jedoch das arme Tier nicht beruhigen, und das Jaulen ging weiter, bis dem Hund schließlich der Atem versagte, er sich hinlegte und starb.
Dieses seltsame Ereignis ergab sich in Hampshire im Hause eines berühmten Amateurarchäologen, des 57jährigen Lord Carnarvon. In dem Augenblick, als der Hund zu jaulen anfing, näherte sich Carnarvon selber, Tausende von Kilometern entfernt in einem Zimmer des Hotel Continental in Kairo, dem Tod. Der Fluch des Pharaos, des Knabenkönigs Tutenchamun, hatte seine beiden ersten Opfer gefordert. Viele weitere sollten ihnen folgen.
Der Fluch des Pharaos war Carnarvon als einem leidenschaftlichen Ägyptologen wohlbekannt. Er war daran erinnert worden, als er noch in England seine letzte und größte Forschungsreise nach Ägypten vorbereitete, um die sagenumwobene, an Schätzen überquellende Grabstätte Tutenchamuns aufzusuchen. Er hatte eine dunkle Warnung durch einen berühmten Okkultisten seiner Zeit, Graf Hamon, bekommen. Die Botschaft lautete: »Lord Carnarvon nicht betreten Grab. Bei Ungehorsam Gefahr. Wenn nicht

beachten, krank werden. Nie wieder gesund. Tod ihn ereilen in Ägypten.« Carnarvon war von der Warnung so betroffen, daß er zweimal einen Hellseher um Rat fragte, der ihm beide Male seinen baldigen Tod unter geheimnisumwitterten Umständen voraussagte.

Dennoch trieb Carnarvon seine Expedition voran, welche die Erfüllung eines Traums bedeutete, der ihn über Jahre hinweg beseelt hatte. Als er in Ägypten ankam, spielte er sogar noch den Unbekümmerten, der den Fluch, der einen so starken Einfluß auf die einheimischen Erdarbeiter der Ausgrabungsstätte von Luxor ausübte, auf die leichte Schulter nahm. Einer seiner engeren Mitarbeiter bei der Expedition, Arthur Weigall, sah sich zu folgender Bemerkung veranlaßt: »Wenn Carnarvon in dieser geistigen Verfassung in das Grab hinabsteigt, gebe ich ihm kein langes Leben mehr.«

Am 17. Februar 1923 schafften Carnarvon und sein Team den Durchbruch in die Totenkammer des Knabenkönigs. Im Innern fanden Carnarvon und sein amerikanischer Partner, Howard Carter, Schätze vor, von denen nicht einmal sie sich hätten träumen lassen, daß es sie geben könnte: Gold, Edelsteine und Perlen, und der Sarg war aus massivem Gold, in dem der mumifizierte Leichnam des Tutenchamun lag. Über dem Grab befand sich eine Inschrift, die sie übersetzten. Sie lautete: »Tod wird über jene kommen, die den Schlaf der Pharaonen stören.«

Zwei Monate später wachte der nun berühmte Lord Carnarvon in seinem Zimmer des Hotels Continental auf und sagte: »Ich fühle mich wie in der Hölle.« Als sein Sohn eintraf, war Carnarvon bereits bewußtlos. Er starb noch in derselben Nacht. Carnarvons Sohn hatte sich gerade in einem angrenzenden Zimmer zur Ruhe gelegt, als sein Vater starb. Später erinnerte er sich, daß »die Lichter in ganz Kairo ausgingen – wir zündeten Kerzen an und beteten«.

Man führte Carnarvons Tod auf einen infizierten Moskitostich zurück, der ihn entkräftet und die Lungenentzündung herbeigeführt habe. Seltsamerweise hatte die mumifizierte Leiche des Tutenchamun angeblich einen kleinen Makel an der rechten Wange, genau an derselben Stelle, wo Carnarvon den Moskitostich hatte. Kurz darauf gab es einen weiteren Toten im Hotel Continental. Der amerikanische Archäologe Arthur Mace, eines der führenden Mitglieder der Expedition, klagte über Müdigkeit und fiel plötz-

lich ins Koma. Er starb, bevor die Ärzte feststellen konnten, was mit ihm nicht stimmte.
Die Todesfälle weiterer Ägyptologen folgten, einer nach dem anderen. Ein enger Freund Carnarvons, George Gold, eilte nach Ägypten, sobald er von dem Tod des Lords erfuhr. Gold machte eine Besichtigung des Grabs des Pharaos. Am nächsten Tag brach er mit hohem Fieber zusammen. Zwölf Stunden später starb er.
Der Radiologe Archibald Reid, der den Leichnam Tutenchamuns geröntgt hatte, wurde nach England zurückgeschickt, als er über Erschöpfung klagte. Kurz darauf starb er.
Carnarvons persönlicher Sekretär während der Expedition, Richard Bethell, wurde mit Herzversagen tot in seinem Bett aufgefunden.
Der britische Industrielle Joel Wood war einer der ersten Besucher, die zu einer Besichtigung der Grabstätte eingeladen wurden. Wenig später starb er an einem geheimnisvollen Fieber.
Innerhalb der sechs Jahre, in denen Tutenchamuns Grabstätte freigelegt wurde, starben zwölf der an der Ausgrabung beteiligten Menschen. Und nach sieben Jahren waren nur noch zwei Mitglieder des ursprünglichen Ausgrabungsteams am Leben. Nicht weniger als zweiundzwanzig Personen, die mit der Expedition zu tun hatten, waren vorzeitig gestorben, einschließlich Lady Carnarvon und des Halbbruders des Lords. Er hatte, offenbar in zeitweiliger Umnachtung, Selbstmord verübt.
Einer der glücklichen Überlebenden der Expedition war ihr zweiter Leiter, Howard Carter. Er spottete lustig weiter über den legendären Fluch und starb 1939 eines natürlichen Todes.
Doch der Fluch des Pharaos forderte noch Jahre später seinen Tribut. Im Jahre 1966 wurde der Direktor der ägyptischen Altertümer, Mohammed Ibraham, von seiner Regierung gebeten, eine Ausstellung des Tutenchamun-Schatzes in Paris zu organisieren. Er sprach sich gegen die Entscheidung aus, denn er hatte geträumt, daß auf ihn persönlich Gefahr zukäme, wenn der Schatz des Pharaos Ägypten verlassen würde. Als er eine letzte, erfolglose Sitzung mit Regierungsvertretern in Kairo verließ, wurde er von einem Auto überfahren und getötet.
Drei Jahre später gab der einzige Überlebende der Tutenchamun-Expedition, der siebzigjährige Richard Adamson, im britischen Fernsehen ein Interview, »um den Mythos des Fluchs über den Haufen zu werfen«. Adamson, der als Sicherheitswächter für Lord

Lord Carnarvon und Howard Carter vor der Ausgrabungsstätte.

Carnarvon gearbeitet hatte, erzählte den Zuschauern: »Ich habe nie auch nur einen Augenblick an den Fluch geglaubt.« Später, als er die Fernsehstudios verließ, verunglückte sein Taxi und schleuderte ihn auf die Straße. Ein ausweichender Lastwagen verfehlte

seinen Kopf nur um wenige Zentimeter. Es war das dritte Mal, daß Adamson versucht hatte, der Legende ein Ende zu machen. Als er das erste Mal sprach, starb seine Frau innerhalb von vierundzwanzig Stunden. Beim zweiten Mal brach sich sein Sohn bei einem Flugzeugunglück das Rückgrat.
Nach dem Autounfall sagte Adamson während seiner Genesung von einigen Kopfwunden in einem Londoner Krankenhaus: »Bisher habe ich mich geweigert, zu glauben, die Schicksalsschläge meiner Familie hätten etwas mit dem Fluch zu tun. Doch nun bin ich mir nicht mehr so sicher.«
Die Angst vor dem Fluch des Pharaos erhielt 1972 neue Nahrung, als die goldene Totenmaske des Tutenchamun in Kairo für eine Ausstellung im Britischen Museum von London für den Versand vorbereitet wurde. Auf Kairoer Seite war Dr. Gamal Mehrez mit der Durchführung der Arbeit betraut, der als Direktor der Altertümer Nachfolger des unglücklichen Mohammed Ibraham war.
Dr. Mehrez glaubte nicht an den Fluch. Er sagte: »Ich, mehr als irgend jemand sonst auf dieser Welt, habe mit den Gräbern und Mumien der Pharaonen zu tun, und trotzdem bin ich noch am Leben. Ich bin somit der lebende Beweis, daß all die Tragödien, die mit den Pharaonen in Verbindung gebracht werden, reiner Zufall waren. Ich glaube auch nicht einen Augenblick lang an den Fluch.«
Dr. Mehrez befand sich im Kairoer Museum, als die Spediteure kamen, um die unbezahlbar wervolle Fracht auf ihren Lastwagen zu laden. An jenem Abend, nachdem er die Arbeiten überwacht hatte, starb Dr. Mehrez. Er war zweiundfünfzig Jahre alt. Als Todesursache gab man einen Kreislaufkollaps an.
Unbeirrt setzten die Veranstalter der Ausstellung die Vorbereitungen fort. Ein Flugzeug des Tansportkommandos der britischen Luftwaffe wurde für den Auftrag angemietet, die Altertümer nach England zu befördern. Innerhalb der nächsten fünf Jahre nach dem Flug wurden sechs Mitglieder der Flugzeugbesatzung vom Tod oder von einem anderen Schicksalsschlag heimgesucht.
Der Flugoffizier Rick Laurie, Chefpilot an Bord der britischen Maschine, und Flugingenieur Ken Parkinson waren zwei kerngesunde Männer. Doch beide sollten bald sterben. Parkinsons Frau sagte, daß ihr Mann seit dem Flug jedes Jahr eine Herzattacke erlitt, jedesmal zur selben Zeit des Jahres. Die letzte von 1978 tötete ihn im Alter von nur achtundvierzig Jahren. Chefpilot Lau-

Die Totenmaske des Tutenchamun.

rie war zwei Jahre vor ihm gestorben, ebenfalls an einer Herzattacke. Damals sagte seine Frau: »Das ist der Fluch des Tutenchamun – der Fluch hat ihn getötet.« Laurie war erst vierzig Jahre alt. Auf dem Flug hatte der Chefmechaniker Ian Lansdowne zum Spaß gegen die Kiste getreten, die Tutenchamuns Totenmaske enthielt, und gesagt: »Gerade habe ich gegen das teuerste Ding der Welt getreten.« Das Bein mußte später wegen eines komplizierten Bruchs fünf Monate lang in Gips gelegt werden, nachdem auf unerklärliche Weise eine Leiter unter Lansdowne zusammengestürzt war. Der Navigator der Maschine, Flugoffizier Jim Webb, verlor seinen gesamten Besitz, als sein Haus von einem Feuer zerstört wurde. Ein Mädchen an Bord der Maschine mußte die Königliche Luftwaffe nach einer schweren Operation verlassen. Ein Steward, Sergeant Brian Rounsfall, hat dann später folgendes enthüllt: »Auf dem Rückflug spielten wir auf der Kiste mit dem Sarg Karten. Dann mußten wir uns der Reihe nach auf die Kiste mit der Totenmaske setzen, und wir lachten und machten unsere Scherze darüber. Wir wollten sie nicht entweihen – es war nur so aus Jux.« Rounsfall war damals fünfunddreißig. In den folgenden vier Jahren erlitt er zwei Herzattacken.

EINE SCHICKSALSSCHWERE FRACHT

Im Jahre 1912 überquerte ein Dampfer den Atlantik mit einer wertvollen Fracht – einer ägyptischen Mumie. Es war der Leichnam einer Prophetin, die zur Zeit der Herrschaft von Tutenchamuns Schwiegervater, Amenhotep IV., lebte. Ein Schmuckstück, das bei der Mumie gefunden wurde, trug den Spruch: »Erwache aus dem Traum, der deinen Schlaf hütet, und du wirst über alles triumphieren, was wider dich ist.«

Wegen ihres Werts war die Mumie nicht im Ladedeck verstaut, sondern in einer Kabine hinter der Brücke, auf der der Kapitän stand. Der Name des Kapitäns war Ernest Smith, Kommodore der White-Star-Flotte. Und es geschah zum Teil aufgrund seiner Fehleinschätzungen, daß der Dampfer, den er kommandierte, einen Eisberg rammte und mit einem Verlust von 1513 Menschenleben sank.

Der Dampfer war die *Titanic*.

Gibt es irgendeine logische Erklärung für die rätselhaften Todes- und Unglücksfälle so vieler Menschen, die mit den Schätzen des Tutenchamun in Verbindung standen? Der Journalist Philip Vandenburg hat die Sage vom Fluch der Pharaonen jahrelang untersucht. Er trat mit zwei bemerkenswerten Erklärungsvorschlägen hervor. In seinem Buch *Der Fluch der Pharaonen* vertritt er die Meinung, die Gräber in den Pyramiden seien perfekte Brutstätten für Bakterien gewesen, die im Laufe der Jahrhunderte vielleicht neue Arten entwickelt und ihre Kräfte bis zum heutigen Tag aufbewahrt hätten.
Ferner hebt er hervor, daß die alten Ägypter Experten in der Verwendung von Gift gewesen seien. Einige Gifte müssen nicht unbedingt geschluckt werden, um ihre tödliche Wirkung auszuüben – sie können dies bereits durch ein Eindringen in die Haut erreichen. Giftige Substanzen wurden etwa bei den Wandfarben der Gräber benutzt, die dann versiegelt und luftdicht abgeschlossen wurden. Aus diesem Grund bohrten in alten Zeiten Grabräuber zuerst ein kleines Loch durch die Wand der Kammer, um Frischluft zirkulieren zu lassen, bevor sie einbrachen.
Die ausgefallenste Erklärung von allen für den Fluch der Pharaonen wurde 1949 vorgetragen. Sie stammte von dem Atomwissenschaftler Professor Louis Bulgarini. Er sagte: »Es ist absolut möglich, daß die alten Ägypter radioaktive Strahlungen ausgenützt haben, um ihre heiligen Stätten zu schützen. Der Boden der Gräber könnte mit Uranium bedeckt gewesen sein. Oder die Gruften sind vielleicht aus radioaktivem Gestein gemauert worden. Gestein, das sowohl Gold wie Uranium enthielt, wurde vor dreitausend Jahren in Ägypten abgebaut. Solche Strahlungen könnten heute einen Menschen töten.«

DIE TECHNIK DER ALTEN

Ist die Geschichte der Menschheit die eines zwar sprunghaften, aber dennoch sicheren Fortschritts von unwissender Barbarei zu gebildeter Aufklärung? Oder entdecken wir heute nur von neuem Wunder, die für unsere Vorfahren Tausende von Jahren vor Christi Geburt bereits Selbstverständlichkeiten waren?
In China fand man eine Gürtelschnalle, die aus hochgradigem

Aluminium gefertigt war, einem Metall, das angeblich 1803 zum ersten Mal entdeckt wurde und erst fünfzig Jahre später zu seiner Form verfeinert werden konnte. Die Schnalle wurde von Wissenschaftlern untersucht und ist vermutlich an die 1700 Jahre alt.
Ägypter und Palästinenser besaßen vor fünftausend Jahren Bauwerkzeuge und Schmuckstücke aus Bronze von einem Härtegrad, der heute nicht wieder erreicht werden kann.
Man hat jahrtausendealte Geräte, Instrumente und Schmuckstükke in Asien, Europa, Nord- und Südamerika gefunden, die von einer Kunstfertigkeit und Genauigkeit ihrer Herstellung zeugen, die heute Präzisionsmaschinen und manchmal extrem hohe Schmelztemperaturen erfordern würden.
Eine alte jüdische Legende berichtet von einem glühenden Edelstein, den Noah in seiner Arche aufhing, um für eine bleibende Lichtquelle zu sorgen, und von einem ähnlichen Gegenstand im Palast des Königs Salomon etwa 1000 v. Chr. Andere Legenden aus dem Nahen Osten berichten von Juwelenleuchtern, die in Gräbern glommen und sich aus nahezu unerschöpflichen Energiequellen speisten. Diese Geschichten legen nahe, daß man sich in all jenen längst vergangenen Jahren bereits Formen nuklearer Energie nutzbar machte.
Zeugnisse von Galvanisation, einem technischen Verfahren, von dem man lange annahm, es sei im 19. Jahrhundert entwickelt worden, fanden sich in Ägypten und im Irak auf Verzierungen, die 4000 Jahre zurückreichen.
Kurz vor dem Zweiten Weltkrieg entdeckte ein deutscher Archäologe, Dr. Wilhelm König, im Irak kleine Tongefäße, die etwa 2000 Jahre alt waren. Jedes enthielt Kupferzylinder und Eisenstäbe und war mit Erdpech versiegelt. Außerdem wiesen alle Spuren von einer Art Säure auf. Dr. König identifizierte sie als Elektrozellen. Als sie später mit einer Säurelösung ausprobiert wurden, brachten sie eine Leistung von 1,5 bis 2 Volt.
Da Archäologen bei ihren Ausgrabungen immer verblüffendere Entdeckungen machen, lohnt es sich schon, darüber nachzudenken, ob unsere begabten Vorfahren nicht manche von ihren eigenen fortgeschrittenen Techniken so weit entwickelt hatten, daß ihnen der Mensch des 20. Jahrhunderts erst heute wieder gleichkommen kann.

DAS GEHEIMNIS VON STONEHENGE

War es vielleicht ein monumentales Observatorium der Steinzeit?

Düster und an geheimnisvoll abgelegenen Orten ragen Europas Megalithen – massive, gewaltige Steinblöcke – in einer riesigen Kette auf. Von Schweden und den Shetlandinseln im Norden bis Spanien und Malta im Süden stehen sie da als Denkmäler der Vorstellungskraft, der Erfindungsgabe und der Fertigkeiten unserer entfernten Vorfahren – Menschen, die man einst als unwissende Barbaren abgetan hat.

Es gibt mindestens 50000 Stätten, wo große Steine Reihen, Kreise, Ovale, Kreuze oder Hufeisen bilden, manchmal in einer verblüffenden Geometrie. Einige Steine stehen heute noch, doch viel mehr sind im Laufe der Zeit umgestürzt. Zahllose andere haben Menschen oder die Natur zerstört.

Keiner hat imposanter sein können als der Grand Menhir Brisé von Lochmariaquer in der Bretagne, der einst einhundertfünfzig Meter hoch aufragte und zwischen dreihundert und vierhundert Tonnen wog. Nun liegt er in vier Teile geborsten da. Und in der Gegend von Carnac ziehen sich gleichförmige Reihen von mehr als dreitausend Steinen bis hin zum Horizont.

Die Besessenheit der früheuropäischen Menschen, diese riesigen Steinsäulen aufzurichten, zog sich über eine Periode von mehr als zweitausend Jahren, die etwa 1500 v. Chr. zu Ende ging. Wer waren die Menschen, die soviel Zeit und Mühe darauf verwandten, die großen Felsbrocken zu schlagen, um sie dann an die ausgewählten Stätten zu schleifen? Und warum taten sie es?

In früheren Zeiten glaubte man, Fabelwesen hätten die Steine aufgerichtet – Riesen, Zauberer, Dämonen oder sogar der Teufel. In jüngerer Vergangenheit brachte ein verbreiteter Mythos die Megalithen in einen Zusammenhang mit den Priestern der Kelten, den Druiden, und ihren heidnischen Riten, obwohl es heute als sicher gilt, daß sie Jahrhunderte vor der Zeit der Druiden aufgestellt worden sind. Eine weitere Theorie schlägt als Erklärung vor, daß Überlebende der untergegangenen Stadt Atlantis diese seltsame und weitverbreitete Bauweise angeregt haben.

Eine andere, vielfach geglaubte Annahme lautet, daß antike Kulturen des östlichen Mittelmeerraums – fortgeschrittene Zivilisationen wie die der Griechen oder Ägypter – sich durch reisende

Kaufleute und Missionare westwärts ausgebreitet hätten. Doch neuere Methoden haben ernsthafte Zweifel an dieser Theorie aufkommen lassen, und man weiß heute, daß Steinmonumente in der Bretagne möglicherweise schon tausend Jahre früher aufgestellt worden sind, als die Ägypter ihre Pyramiden gebaut haben. Um diesen Punkt hervorzuheben, zeigen wissenschaftliche Datierungstechniken, daß die frühesten Megalithen die am äußersten Rand der Atlantikküste sind und daß die Steinmonumente um so jünger werden, je weiter sie ins Landesinnere vorrücken.

Fachleute, die die Lebensweise primitiver Völker von heute untersucht haben, nehmen an, daß die Megalithen einer Reihe von sozialen und religiösen Zwecken gedient haben, als Versammlungsstätten, Marktplätze, Tempel oder als eine Kombination aller drei Möglichkeiten. Gewiß markieren viele Steine Beerdigungsstätten der Steinzeit, und Untersuchungen von Knochen, die erhalten geblieben sind, zeigen, daß die Stätten als Familiengrüfte benutzt wurden. Frühere Stämme mögen diesen Brauch damit angefangen haben, daß sie Steinhügel über ihren Toten anhäuften. Und es fällt nicht schwer, sich vorzustellen, wie verschiedene Gemeinschaften immer größere und höhere Monumente aufrichten wollten, um ihr Ansehen über das ihrer Nachbarn zu stellen. Aber könnte das Geheimnis der Megalithen nicht auch eine tiefergehende Erklärung haben?

Jüngste Überlegungen haben sich auf die verblüffenden Beziehungen konzentriert, die sich zwischen vielen dieser Steine und bestimmten Himmelskörpern feststellen lassen. Einige Wissenschaftler behaupten, daß die Stätten astronomische Observatorien gewesen seien, die man brauchte, um für ein bäuerliches und seefahrendes Volk Informationen von praktischem Wert zu erlangen. Wenn dies der Fall ist, müssen unsere »primitiven« Vorfahren Menschen von beachtlichem Wissen und Verstand gewesen sein.

Im Zentrum der Observatorientheorie steht das mächtige, lastende Rätsel von Stonehenge, das zwar nicht die flächenmäßig größte, wohl aber die bekannteste und beeindruckendste der ungefähr neunhundert über die britischen Inseln verteilten Stätten der Megalithkultur ist. Der gewaltige Steinkreis, der aus dem flachen Land der Salisbury-Ebene aufragt, nimmt einen besonderen Rang unter den prähistorischen Stätten ein, weil er die einzige ist, wo die Quader mit Berechnung zu einem sorgsam geplanten Ganzen geformt und zusammengefügt worden sind.

Die Megalithen von Stonehenge.

In den frühen sechziger Jahren behauptete ein amerikanischer Astronom, Professor Gerald Hawkins, das Rätsel von Stonehenge gelöst zu haben. Er fertigte eine gründliche Studie der zahlreichen Sichtlinien zwischen der Sonne und dem Mond sowie den verschiedenen Punkten des Steinkreises an. Als er seine Informationen in einen Computer fütterte, zeigten die verblüffenden Resultate, daß die Stätte in der Tat ein mächtiges Observatorium war und für äußerst komplexe Berechnungen und Voraussagungen genutzt werden konnte. Stonehenge war im Grunde selbst eine Art riesiger Steinzeitcomputer.

Diese aufregenden Ideen finden allerdings bei Wissenschaftlern und Astronomen durchaus keine allgemeine Anerkennung. Doch es bestehen keinerlei Zweifel an den unglaublichen Leistungen technischen Planens und Denkens, die in das Bauwerk eingegangen sind.

In der Entwicklung der Stätte, die mehr als tausend Jahre umfaßt, lassen sich drei verschiedene Stadien unterscheiden. Doch keiner der drei aufeinanderfolgenden Gruppen von Erbauern ist es vollständig gelungen, ihre Aufgabe zu vollenden – wodurch sie uns noch ein weiteres Rätsel hinterlassen.

Die ersten Erbauer waren Menschen der jüngeren Steinzeit, die an der Stätte etwa um 2700 v. Chr. gearbeitet haben. Sie legten den umgebenden Graben und Erdwall an und stellten den berühmten Heelstone auf, den Stein, der am Johannistag vom Mittelpunkt des Kreises aus eine Linie mit der aufgehenden Sonne bildet. Diese Pioniere von Stonehenge haben auch die Aubrey-Löcher ausgehoben, die nach dem gleichnamigen Schriftsteller des 17. Jahrhunderts benannt wurden, der sie entdeckt hat. Die sechsundfünfzig flachen Gruben, die einen Ring direkt an der Innenseite des Walles bilden, beinhalten eingeäscherte Knochen und wurden anscheinend gleich, nachdem sie gegraben worden waren, gefüllt. Ihr Zweck ist immer noch eine offene Frage, bei der man auf bloße Vermutungen angewiesen ist.

Stonehenge II wurde etwa achthundert Jahre später von dem sogenannten Töpfervolk gebaut, das diesen Namen hat, weil es mit seinen Toten Tontöpfe begrub. Ihre fast unglaubliche Leistung bestand darin, über das Meer und die Wasserwege sechzig bis achtzig riesige Blausteine, ein jeder mit einem Gewicht von mehr als vier Tonnen, von den Prescelly-Bergen in Südwales zu befördern – eine Strecke von dreihundert bis dreihundertfünfzig Kilometern. Mit einem weiteren sagenhaften Bravourstück an Kraft und Geschick hat das Töpfervolk dann die Blausteine aufgestellt, um einen Doppelkreis innerhalb des früheren Runds zu bilden. Noch atemberaubender war die Errichtung von Stonehenge III, wahrscheinlich um 1500 v. Chr., als die riesigen Sandsteine, heutzutage die gewöhnliche Ansicht der Stätte, in ihre jetzige Lage gebracht wurden. Diese gewaltigen Sandsteinblöcke, von denen jeder bis zu fünfzig Tonnen wiegt, wurden über dreißig Kilometer von den Marlborough-Hügeln nach Norden befördert.

All dies fand zu einer Zeit statt, als es noch keine Wagen mit Rädern gab. Alles mußte nach Möglichkeit entweder über Wasser bewegt oder, was noch mühsamer war, auf primitiven Schlitten von vielen Männern gemeinsam über Land gezogen werden.

Die Erbauer von Stonehenge II, deren Werk später von der dritten Gruppe zerstört werden sollte, müssen eine seltene Entschlußkraft besessen haben, allein schon, um den Transport ihrer Blausteine den ganzen Weg von der Südwestspitze von Wales bis zum Herzen von Südengland überhaupt in Betracht zu ziehen. Zuerst

GIBT ES EINE STONEHENGE-»LEBENSKRAFT«?

Sind vielleicht alle Steinkreisstätten Europas durch eine starke, aber unerklärliche Lebenskraft miteinander verbunden? Viele der Kreise sind zweifellos so angelegt, daß sie mit bestimmten Punkten am Horizont und untereinander eine Linie bilden.

Dies hat einige Forscher dazu angeregt, die Theorie von Brachlinien vorzutragen, von Kraftlinien, die eine mächtige und nutzbringende Energie durch das Land leiten – eine Energie, die Menschen gespürt haben, die noch mehr im Einklang mit dem Rhythmus der Natur standen als der moderne Mensch.

Anhänger dieser Theorie glauben, daß die alten Steine ihre »magischen« Eigenschaften nicht vollständig verloren haben, auch wenn das System nicht mehr aktiv ist. Manche Photographien scheinen leichte Ausstrahlungen der Steine zu zeigen, und bei anderen Experimenten haben Leute behauptet, Stromstöße von den Steinen empfangen zu haben.

mußten sie die großen Steine von den Bergen herunter zur Küste schleifen und dann auf Flöße manövrieren, um sie über den heutigen Bristol-Kanal zu verschiffen. Für den Rest der Strecke mußten sie ihre massige Ladung auf Kanus wuchten, die für zwei verschiedene Flußetappen zusammengezurrt wurden, um sie dann wieder auf Schlitten weiterzuziehen.

Obwohl die Sandsteine, die bei Stonehenge II verwendet wurden, nur etwa dreißig Kilometer weit bewegt werden mußten, war dies sogar ein noch gewaltigeres Problem. Um diese 50-Tonnen-Ungeheuer auf Schlitten und Rollen mit Seilen über Land zu ziehen, waren an die tausend Mann gleichzeitig nötig.

Selbst als die letzte Generation der Erbauer von Stonehenge es geschafft hatte, ihr Rohmaterial an die Stätte zu bringen, war ihre Aufgabe noch längst nicht erfüllt. Denn nun mußten sie die kolossalen Blöcke in ihre Form hauen und schlagen, wobei sie Keile aus demselben Gestein benutzten – und Sandstein läßt sich von allen Gesteinsarten in England am schwersten bearbeiten.

Als nächstes galt es, die Säulen in ihre Lage zu bringen, was vermutlich dadurch erreicht wurde, daß man die Steine Stück für Stück mit Holzrampen oder einem Baugerüst aufrichtete, bis man sie in ihre vorbereiteten Löcher kippen konnte. Zum Schluß wurden dann die Quersteine auf die sieben Meter hohen Türme gehievt, wieder durch schrittweises Aufrichten eines Holzgestells.

Wenn wir die ungeheure Kraft bewundern, die bei diesem kolossalen Vorhaben aufgebracht wurde, müssen wir auch über das Können der Handwerker staunen, die präzise Gelenke mit Zapfen und Pfannen formten, um die Sockel zusammenzupassen, und die über soviel geometrische und architektonische Vorstellungskraft verfügten, um in die senkrechten Blöcke hübsche Schlangenlinien zu ritzen, die eine durchgehende Linie bilden und die sie schließlich mit feinem Geschick in einer Hanglage ausbalanciert haben.

Wie haben »primitive« Menschen solche Fähigkeiten erlernen können? Und wie läßt sich erklären, daß Stonehenge mit manchen anderen Stätten in ganz Europa ein Standardmaß teilt – die »megalithische Elle« von 91 Zentimetern? Und woher hatten die Menschen soviel Energie, über so viele Jahre hinweg an ihrem Bau zu arbeiten? Niemand kann mit Gewißheit sagen, wie lange die Erbauer von Stonehenge an ihrem großen Unternehmen gewirkt haben, aber eine Schätzung beläuft sich auf 1,5 Millionen Arbeitstage pro Mann.

Welche unwiderstehliche Macht trieb die Menschen dazu an, praktisch Hunderte von Jahren Berge zu versetzen? Und warum gaben sie plötzlich ihr Vorhaben auf?
Schließlich ein vielleicht noch verwirrenderes Rätsel: Wenn Stonehenge von Menschen mit solchen Fertigkeiten und Kenntnissen geplant und erbaut worden ist – Wegbereitern künftiger Ingenieure, Architekten, Mathematiker und Astronomen –, warum haben sie dann nie etwas anderes geschaffen (zum Beispiel das Rad), um die Entwicklung des Menschen voranzutreiben?

IST DIES DAS ANTLITZ CHRISTI?

Das Bildnis auf dem Turiner Leichentuch hat die christliche Welt verwirrt

Im Jahre 1898 war die Photographie nur ein Hobby für besondere Liebhaber. Secundo Pia, ein italienischer Archäologe, war ein reiner Amateur. Doch die Photographie, die er in der Kapelle des Herzogs von Savoyen in der Turiner Kathedrale aufnehmen konnte, war von tiefgehender Bedeutung für die ganze Christenheit. Denn das Negativ, das Pia entwickelte, schien das Antlitz Christi zu zeigen.
Dem jungen Archäologen wurde es als erstem Menschen erlaubt, die berühmteste Reliquie der Kathedrale zu photographieren, das Turiner Leichentuch, in das Jesus angeblich nach der Kreuzigung eingehüllt worden ist. Von dem Leichentuch hatte es immer geheißen, es zeichne die schwachen Umrisse von Jesu Leib nach – doch dasselbe wurde von vierzig oder mehr Leichentüchern behauptet, die in verschiedenen Kirchen überall in Europa aufbewahrt wurden.
Da die wissenschaftliche Photographie zu jener Zeit noch ein recht unerprobtes Medium war, wurde Pias bemerkenswerte Aufnahme zuerst nicht allgemein als echt anerkannt. Erst 1931 wurde das Leichentuch wieder richtig photographiert, diesmal von einem professionellen Photographen, Giuseppe Enri. Und es war seine erstaunliche Aufnahme, die viele der Skeptiker belehren und ein weltweites Interesse an der Reliquie hervorrufen sollte.
Heutzutage, nach Jahren wissenschaftlicher Forschung, kann das

Heilige Leichentuch von Turin beinahe wie ein Buch »gelesen« werden. Es erzählt eine Geschichte, die nahezu zweitausend Jahre umspannt.
Das Leichentuch ist knapp fünf Meter lang und gut einen Meter breit. Es wurde aus einer Mischung von Baumwolle und Leinen hergestellt und mit seinem regelmäßigen Fischgrätmuster in einem Muster gewebt, das im 1. Jahrhundert nach Christus in Palästina weit verbreitet war. Schweizer Wissenschaftler haben sogar Pollen in dem Stoff analysiert und sie auf dieselbe Periode zurückdatiert. Das cremefarbene Material weist die schwachen Umrisse eines menschlichen Körpers und dunkle, rostfarbene Blutflecken auf. Die Spuren deuten darauf hin, daß der Mann nackt und 1,74 Meter groß war und schulterlanges Haar und einen Bart trug. Es ist außerdem deutlich zu erkennen, daß der Mann gefoltert und gekreuzigt wurde. Die Handflächen waren von Nägeln durchbohrt und die Füße mit einem einzigen Nagel festgeheftet worden. Die Flecken weisen darauf hin, daß der Körper mehr als hundert Peitschenhiebe empfangen hat, von denen viele mit einer Geißel verabreicht wurden – ein Dreschflegel mit schweren Metallkugeln –, und daß die Seite des Mannes von einer Lanze durchbohrt worden ist.
Man wird leicht akzeptieren, daß Blut das Leichentuch befleckt haben mag, doch es ist nicht so einfach zu verstehen, wie sich die Umrisse des Leichnams in das Gewebe eingefärbt haben und wie sie dort über Jahrhunderte hinweg bleiben konnten. Eine verbreitete Erklärung lautet, daß die Wiederauferstehung eine übernatürliche Freisetzung von Energie verursacht habe, durch die das Leinen angesengt worden sei. Wissenschaftlich fundierter ist jedoch die Theorie, daß die Flecken von Hautgasen, wahrscheinlich Ammoniak, oder von Schweiß, vermischt mit rituellen jüdischen Bestattungsgewürzen, herrühren könnten.
Die neueste und verblüffendste Theorie jedoch haben Wissenschaftler der US-Luftwaffe vorgetragen, nämlich daß das Bildnis von einer heftigen, nur eine Mikrosekunde dauernden Strahlenexplosion verursacht worden sei.
Viele Nachforschungen haben sich auch damit beschäftigt, die Reise des Leichentuchs bis zu seinen Ursprüngen zurückzuverfolgen. Der erste Hinweis auf das Leichentuch der Kreuzigung findet sich im Markus-Evangelium, wo behauptet wird, das Kleid, in das Jesus eingehüllt worden war, habe man in seinem leeren Grab

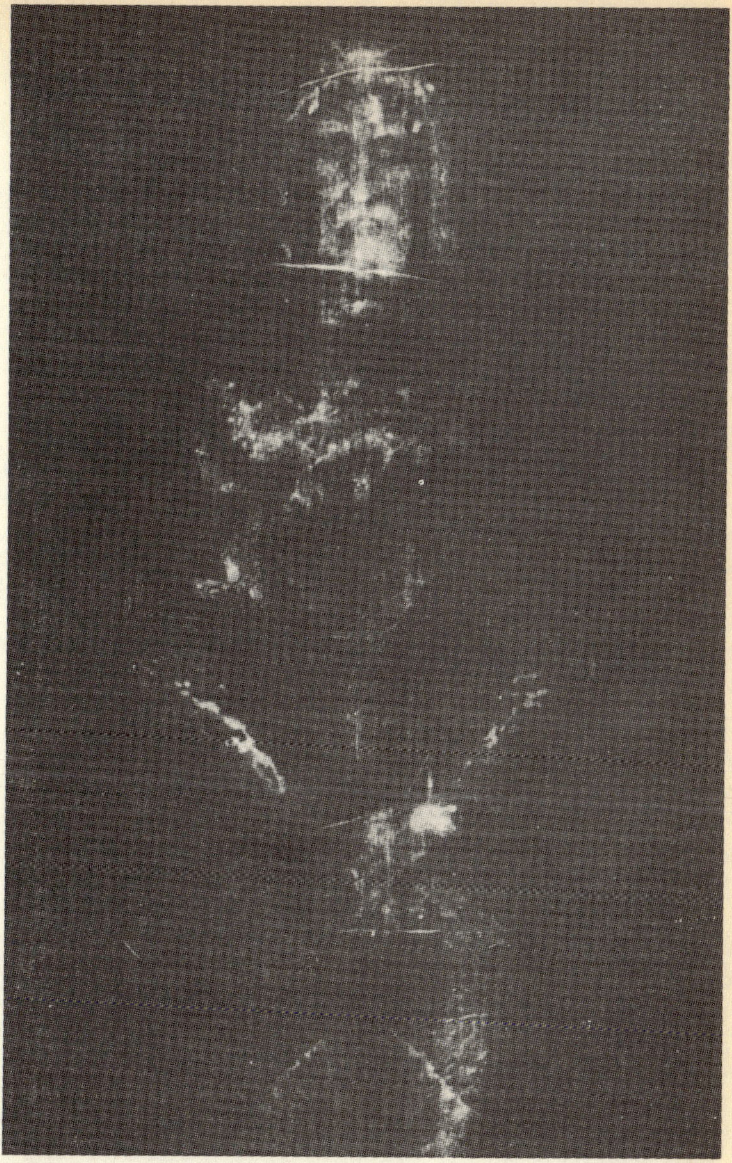

Das Antlitz auf dem Turiner Leichentuch.

entdeckt. Es sollten dreihundert Jahre verstreichen, bis das Leichentuch in Berichten von Pilgern nach Jerusalem wieder erwähnt wird. Das Kleid fand dann seinen Weg von Palästina nach Konstantinopel und von dort nach Frankreich, wo es im 13. Jahrhundert ankam.

Im 15. Jahrhundert wurde es Ludwig I. zur Aufbewahrung gegeben, der eigens eine Kapelle bauen ließ, um es zu beherbergen. Doch 1532 wurde die Kapelle von einem Feuer vernichtet, das den Silberschrein beschädigte, in dem die Reliquie aufbewahrt wurde. Man nimmt an, daß damals das gefaltete Leichentuch die symmetrischen Brandspuren annahm, die es heute zeichnen. Der Stoff wurde von Nonnen sorgfältig gestopft und 1572 schließlich in die Kathedrale von Turin überführt.

Wenn die Geschichte des Leichentuchs so ungewiß ist, warum sind dann so viele Christen davon überzeugt, daß es das einzige wahre Bildnis Christi darstellt? Die Römer haben Tausende von Menschen gekreuzigt. Weshalb soll da ausgerechnet dieses Totenhemd dasjenige Christi sein?

Die Antwort haben Wissenschaftler geliefert. Sie sagen, der Abdruck auf dem Leichentuch weise darauf hin, daß das Haar des Opfers blutverschmiert gewesen sein müsse und man auf geronnenes Blut an Kratzern quer über die Stirn schließen könne. Es liegt auf der Hand, daß solche Übereinstimmungen mit biblischen Berichten von der Dornenkrone provozierend auf das Haupt des »Königs der Juden« zutreffen.

DIE CHEOPSPYRAMIDE VON GIZEH

Ein Bauwerk, vor dessen Verwirklichung selbst Ingenieure von heute zurückschrecken würden

Die Große Pyramide von Gizeh in Ägypten war gedacht als eine dauerhafte und angemessene Gedenkstätte für König Khufu, der besser unter seinem griechischen Namen Cheops bekannt ist – einer der mächtigsten Herrscher, den die alte Welt gekannt hat. Etwa vierzig Pyramiden erheben sich an den Ufern des Nils, doch keine kann sich mit der Cheopspyramide vergleichen. Sie ist 137 Meter hoch und bedeckt eine Fläche von mehr als 60000

Quadratmetern – Raum genug, um darin miteinander Westminster Abbey, St. Paul's Cathedral und die großen Kathedralen von Mailand und Florenz unterzubringen.
Die sauber geschlagenen Steinblöcke, aus denen sie erbaut wurde – 2300000 an der Zahl, ein jeder mit einem Gewicht zwischen zwei und fünfzehn Tonnen –, würden mehr als genug Material liefern, um alle Kathedralen, Kirchen und Kapellen zu bauen, die seit den Anfängen des Christentums in ganz England errichtet worden sind. Napoleons Geometer haben ausgerechnet, daß sie genügend Gestein in sich birgt, um damit eine Mauer von fast drei Metern Höhe und einem Meter Stärke um ganz Frankreich herum zu bauen.
Ihre Grundfläche bildet ein exaktes Quadrat, dessen vier Seiten genau den vier Himmelsrichtungen gegenüberliegen. Die Ecken sind nahezu völlig exakte rechte Winkel.
Selbst heute fällt es einem schwer, sich ihre ehrfurchtgebietende Erscheinung vorzustellen, wenn man nicht in ihrem mächtigen Schatten steht. Doch vor fünftausend Jahren war sie sogar noch imposanter, als sie einen strahlend weißen Kalksteinüberzug – der schon vor langer Zeit als Baumaterial für andere Zwecke geplündert worden ist – und auf der Spitze eine Kuppel aus purem Gold trug.
Doch ist die Cheopspyramide lediglich ein Wunder der Technik oder eines von tieferer, mystischer Bedeutung?
Wie man mehr und mehr in der Erforschung der älteren Geschichte entdeckt, tritt allmählich der unwiderlegbare Beweis zutage, daß die alten Kulturen oft über ein verblüffendes Niveau an wissenschaftlichen Kenntnissen verfügten. Manche scheinen sogar Dinge gewußt zu haben, die uns heute fehlen. Wie brachten es die alten Ägypter, die noch nicht einmal das Rad erfunden hatten, zum Beispiel fertig, allein mit Hilfe von Hebeln und Rollen die Cheopspyramide zu errichten? Wie haben sie die gigantischen Granitblöcke mit so erstaunlicher Präzision bearbeiten können? Wie waren sie imstande, ihr Bronzewerkzeug bis zu einem Grad zu härten, den wir heute nicht wieder erreichen können? Und woher hatten sie das Selbstvertrauen, ein Projekt in Angriff zu nehmen, vor dessen Ausmaß selbst die wagemutigsten Architekten und Ingenieure unserer Zeit zurückschrecken würden?
Die Cheopspyramide steht auf einem Felsplateau etwa fünfzehn Kilometer westlich von Kairo. Man nimmt an, daß die vollkom-

Die Pyramide von Gizeh im Aufriß

men ebene Grundfläche so bereitet worden ist, daß man um das Plateau herum einen Wall aus Schlamm gebaut hat und dann das ganze Gebiet unter Wasser setzte. Als das Wasser allmählich ablief, traten Erhebungen hervor, die alle abgetragen wurden, bis nur noch eine glatte Oberfläche übrigblieb. Zu dieser Grundfläche, die ebener ist als die eines Wolkenkratzers aus dem 20. Jahrhundert, zogen ganze Scharen von Arbeitern Sandsteinblöcke aus nahe gelegenen Gebieten herbei. Die leuchtende Schale von Kalkstein mußte von weiter her, von Gebieten an den weit entfernten Ufern des Nils, herbeigebracht werden. Die Steine wurden auf Schlitten über sanft ansteigende Rampen gezogen. Waren sie erst einmal an ihrem Ort, so wurden sie von Steinmetzen übernommen, die sie zu ihrer vollendeten Form bearbeiteten.

Für den Fall, daß König Khufu sterben sollte, bevor das Werk vollendet war, wurde ein Grab tief in das harte Fundament aus Fels unterhalb der Pyramide gegraben. Später schuf man dann ein weiteres in der Pyramide selbst, doch in geringerer Höhe als die eigentlich geplante Totenkammer. Diese legte man im Herzen der Pyramide an, sechsundvierzig Meter über dem Boden. Man erreichte sie über einen äußerst engen Durchgang, der in eine majestätische, acht Meter hohe Halle mündete. Mächtige »Stöpsel« aus Granit wurden in den Durchgang eingefügt, so daß er für immer blockiert werden konnte, sobald die Priester in der Gruft ihre Zeremonien beendet hatten.

Doch trotz all dieser ausgeklügelten Vorrichtungen hat es den Anschein, daß nie eine Leiche in der Cheopspyramide beigesetzt worden ist.

Ägyptologen, die sich mit den Pyramiden eingehend befaßt ha-

ben, teilen sich im wesentlichen in zwei Lager – diejenigen, die der Meinung sind, daß den Pyramiden eine tiefere, geheimnisvolle Bedeutung zukommt, und diejenigen, die glauben, sie seien lediglich Gräber. Doch wenn die Cheopspyramide lediglich ein Grab ist, warum gibt es dann keine Leiche, und wozu dann die mathematische Genauigkeit, mit der jede Mauer, jede Neigung, jeder Gang und jeder Hohlraum berechnet worden ist?
Wie es die Gräber im Tal der Könige – dort, wo Tutenchamuns Gruft entdeckt wurde – zeigen, wurden normalerweise die Leichen inmitten von Kunst- und Wertgegenständen beigesetzt. Wenn Diebe in das Grab eingebrochen wären, hätten sie alles gestohlen, was von Wert gewesen wäre, doch wohl kaum die Leichen mit sich fortgenommen. Doch als die Cheopspyramide etwa im Jahre 800 zum ersten Mal betreten wurde – durch den jungen Kalifen von Bagdad, Al Mamun –, fand man nichts in ihr vor.
Allem Anschein nach war Al Mamun wahrhaftig kein Plünderer. Er hatte Legenden von der Cheopspyramide gehört, die besagten, daß sie astronomische Tabellen und Karten, unzerbrechliches Glas und reinste Metalle enthielte. Nach einem kühnen und schwierigen Angriff auf das Grab, der seine Männer zwang, Passagen um die riesigen Granitstöpsel herum zu graben, erreichte er schließlich die Königskammer. Doch alles, was sie enthielt, war ein offener und leerer Sarkophag, oder vielmehr ein schlichter Steinsarg.
Nachdem der Kalif die unberührten Granitstopfen gesehen hatte, schien es ihm unmöglich, daß jemand vor ihm dort gewesen sein könnte. Er suchte nach Anzeichen, die auf einen gewaltsamen Einbruch oder eine Plünderung hindeuteten – doch vergebens. Schließlich ging er enttäuscht davon – verwirrt darüber, weshalb dieses gewaltige Monument errichtet worden war.
Die Cheopspyramide blieb möglicherweise nun Jahrhunderte lang ungestört, bis britische und französische Wissenschaftler und Mathematiker im 17. und 18. Jahrhundert anfingen, sich für sie zu interessieren. Im Jahre 1638 erforschte der Gelehrte John Greaves aus Oxford die Königskammer und bewunderte ihre Genauigkeit, die »bis zum letzten Millimeter« reiche. Seine Untersuchungen erregten die Aufmerksamkeit seiner Fachkollegen, einschließlich Sir Isaac Newtons, und sie mühten sich – allerdings ohne Erfolg –, die Geheimnisse der Cheopspyramide zu lüften.

DIE »MACHT« DER PYRAMIDEN

Man hat lange behauptet, die Pyramiden würden rätselhafte Kräfte in sich bergen, die man nicht erklären könne. Es hat Testversuche gegeben, die beweisen sollten, daß ihr Grundriß magnetisch auf kosmische Strahlen wirke oder sie selber elektrostatische Kraftwerke seien. Es hat auch viele Geschichten von Besuchern der Pyramide gegeben, die plötzlich imstande waren, ihre eigene Zukunft vorauszusehen. Manchmal erlitten Touristen einen Schock oder eine Ohnmacht.

Am 12. August 1799 besichtigte Napoleon die Königskammer der Cheopspyramide. Nach einer gewissen Zeit bat er seinen Führer, ihn allein zu lassen. Als er schließlich herauskam, war Napoleon, der Eroberer von ganz Europa, kreidebleich und zitterte. Als man ihn fragte, was geschehen sei, sagte er unwirsch: »Ich will nicht, daß man diese Angelegenheit je wieder erwähnt.« Später in seinem Leben deutete er an, daß er in der Cheopspyramide seine Zukunft vorausgesehen habe. Kurz vor seinem Tod auf St. Helena schien er sein Geheimnis gegenüber einem Gehilfen lüften zu wollen. Doch dann sagte er: »Nein. Zu welchem Zweck? Sie würden mir ja doch nicht glauben.«

Aber die außergewöhnlichsten Beispiele der Macht der Pyramiden haben gewöhnliche Menschen erlebt, Menschen ohne wissenschaftliche Ausbildung, die nie in Ägypten gewesen waren. Dies sind die Leute, die bemerkenswerte Erfolge melden, nachdem sie Modelle aus Pappe, Metall oder Plastik benutzt hatten, die im genauen Maßstab der Pyramide gebaut waren. Diese Modelle halten angeblich über lange Zeit hinweg Rasierklingen scharf und Nahrungsmittel frisch, sorgen für Gefühle von Ruhe und Zufriedenheit und helfen einem sogar, die Zukunft zu gestalten.

In den fünfziger Jahren des 19. Jahrhunderts besuchte ein Franzose namens Bovis die Cheopspyramide. Im Innern fand er zwischen den üblichen Abfällen, die Touristen hinterlassen hatten, den Körper einer toten Katze – einen bemerkenswert gut erhaltenen, mumifizierten Körper. Als er nach Hause zurückkehrte, experimentierte Bovis mit maßstabgetreu angefertigten Modellen der Pyramide und fand heraus, daß sie halfen, Nahrungsmittel für lange Zeit frisch zu halten.

Gut hundert Jahre später las der tschechische Ingenieur Karel Drbal von Bovis' Experimenten. Damals waren jenseits des Eisernen Vorhangs gerade Rasierklingen knapp, und Drbal fragte sich, ob die Macht der Pyramide sich auch auf Metall erstrecke. Er baute ein Modell der Pyramide und fand heraus, daß die Rasierklingen, die er hineinlegte, nicht stumpf wurden. Als er 1959 zum Prager Patentamt ging, schenkte man ihm keinen Glauben. Doch nachdem der dortige Chefwissenschaftler die Idee getestet hatte, wurde Drbal das Patent Nr. 91304 zuerkannt.

Weshalb diese Technik funktionieren soll, kann kein Mensch sagen. Den einzigen Anhaltspunkt bildet die alte Geschichte aus dem Ersten Weltkrieg, die besagt, daß Rasierklingen, die man draußen im Mondschein liegenläßt, stumpf werden. Die Kante einer Rasierklinge setzt sich aus winzigsten Kristallinen zusammen. Wenn die Energie, die die Mondstrahlen hervorbringen, Rasierklingen stumpf machen kann, kann dann vielleicht auch die Energie, die angeblich die Pyramide hervorbringt, dazu beitragen, sie scharf zu halten?

Es gilt gewisse Regeln zu beachten, damit die Pyramide funktioniert. Sie muß so angefertigt werden, daß Grund- und Seitenkanten im Verhältnis 15,7 zu 14,94 zueinander stehen und ihre vier Seiten nach den vier Himmelsrichtungen ausgerichtet sind. Die Rasierklinge muß 3,33 Einheiten hoch stehen, und die scharfen Kanten müssen nach Osten und Westen zeigen.

Niemand kann die geheimnisvolle Macht der Pyramide erklären, doch es gibt Tausende von Menschen auf der ganzen Welt, die schwören, daß sie wirksam ist.

In den dreißiger Jahren des 19. Jahrhunderts leitete der englische Abenteurer Colonel Richard Howard-Vyse eine Forschungsexpedition, die auf zwei neun Zoll starke Röhrenleitungen stieß, die von der Nord- und Südseite in die Königskammer führten. Nachdem der Durchgang freigelegt war, fand man heraus, daß die Temperatur im Innern der Kammer, gleichgültig, welches Klima gerade draußen herrschte, konstant siebenunddreißig Grad betrug – ideal zur Lagerung der wissenschaftlichen Gewichte und Maße, die immer wieder in den legendären Erzählungen von dem Grab auftauchten.
Ein anderer Engländer, John Taylor, der Sohn des Verlegers und Herausgebers der englischen Tageszeitung *The Observer*, machte dreißig Jahre später weitere Entdeckungen, ohne auch nur sein Studierzimmer zu verlassen. Er nahm eine gründliche Untersuchung all dessen vor, was man damals über die Cheopspyramide bereits wußte, und kam in seinem Buch *Die Cheopspyramide – warum wurde sie gebaut und wer hat sie gebaut?* zu dem Schluß, daß die Ägypter »wußten, daß die Erde eine Kugel war, durch die Beobachtung, wie die Himmelskörper sich am Horizont bewegten, den Umfang des Erdballs ermittelt hatten und den Wunsch hegten, ein Zeugnis dieses Umfangs auf so exakte und unvergängliche Weise zu hinterlassen, wie es ihnen damals überhaupt nur möglich war«.
Seine Untersuchungen ergaben, daß die Höhe der Pyramide zu ihrem Perimeter im selben Verhältnis steht wie der Radius eines Kreises zu seinem Umfang. Dies legte die Vermutung nahe, daß die Ägypter die Zahl Pi (π) bereits kannten, jene konstante mathematische Größe, von der man geglaubt hatte, daß sie erst dreitausendfünfhundert Jahre später entdeckt worden sei. Seine Ergebnisse wurden von dem glänzenden Mathematiker Charles Piazzi Smyth bestätigt, dem späteren Königlichen Astronom von Schottland.
Rasch folgten weitere Theorien, und zwar in großer Zahl. Manche waren sehr geistreich, andere exzentrisch, manche religiös und tief mystisch, andere praktisch und wissenschaftlich orientiert. Eine der vorgetragenen Ideen lautete, die Cheopspyramide sei als eine gigantische Uhr gebaut worden. 1853 leitete der französische Physiker Jean Baptiste Biot her, daß der weite, ebene Boden, der die Nord- mit der Südseite verband, ein abgestufter Schattenspiegel sei. Im Winter würde die Pyramide das Licht auf die nördliche

Ochsen beim Weizendreschen am Fuße der Cheopspyramide.

Seite des Bodens werfen, und im Sommer würde die polierte Kalksteinoberfläche das Sonnenlicht auf die südliche Seite reflektieren. Auf diese Weise könne man stets sowohl die Tageszeit als auch den Tag im Jahr ablesen. David Davidson, ein britischer

Bauingenieur aus Leeds, nahm gemeinsam mit einem Landsmann aus Yorkshire, Moses B. Cotsworth, Biots Idee auf und behauptete, sie sei korrekt und die Ägypter hätten die Länge des Jahres bis hin zur dritten Dezimalstelle exakt bestimmen können.
Eine andere Idee lautete, daß die Cheopspyramide im Grunde ein gewaltiges Observatorium sei. Ein britischer Astronom aus dem 19. Jahrhundert, Richard Proctor, hob hervor, daß der Gang, der als der Absteigende Weg bekannt ist, genau eine Linie mit dem Polarstern bildet. Der Polarstern in jener Zeit war, aufgrund der leichten Achsenverschiebung der Erde im Laufe der Jahrhunderte, Alpha Draconicus. Doch da die Cheopspyramide sich mit der Erde fortbewegt hat, bildet der Absteigende Weg heute eine Linie mit dem Polaris, dem gegenwärtigen Polarstern. Proctor strich heraus, daß die verschiedenen Nuten und Rasten, die man in der Haupthalle der Cheopspyramide gefunden hatte, gut zur Absicherung beweglicher Bänke und Plattformen für Beobachter gedient haben können, die mit ihren Instrumenten durch die Eingangsöffnung der Haupthalle die Bahn der Sterne verfolgten.
Mitglieder des Instituts für Pyramidologie in London glauben, daß die Cheopspyramide exakte Prophezeiungen über die Zukunft der Menschheit liefern kann. Sie behaupten, mittels eines komplizierten Systems von Messungen und Berechnungen zeigen zu können, daß die Cheopspyramide den Auszug der Juden aus Ägypten vorausgesagt habe, die Kreuzigung Jesu Christi, den Ausbruch des Ersten Weltkriegs – der, wie sie sagen, den Anfang des Zusammenbruchs des Alten Reiches bedeute, den sowohl Daniel als auch Jesus vorausgesagt haben – und schließlich den Anfang des Tausendjährigen Reiches Christi im Herbst des Jahres 1979. Dann, so sagt die Gruppe, setzt Jesu tausendjährige Herrschaft ein, die mit dem Harmageddon und dem Tag des Jüngsten Gerichts im Jahre 2979 enden wird.
Der Schriftsteller Peter Tompkins, der gründliche Studien über die Geheimnisse von Gizeh anstellte, schrieb 1971 ein Buch, in dem er versucht hat, das Geheimnis der Cheopspyramide zu lösen. Tompkins behauptet darin, die ägyptischen Priester hätten Khufu versprochen, ihm ein imposantes Grab zu bauen. Doch sobald der König das Gebäude bewilligt und finanziert hatte, machten sie sich daran, nicht ein Grab, sondern ein Denkmal ihres wissenschaftlichen Kenntnisstands zu bauen. Und als er starb, habe man den getäuschten König dort auch nicht beigesetzt.

Gemeinsam mit Dr. Livio Strecchini, Professor für Ältere Geschichte am William Peterson College in New Jersey, hat Tompkins die wissenschaftlichen Leistungen der Erbauer der Pyramide untersucht und ist zu folgenden Schlußfolgerungen gelangt:

- Die Cheopspyramide steht an einem wohlüberlegten Ort, von dem aus die Geographie der gesamten alten Welt erarbeitet wurde.
- Sie diente als Observatorium, in dem Sternkarten und -tabellen von erstaunlicher Exaktheit aufgezeichnet worden sind.
- Ihre Seiten und Winkel bildeten die Grundlage der gesamten antiken Kartographie.
- Ihre Bauweise verkörpert die Maßzahl Pi.
- Sie stellt vielleicht eine angewandte Übersicht über das antike System der Gewichte und Maße dar.
- Die Erbauer wußten den genauen Erdumfang sowie die Länge eines Jahres, einschließlich seines »Überhangs« von 0,2225 Tagen. Vielleicht haben sie auch die Länge der Erdumlaufbahn um die Sonne gekannt, das spezifische Gewicht der Erde, den 26000-Jahre-Zyklus der Tagundnachtgleiche, die Beschleunigung des freien Falls und die Lichtgeschwindigkeit.

Können die alten Ägypter, dreitausend Jahre vor Christi Geburt, all dies gewußt haben? Und wenn, wie haben sie dann ihre Kenntnisse erworben, und warum waren sie Jahrhunderte lang vergessen?

Für jedermann, der die Cheopspyramide sieht, ist es offensichtlich, daß eine fortgeschrittene Kultur für ihre Erbauung verantwortlich gewesen sein muß. Verfügte diese Kultur außerdem noch über Mächte, über die wir heute nur noch staunen können?

FING DAS LEBEN MIT EINEM »SCHMUTZIGEN SCHNEEBALL« AN?

Wie nahm das Leben auf Erden seinen Anfang? Woraus sind die Myriaden von Lebensformen entsprungen, von denen der Mensch die komplizierteste darstellt? Seit Charles Darwin seine Evolutionstheorie über die Abstammung des Menschen veröffentlicht hat, sind Wissenschaftler immer tiefer in die Vorgeschichte eingedrungen und haben versucht, den Ursprung des Lebens selber zu entdecken.

Der üblichen Betrachtungsweise zufolge hat das Leben vor ungefähr drei- bis viertausend Millionen Jahren in der sogenannten »Ursuppe« seinen Anfang genommen, wobei Blitze aus der früher turbulenten Erdatmosphäre für die richtige Mischung von Chemikalien sorgten, um primitive Zellen hervorzubringen – die ersten Formen von Leben.

Doch in jüngerer Zeit wurde eine andere Antwort zur Lösung des Geheimnisses vorgeschlagen. Der Mann, der hinter dieser Theorie steckt, heißt Sir Fred Hoyle und ist ein Erzskeptiker, wenn es um anerkannte wissenschaftliche Dogmen geht. Hoyle, der zwanzig Jahre lang Professor für Astronomie an der Universität Cambridge gewesen ist, nimmt an, daß das Leben auf Erden mit einem »schmutzigen Schneeball« anfing. Unsere Urahnen, so sagt er, wurden in Staubwolken geboren, die durch unsere Galaxis schwebten. Hoyle zufolge enthielten diese Wolken Viren und Bakterien. Manche von ihnen wurden von einem Kometen aufgefangen, der später in die Erdatmosphäre eintrat – und so den toten Planeten mit lebenspendenden Zellen »befruchtete«. Der Schweif eines Kometen besteht aus Staub und Gas, doch sein kleiner Kopf enthält auch Eispartikel – lebenspendendes Wasser für die Ernährung der Bakterien, die er befördert.

Als Hoyle seine Theorie in den vierziger Jahren erstmals vorstellte, wurde sie verächtlich abgetan. Doch seitdem haben Astronomen merkwürdige Entdeckungen in den Staubwolken gemacht, die zwischen den Sternen umhertreiben. Diese Wolken enthalten für die Entwicklung des Lebens entscheidende Chemikalien – denaturierten Spiritus, Ameisensäure, Formaldehyd und sogar etwas, das einem ordentlichen Gin sehr nahekommt. Und kürzlich erhielt Hoyles Theorie noch weitere Nahrung. Man hat herausgefunden, daß die Gaswolke, die unter dem Namen Orionnebel bekannt ist, Zellulose enthält – eine Substanz, die, wie Hoyle behauptet, die Hälfte aller lebenden Moleküle ausmacht.

Falls die Theorie des Professors zutrifft, kann sie vielleicht einen angeblichen Aberglauben aus dem Mittelalter erklären. In jenen Zeiten wurde ein Komet am Himmel als ein Vorbote von Verwüstung und Tod betrachtet. Könnte das wahr sein? Werden Bakterien durch Kometen übertragen, die in die Erdatmosphäre eintreten? Könnte es sein, daß die »Große Plage« einfach nur von einem »schmutzigen Schneeball« herrührte?

6.

Geheimnisse um Geister und Phantome

Ungeheuer, Gespenster, Poltergeister... Viele wohlgebildete Zeugen behaupten, Erscheinungen aus der Welt jenseits des Grabes begegnet zu sein. Und kann jeder von ihnen sich immer nur etwas eingebildet haben?
Wer oder was verursachte die unheimlichen Geschehnisse des Pfarrhauses von Borley? Ist es der Geist eines brutal ermordeten Schauspielers aus der viktorianischen Zeit, der bis zum heutigen Tag Covent Garden heimsucht? War es ein Gespenst, das »Kojak« im Auto mitnehmen wollte? Und was verursachte die wiederholten Störungen in einem versiegelten Grab auf Barbados?

GESICHTER AUF DEM FUSSBODEN

Mikrophone nahmen seltsame Stimmen und Todesseufzer auf

Eine alte Spanierin paßte gerade in der Küche ihres kleinen Dorfhauses auf ihren Enkel auf, als das Kind plötzlich aufschrie. Die Großmutter wandte sich herum – und bekam den Schreck ihres Lebens. Denn das, wovor das Kind sich geängstigt hatte, war ein trauriges, gequältes Gesicht, das sie von den blaßrosa Steinplatten des Küchenbodens her anstarrte.

Als die Frau sich wieder gefaßt hatte, versuchte sie, das Gesicht fortzuwischen. Aber die Augen öffneten sich nur noch weiter, und das Gesicht nahm darüber hinaus noch einen schmerzverzerrten Ausdruck an.

Nach diesem Vorfall im August 1971 schickte die alte Frau nach dem Besitzer des Hauses, das sich in Belmez, in der Nähe von Cordoba, befand. Er ließ den Steinboden herausbrechen und ersetzte ihn durch Beton. Doch drei Wochen später erschien wieder ein Gesicht, dessen Züge noch deutlicher hervortraten. Man rief die örtlichen Behörden herbei. Sie gruben den entsprechenden Abschnitt des Bodens aus und entdeckten unter der Erde die Überreste einer mittelalterlichen Grabstätte.

Nun begannen überall auf dem Küchenboden Gesichter zu erscheinen – erst eins, dann noch eins, dann eine ganze Schar. Als man die Küche verschloß und versiegelte, erschienen an einer anderen Stelle des Hauses vier weitere Gesichter, und hochempfindliche Mikrophone, die die Ermittlungsbeamten einsetzten, nahmen Geräusche auf, die das menschliche Ohr nicht mehr wahrnehmen kann – Todesseufzer und Stimmen in einer seltsamen Sprache. Dann verschwanden sowohl die Gesichter als auch die Laute auf genauso geheimnisvolle Weise, wie sie sich eingestellt hatten, ohne irgendeinen Anhaltspunkt zu hinterlassen, woher sie stammten und warum sie aufgetreten waren.

Das Unbekannte war wieder einmal in die Welt des Bekannten eingebrochen – und bewies, daß es sogar in einem Zeitalter ausgeklügelter Technologie und wissenschaftlicher Forschung immer noch Geisterrätsel gibt, die einer Erklärung trotzen.

Noch nie wurden Geistererscheinungen so gründlichen Untersuchungen unterworfen wie in den letzten vierzig Jahren. Manche erwiesen sich als Falschmeldungen oder schlichte Irrtümer. Ande-

re hinterließen Zweifel. Doch es bleiben einige Phänomene, die von den Sachverständigen nicht wegdiskutiert werden können.
Seit der Steinzeit haben die Menschen an Geister geglaubt. Die Angst, die Toten könnten zurückkehren, um die Lebenden zu belästigen, hat zu Ritualen geführt, die gewährleisten sollen, daß die Seelen der Verschiedenen in Frieden ruhen. Die alten Babylonier, Ägypter und Assyrer haben alle den Gräbern Kultgegenstände beigefügt, um die Geister zu besänftigen. Auch die Griechen und Römer haben geglaubt, daß die Seelen der Toten, die keinen Frieden finden, auf Erden umherziehen, um die Bösen heimzusuchen und die Guten zu erschrecken – besonders, wenn der Leichnam nicht richtig beigesetzt oder verbrannt worden ist.
Plinius, römischer Konsul in Sura, hat die Geschichte von einem seit langer Zeit heimgesuchten Haus in Athen überliefert. Schließlich zog der Philosoph Athenodorous in das Haus, um selber Wache zu halten. Als ein Gespenst, das Ketten nach sich schleppte, erschien, folgte er ihm, bis es im Hof verschwand. Er markierte die Stelle, und als man sie am nächsten Tag aushob, fand man das Skelett eines Mannes in Ketten. Nach einer öffentlichen Verbrennung der Gebeine ist der Geist nie wieder aufgetaucht.
Im alten Indien legten die Menschen Speisen und andere Gaben in Schreine, um die »Bauta« günstig zu stimmen, Plappergeister mit kleinen roten Körpern und Löwenzähnen, von denen man glaubte, sie streiften nach Einbruch der Dunkelheit durch das Land. Die Chinesen legten Kuchen aus, um ihre Erscheinungen zu besänftigen, die, von einem grünen Schein umgeben, auftauchten, zuerst der Kopf, dann die Füße, zum Schluß der Leib. In der japanischen Volkssage gibt es zerzauste Frauen in weißen Gewändern, Samurai-Krieger, fast immer ohne Beine, tragen noch die Narben ihrer früheren Verwundungen, und Füchse verwandeln sich in wunderschöne Frauen, die jedermann behexen, der sie sieht. Die Indianer Nordamerikas führten Geistertänze auf, um die Seelen der Toten abzuwehren, die angeblich wie Grillen zirpten.
Selbst Jesus sprach von einer Geistersphäre des Lebens auf Erden. Als ihn nach der Wiederauferstehung seine Jünger für einen Geist hielten, sagte Jesus nach Lukas: »Fühlet mich an und sehet; denn ein Geist hat nicht Fleisch und Bein, wie ihr sehet, daß ich habe.«
Was aber ist ein Geist? Schon so lange, wie die Menschen an ihre Existenz glauben, haben sie versucht, eine Antwort auf diese Frage zu finden. Französische und deutsche Okkultisten haben

einmal angenommen, daß Geister sich aus Salzen des Körpers bilden, wenn er nach der Beisetzung gärt und verwest. Manche Medien schlagen zur Erklärung vor, daß wir auch nach dem Tode noch erdgebunden bleiben, bis ein Führer uns einen eigenen Platz im »Jenseits« zuweist. Wie lange wir erdgebunden bleiben, hängt von unserem Verhalten vor dem Tode ab.

Eine andere Erklärung, die vorgetragen wurde, lautet, daß wir alle schon frühere Leben gelebt hätten und daß die Geister, die wir etwa sähen, Wiedergeburten von Menschen sind, deren wir uns aus unserer früheren Existenz noch dunkel erinnern, wie sie im Kostüm ihrer Zeit gekleidet sind. Wiederum andere haben hervorgehoben, daß Geister im allgemeinen entweder nach Einbruch der Dunkelheit erscheinen, wenn der Verstand am wenigsten bereit ist zu arbeiten und für Wunschbilder und verschwommene Eindrücke am empfänglichsten ist, oder zum Zeitpunkt einer extremen Krise oder Erschöpfung, wenn Halluzinationen wahrscheinlich sind.

Andere Vorschläge lauten, daß die Zeit, wie wir sie kennen, vielleicht nicht die einzige Form von Zeit ist, daß es mehrere verschiedene Zeitebenen gibt, die zugleich bestehen. Wenn dem so wäre, könnte es dann sein, daß Geister nur in einer anderen Geschwindigkeit oder in einer anderen Weise durch die Zeit reisen, wenn wir sie vage wahrnehmen? Der Geisterchronist Anthony Hippisley Coxe vergleicht die Zeit mit einer Schallplatte. Wir erfahren das Ergebnis, das eine Abtastnadel hervorbringt. Doch was wäre, wenn wir mehr als eine Nadel auf der Schallplatte hätten?

Heutzutage stimmen viele Fachleute mit der Theorie von Maurice Barbanell überein, dem Herausgeber der Zeitschrift *Psychic News*, der annimmt, daß Geister »zeitlose Abdrücke sind, die von Menschen hinterlassen werden, die in Sorgen, Schwierigkeiten und Angst oder durch Gewalteinwirkung starben, unter einer so heftigen Gemütserregung, daß sie einen Raum sättigen kann«. Der Abdruck ist da wie ein empfindlicher Film. Aber er bedarf noch aufnahmebereiter Menschen in einem besonderen Augenblick und unter den richtigen Umständen, um das Bild zu entwikkeln.

Im Laufe der Jahre wurde mit Menschen, die an Geister glauben, viel Schabernack getrieben. Manchmal geschieht dies aus reiner Boshaftigkeit, wie im Fall der Jungen aus dem 18. Jahrhundert, die Kerzen an den Panzern von Schildkröten anbrachten, um sie dann

in Höfen auszusetzen. Manchmal werden Geistergeschichten von Leuten erfunden, die die Aufmerksamkeit von ihrem eigenen Tun ablenken wollen, wie etwa Schmugglern, die Spukgeschichten verbreiten, um ehrbare Leute von ihrem Weg fernzuhalten. Und manchmal werden die Geister beschworen, um Trickbetrügern zu helfen, Geld zu ergaunern – Betrügern wie unechten Medien und Bilderfälschern, die um die Jahrhundertwende versuchten, leichtgläubigen Spiritisten das Geld aus der Tasche zu ziehen.
Viele Geister konnten entlarvt werden, doch es bleibt die Tatsache bestehen, daß die höchst achtbare Gesellschaft für Psychische Forschung, gegründet 1882, allein für Großbritannien immer noch über eine Liste von siebenhundert gut dokumentierten Geschehnissen verfügt, für die weder eine rationale noch eine logische Erklärung gefunden werden konnte ...

DIE GEISTER-»METROPOLE« DER WELT

In Großbritannien hat jede Stadt, jedes Dorf und jeder Flecken seinen eigenen Geist

Jedes Land der Erde hat seine Geister und schaurigen Stätten. Doch nirgendwo sonst gibt es ein so großes Volk von Geistern wie in Großbritannien. Es hat den Anschein, daß in diesem Land, das so sehr von Geschichte und Geheimnissen durchtränkt ist, jede Stadt, jedes Dorf, jeder Flecken und jedes historische Gebäude seinen eigenen Geist hat.
Kürzliche Erhebungen haben erwiesen, daß in Großbritannien jeder siebte behauptet, schon einmal einen Geist gesehen zu haben. Und man befindet sich in erlesener Gesellschaft. Im Laufe der Jahre haben sich Könige, hartnäckige Wissenschaftler und Gelehrte, skeptische Schriftsteller wie Sir Arthur Conan Doyle und Captain Marryat, Bischöfe und führende Kirchenmänner wie John Wesley alle von der Beweiskraft dessen überzeugen lassen, was sie gesehen haben.
Geister wurden an allen möglichen Orten gesehen, in Palästen und Schlössern ebenso wie in der bescheidensten Bauernkate. Arbeiter, die 1960 vor dem Sitz der englischen Regierung, Downing Street 10, tätig waren, behaupteten, im Garten eine dunstige Ge-

stalt gesehen zu haben. Dies könnte der Geist des Herzogs von Wales, dem späteren König Georg IV., gewesen sein, der angeblich zu nationalen Krisenzeiten das Gebäude heimsucht.

Der Tower von London, der im Laufe der Jahrhunderte Zeuge so mancher blutigen Tat gewesen ist, beherbergt eine ganze Horde von Geistern. Der häufigste »Gast« ist Anna Boleyn, die zweite Gemahlin Heinrichs VIII., die im Tower eingekerkert war und dort im Mai 1536 hingerichtet wurde. Im 19. Jahrhundert wurde ein Wächter von einem seltsamen Licht von St. Peter ad Vincular angelockt, der Kapelle, wo Anna begraben liegt. Er kletterte auf eine Leiter, um durch ein Fenster zu spähen – und sah eine Prozession in elisabethanischen Gewändern durch das Mittelschiff ziehen, angeführt von einer Frau, die wie Anna aussah. Dann verschwand die gespenstische Menschenmenge plötzlich und ließ die Kapelle wieder im Dunkel zurück.

Im Jahre 1864 wurde ein Wachposten des Towers vor ein Militärgericht gestellt, weil man ihn auf der Wache schlafend vorgefunden hatte. Er behauptete, eine seltsame weiße Gestalt habe nicht auf seinen Anruf reagiert. Sie trug eine merkwürdige Haube, unter der jedoch kein Kopf zu sehen war. Als er sein Bajonett in die Gestalt stieß, flammte ein feuriger Blitz seinen Gewehrlauf entlang. Er fiel in Ohnmacht. Andere Soldaten und ein Offizier bezeugten, gesehen zu haben, wie die Frau ohne Kopf geradewegs durch das Bajonett und den Wachposten gegangen sei. Das Gericht befand den Mann für nicht schuldig.

Annas Geist soll angeblich immer am Jahrestag ihres Todes, dem 19. Mai, ohne Kopf in einer Phantomkutsche Blickling Hall in Norfolk, die Stätte ihrer Kindheit, aufsuchen. Es wurde auch behauptet, sie sei am Vorabend einer Hinrichtung im Tower erschienen. Im Februar 1915, um zwei Uhr in der Frühe, sahen der Sergeant William Nicholls und seine Wachabteilung eine braun gekleidete Frau mit einer Krause um den Hals. Sie ging rasch in Richtung Themse und verschwand in einer drei Meter dicken Steinmauer. Nur fünf Stunden später wurde ein Spion im Graben des Tower erschossen, einer von elf, die im Verlauf des Ersten Weltkrieges hingerichtet wurden. Anna wurde zum letzten Mal 1933 gesehen, als ein Wachposten voller Schrecken die Flucht ergriff, nachdem er die kopflose Erscheinung erst angerufen und dann mit dem Bajonett attackiert hatte.
Doch die unglückliche Anna ist nicht der einzige geheimnisvolle Besucher im Tower von London. Zwei kleine Kinder wurden gesehen, wie sie Hand in Hand durch den Bloody Tower gingen. Man sagt, es seien Edward und Richard gewesen, die beiden Prinzen, die angeblich ihr Onkel in dem Turm umgebracht hat, damit er als Richard III. den Thron besteigen konnte.
Im Jahre 1817 sah Edward Swifte, der Wächter der Kronjuwelen, der zusammen mit seiner Familie im Martin Tower wohnte, eine Erscheinung, die einer Glasröhre, so dick wie ein Männerarm, ähnelte, gefüllt mit einer weißen und blauen Flüssigkeit, und die über seinem Abendtisch schwebte. Wenige Tage später sah ein Wächter etwas, das er für einen Bären hielt, der in der Tür zur Schatzkammer auftauchte. Doch als der Wächter mit seinem Bajonett nach ihm stieß, traf er nur die Türfüllung. Von dem Schock fiel er in Ohnmacht und starb nur wenige Tage später.
Auch von anderen historischen Gebäuden, die mit dem britischen Königshaus in Zusammenhang stehen, heißt es, daß es dort spuke. Im 17. Jahrhundert tauchte dreimal die Erscheinung des Herzogs von Buckingham in voller Rüstung vor einem zu Tode erschrockenen Diener namens Parker auf und befahl ihm, dem Sohn des Herzogs mitzuteilen, er hätte nicht mehr lange zu leben, wenn er nicht seine Hartherzigkeit aufgäbe. Der Sohn, Sir George Villiers, kümmerte sich nicht darum und wurde sechs Monate später umgebracht. Unter den anderen Erscheinungen, die man in dem Schloß gesehen haben wollte, befanden sich Elisabeth I., Karl I. und Georg III.

Die Kirche von Hampton Court wird von zwei der unglücklichen Gemahlinnen Heinrichs VIII., Jane Seymour und Catherine Howard, aufgesucht. Doch die am besten verbürgte Besucherin ist Mistress Sibell Penn, das Kindermädchen Edwards VI. Sibell starb 1562 an den Blattern und wurde in Hampton Church beigesetzt. Doch 1829 wurde die Kirche niedergerissen und ihre Überreste an verschiedenen Orten verstreut. Bald hörte man seltsame Geräusche und Seufzer aus dem Zimmer, in dem das Kindermädchen gewohnt hatte. Seitdem wurde mehrere Male eine große, dünne, in Grau gekleidete Gestalt gesehen, die ihre Arme flehend ausgestreckt hielt. 1881 sah sie ein Wachmann durch eine Wand gehen.
Das Schloß Glamis, das an der Stelle errichtet wurde, wo Macbeth König Duncan ermordete, ist heutzutage wohlbekannt als der schottische Lieblingswohnsitz von Königin Elisabeth und der Königinmutter sowie als die Geburtsstätte Prinzessin Margarets. Doch Glamis ist schon seit Jahrhunderten von Legenden von geheimen Kammern und verborgenen Ungeheuern umwoben. Es geht das Gerücht, daß der damalige Lord Strathmore einem Arbeiter, der sich in einen geheimen Gang verirrt habe, eine hohe Summe gezahlt habe, damit er auswandere. Der jetzige Graf leugnet jegliche Kenntnis von einem dämonischen Wesen, das in seinem Schloß spuke, doch es hat viele Erzählungen von Gästen gegeben, die mitten in der Nacht von dem Jaulen und Knurren eines Tieres aufgewacht sind.

Ein weiblicher Gast erzählte, ein bleiches Gesicht mit großen Augen gesehen zu haben, das sie von einem Fenster auf der anderen Seite des Hofes angestarrt hätte. Dann verschwand es. Später hörte sie flehentliche Schreie und sah eine alte Frau durch den Hof trippeln, die ein großes Bündel mit sich trug. Ein anderer Gast wachte einmal von den Schlägen eines Hammers auf – und sollte erfahren, daß seit der Erhängung von Janet Douglas, die 1637 irrtümlich wegen Hexerei und Hochverrat verurteilt worden war, die gespenstischen Hammerschläge den Tod eines Mitglieds des Hauses ankündigten.

1869 waren Mr. und Mrs. Monro auf dem Schloß zu Gast. Mitten in der Nacht wachte Mrs. Monro mit dem Gefühl auf, ein Bart streife ihr Gesicht. Jemand oder etwas stand über ihr. Als sie nach Licht tastete, bewegte sich die Gestalt in das angrenzende Zimmer, wo ihr Sohn schlief. Bei seinen Schreckensschreien stürzten die Eltern an sein Bett, und der Junge behauptete, er habe einen

Der Tower von London.

Riesen gesehen. Dann hörten sie alle ein donnerndes Poltern. Beim Frühstück am nächsten Morgen sagten andere Gäste, sie hätten das Poltern gleichfalls gehört. Und eine Dame sagte, ihr kleiner Hund habe sie mit klagendem Jaulen aufgeweckt. Doch niemand hatte eine Erklärung für die unruhige Nacht.

Londons geschichtsträchtige St. Paul's Cathedral hat ihre eigene seltsame Geistergeschichte. Arbeiter legten unter der Erde eine Holzkiste frei, die Juwelen enthielt, als sie das Fundament eines neuen Gebäudes neben der Kirche ausschachteten. Die Juwelen wurden dem Britischen Museum übergeben, und ein Experte nahm sie mit sich nach Hause, um sie zu reinigen, zu polieren und ihren Wert zu schätzen. Als er und seine Tochter bei der Arbeit saßen, wunderten sie sich, warum es plötzlich so kalt im Zimmer wurde.

Ein medial begabter Besucher wußte die Antwort. Er sah einen großen, dünnen Mann in elisabethanischen Gewändern hinter dem Paar stehen und sich darüber ärgern, daß man seine Beute aufgestöbert hatte. Als die Juwelen im Museum ausgestellt wurden, gab es die nächste Überraschung. Eine Frau, die sie betrachtete, fiel in Ohnmacht. Als sie wieder aufwachte, sagte sie, sie habe an einer goldenen Halskette Blut gesehen. Obwohl die anderen Anwesenden nichts sehen konnten, blieb die Frau bei ihrer Überzeugung, daß die Person, die die Kette als letzte getragen hatte, ermordet worden sei.

Theater sind seit alters her Schlupfwinkel für Geister. Mehr als fünfzig Raumpfleger des Königlichen Theaters an der Londoner Drury Lane behaupten, einen Mann mit einem langen grauen Mantel und einer gepuderten Perücke gesehen zu haben, der durch den Umkleidegang wandle, häufig am Vorabend einer erfolgreichen Aufführung. Konnte ein Zusammenhang bestehen zwischen diesem Dandy aus dem 18. Jahrhundert und dem in einer hohlen Wand eingemauerten Skelett, das man 1860 fand? Das Skelett, das Arbeiter entdeckten, hatte einen Dolch zwischen den Rippen.

Die Schuld an seltsamen Geschehnissen im Adelphi Theater, Covent Garden, wird dem Geist von William Terris gegeben, einem Abenteurer, der später Schauspieler wurde. Im Dezember 1897 wurde er draußen vor dem Theater erstochen, nachdem er die Hauptrolle in einem Thriller mit dem Titel *Secret Service* gespielt hatte.

Merkwürdige Klopflaute, Geräusche von Schritten, plötzliches Losfahren mechanischer Aufzüge und das An- und Ausgehen von Lampen wird alles seinem ruhelosen Geist zugeschrieben.

1928 saß eine Schauspielerin gerade in ihrem alten Umkleideraum, als sie spürte, daß ihre Couch vorrückte, als ob jemand versuchte, sie zu verschieben. Dann drückte etwas ihren Arm und hinterließ einen blauen Fleck. Sie wußte nichts von den Geschichten über einen Geist, bis ihre Ankleidefrau kam.

Terris' merkwürdigster Auftritt erfolgte 1955, als Jack Hayden, ein Fahrkartenkontrolleur der Untergrundstation Covent Garden, eine große, elegante, grau gekleidete Gestalt am Bahnsteig sah. Als Hayden fragte, ob er helfen könne, verschwand die Gestalt. Doch vier Tage später kehrte sie zurück und legte ihre Hand dem neunzehnjährigen Schaffner Victor Locker auf den Kopf. Er schrie und lief davon. Beiden Männern wurden Bilder von Terris vorgelegt, und beide erkannten ihn sofort wieder. Hayden und Locker baten später um ihre Versetzung. Doch seitdem haben noch andere Mitglieder des Londoner U-Bahn-Personals auf der Piccadilly-Linie von einer seltsamen Erscheinung am Covent Garden gesprochen. Und 1972 behaupteten ein Stationsvorsteher, ein Stellwärter und ein Maschinist, daß sie den Mann in Grau gesehen hätten.

Eine weitere besondere Stätte in London, die ihren eigenen Geist hatte, war der Smithfield Markt. Im Jahre 1654 klagten Schlachter darüber, daß jeden Samstag abend der Geist eines Advokaten namens Mallet zwischen ihren Ständen herumschleiche und Fleischstücke von ihren Auslagen nehme. Wenn sie dem bösartigen Geist mit Messern und Beilen zu Leibe rücken wollten, schlugen sie nur in die Luft.

Geister spuken auch in Privathäusern und zwingen ihre Bewohner häufig, auszuziehen. So geschah es in den siebziger Jahren in Nottingham, wo ein Lastwagenfahrer und seine Tochter beide berichteten, sie hätten in ihrem bescheidenen Heim eine Gestalt gesehen, die wie ein ausländischer Legionär ausgeschaut habe. Parapsychologen zogen ein, und während ihrer Nachtwache registrierten sie ein plötzliches Absinken der Temperatur, lautes Schreien, hysterische Schluchzer und Schritte. Bei einer spiritistischen Sitzung kam man zu dem Schluß, daß der Geist einem Fensterputzer im weißen Overall gehöre, der Selbstmord begangen hatte, nachdem er von seiner Leiter gefallen und verrückt geworden war. Er hatte sich in die Tochter des Lastwagenfahrers verliebt.

Das vielleicht berühmteste Spukhaus der Welt war das Pfarrhaus von Borley, eine düstere Villa an der Grenze zwischen Essex und Suffolk, die 1939 abbrannte. Erbaut im Jahre 1863 für Reverend

Das Pfarrhaus von Borley.

Henry Dawson Ellis Bull, wurde das 23-Zimmer-Backsteinhaus zum Zentrum einer Kontroverse zwischen denen, die an Geister glauben, und jenen, die dies nicht tun.
Sobald die Familie Bull einzog, fingen seltsame Dinge an zu geschehen. Bei Nacht waren Schritte und Klopflaute zu hören. Klingeln schellten und Stimmen sprachen. Geistergesänge drangen aus der nahe gelegenen Kirche von Borley. Eines der vierzehn Kinder der Familie wachte durch einen Schlag ins Gesicht auf. Ein anderes sah einen großen Mann in altmodischen Kleidern neben seinem Bett stehen. Zwanzig Menschen sahen eine Nonne auf dem Rasen. Diener sahen eine Phantomkutsche und Pferde über das Anwesen galoppieren. Ein Mann ohne Kopf und eine Frau in Weiß wurden gesichtet.
Im Jahre 1929 nahm ein Poltergeist seine Aktivitäten in dem Pfarrhaus auf. Kieselsteine, Schlüssel und Medaillons flogen ohne ersichtlichen Grund durch die Luft. Ein Koch berichtete, daß er eine Tür, die er am Abend zuvor verschlossen hatte, am nächsten Morgen offen vorgefunden habe. Zeitungsreporter hielten eine Nacht lang Wache und machten in einem verlassenen Flügel des Hauses ein Irrlicht aus.
Von 1930 an wurde das Haus von Reverend Lionel Algernon

Foyster und seiner Frau Marianne bewohnt. Doch die seltsamen Geschehnisse rissen nicht ab, und Botschaften fingen an, auf den Wänden und auf Papierfetzen zu erscheinen. Eine lautete: »Hol Hilfe, Marianne.« Mrs. Foyster hörte auch, wie eine Phantomstimme ihren Namen rief, und nachdem sie von einem unsichtbaren Angreifer attackiert worden war, zog die Familie aus.

Der Geisterforscher Harry Price, Begründer des Britischen Nationallaboratoriums für Parapsychologie, rückte mit einem Team von zwanzig freiwilligen Helfern an. Sie berichteten von plötzlichen und unerklärlichen Temperaturstürzen von fünf Grad, rückenden Büchern, seltsamen, weihrauchähnlichen Gerüchen und Kieselsteinen – ja sogar von ganzen Stücken Seife –, die durch die Luft flogen. Ein Benediktinermönch wurde von Steinen getroffen, als er gerade versuchte, eine Teufelsaustreibung vorzunehmen.

Erste Theorien schrieben den Spuk einem Mönch und einer Nonne zu, die aus dem nahe gelegenen Kloster von Bures durchgebrannt waren, gefangen und nach dem damaligen Brauch bestraft wurden – er enthauptet, sie lebendig begraben. Doch 1937 teilte dem Londoner Medium Helen Glanville bei einer Sitzung in ihrem Haus in Stratham eine »Stimme aus dem Jenseits« mit, in dem Pfarrhaus spuke Marie Lairre, eine Nonne, die man verleitet habe, ihr Kloster in Le Havre zu verlassen, um einen Waldergrave von dem Rittergut Borley Manor zu heiraten. Ihr Ehemann strangulierte sie im Mai 1667, genau an der Stelle, an der das Pfarrhaus stand.

1939 brannte das Pfarrhaus, das inzwischen von seinem neuen Besitzer, Captain W.H. Gregson, in Borley-Abtei umbenannt worden war, bei einem Feuer nieder. Mehrere Leute behaupteten, an einem der oberen Fenster ein junges Mädchen gesehen zu haben, als die Flammen ausbrachen. Und der Dorfpolizist erklärte, Zeugen hätten ihm berichtet, sie hätten einen grau gekleideten Mann vor dem Inferno davonhuschen sehen.

Sogar in Schutt und Asche wurde das Gebäude auch weiterhin von seltsamen Geschehnissen heimgesucht. Der Chauffeur Herbert Mayes hörte Hufgetrappel, als er an ihm vorüberfuhr. Und während des Krieges wurden mehrere Male Luftschutzwächter alarmiert, weil Lichter in den Fenstern zu sehen wären. 1943 wurde die Stätte ausgegraben, und man fand gut einen Meter unter der Erde Teile vom Schädel und Skelett einer Frau, zusammen mit religiösen Anhängern. War dies die unglückliche Marie Lairre? Oder

stammten die Überreste, wie Skeptiker vorschlugen, von dem Opfer einer Seuche, das 1665 begraben worden ist?
Ob die Theorie mit Marie Lairre nun stimmt oder nicht, es bleibt die Tatsache, daß sich Dinge in Borley zugetragen haben, die sich einer Erklärung entziehen. Und sie geschehen immer noch... Noch 1961 fielen während einer Untersuchung der Stätte Autoscheinwerfer, Kameras und Fackeln aus.

DAS GESPENST, DEM KOJAK BEGEGNETE

Als Fernsehkommissar Kojak ist es Telly Savalas bisher noch nie mißlungen, einen Fall zu lösen. Doch ein Vorfall außerhalb des Bildschirms hat den berühmten Schauspieler für Jahre verwirrt. Und Savalas gibt zu, daß ihm damals die Haare zu Berge gestanden wären – wenn er welche gehabt hätte.
War er einem Geist begegnet? Das ist die Frage, die er sich seit jener Nacht 1957 immer wieder gestellt hat. Er fuhr gerade durch eine ländliche Gegend von Long Island, New York, als ihm um drei Uhr morgens das Benzin ausging. Er sagt: »Ich bin in ein Nachtcafé gegangen, um nach dem Weg zu einer Tankstelle zu fragen, und man sagte mir, ich solle nur immer weiter die Straße hinuntergehen. Ich hatte mich gerade auf den Weg gemacht, als ich plötzlich hörte, wie mich jemand mit hoher Stimme fragte, ob er mich mitnehmen sollte. Ich drehte mich um und sah einen Mann in einem schwarzen Cadillac. Ich stieg ein, und er brachte mich zu der Tankstelle. Er lieh mir sogar einen Dollar, damit ich den Sprit kaufen konnte. Ich bestand darauf, ihn ihm zurückzuzahlen, und er schrieb mir seinen Namen, seine Adresse und Telephonnummer auf, so daß ich ihm das Geld wiedergeben konnte. Sein Name war Harry Agannis.«
Savalas behauptet, später die Nummer angerufen und nach Agannis gefragt zu haben. »Eine Frau kam ans Telephon. Sie sagte mir, Agannis sei ihr Ehemann gewesen – doch wäre er seit drei Jahren tot.«
Völlig verblüfft und verwirrt beschloß Savalas, die Frau aufzusuchen. Er nahm den Zettel mit, den der Mann ihm gegeben hatte. »Ich zeigte ihn ihr«, sagt Savalas, »und sie sagte mir, daß es ganz

Telly Savalas.

bestimmt die Handschrift ihres Mannes wäre. Ich beschrieb ihr die Kleidung, die der Mann in dem Cadillac getragen hatte, und sie sagte mir, daß es genau die Kleidung gewesen wäre, in der ihr Mann beerdigt worden war.«
Hat Savalas also einen Geist gesehen? »Ich weiß es nicht«, sagt er. »Ich werde diesen Vorfall nie vergessen, doch bezweifle ich, daß ich ihn mir jemals erklären kann.«

GUTE UND BÖSE GEISTER

Geister können Leben retten – und nehmen

Der tödlichste Phantom-Mörder aller Zeiten war ein Ungeheuer des 19. Jahrhunderts im Haus Nr. 50 des Berkeley Square in London. Niemand weiß, was es war, denn nur wenige, die es sahen, überlebten, um ihre Geschichte zu erzählen. Und diejenigen, die nachher noch lebten, konnten im allgemeinen vor lauter Entsetzen nur stammeln.
Sir Robert Warboys war eines seiner ersten Opfer. Als Freunde ihn aufforderten, eine Nacht in dem berüchtigten Haus zu verbringen, willigte er gern ein. Doch der besorgte Hauseigentümer bestand auf Vorsichtsmaßnahmen. Sir Robert mußte ein Gewehr mitnehmen. Und wenn irgend etwas Ungewöhnliches passierte,

sollte er an einer Schnur ziehen, die im Zimmer unter dem seinen eine Klingel läuten ließ.
Um Mitternacht, fünfundvierzig Minuten, nachdem Sir Robert sich zurückgezogen hatte, hörten der Hausbesitzer und Sir Roberts Freunde die Klingel heftig läuten. Als sie hinaufliefen, hörten sie einen Schuß. Sir Robert war bereits tot, als sie in das Zimmer eindrangen – doch nicht von einer Schußverletzung. Seine Augen waren starr vor Entsetzen, seine Lippen stülpten sich vor aufeinandergepreßten Zähnen. Er war vor Entsetzen gestorben.
Jahre später gingen zwei Matrosen aus Portsmouth durch den Berkeley Square und sahen ein Haus, an dem Schilder »Zu verkaufen« hingen. Edward Blunden und Robert Martin konnten nicht wissen, welch fürchterliches Geheimnis das Haus barg. Ihnen bot es nur eine kostenlose Unterkunft für die Nacht. Sie gingen durch die unordentlichen und vernachlässigten Zimmer, bis sie in den oberen Stockwerken ein verhältnismäßig sauberes Zimmer fanden. Martin fiel sofort in tiefen Schlaf, doch Blunden war irgendwie nervös. Ohne Ruhe zu finden, lag er wach, als er merkwürdige Schritte hörte, die auf die Tür zuknarrten. Er weckte Martin auf, und voller Angst sahen die beiden Männer mit an, wie sich die Tür langsam öffnete und ein großes, dunkles, schemenhaftes Wesen eintrat.
Das Wesen kam auf Blunden zu und bekam ihn beim Fenster zu packen. Martin nutzte die Gelegenheit, um durch die Tür davonzustürzen, die Treppe hinunter auf die Straße zu laufen und Hilfe herbeizuholen. Atemlos erzählte er seine Geschichte einem Polizisten, und gemeinsam eilten sie in das Haus zurück. Aber sie kamen zu spät. Blundens zerschmetterter Körper lag mit gebrochenem Genick und einem zu einer Grimasse des Entsetzens verzerrten Gesicht auf der Kellertreppe.
Unter den anderen Opfern des Phantoms aus dem Haus Nr. 50 des Berkeley Square befanden sich ein Mädchen, das dort zu Gast war und vor Grauen verrückt wurde, ein Mann, der eine Nacht dort geschlafen hatte und am nächsten Morgen tot aufgefunden wurde, und das Dienstmädchen einer Familie, die das Haus gemietet hatte, das im Krankenhaus starb, nachdem man es in sich zusammengekrümmt auf dem Fußboden vorgefunden hatte, wo sie vor sich hinwinselte: »Macht, daß es mich nicht anfaßt.«
Verwirrt von diesen und anderen Geschichten über das Spukhaus, beschloß im 19. Jahrhundert ein couragiertes Mitglied des Ober-

Berkeley Square im Herzen von Mayfair, London.

hauses, der Sache auf den Grund zu gehen. Der Geisterjäger war Lord Lyttleton – ein Nachkomme jenes Mannes, dessen Geliebte ihm gesagt hatte, er sei verdammt, in drei Tagen zu sterben (vgl. S. 215f.). Lyttleton entschied, eine Nacht in dem verwunschenen Zimmer zu verbringen. Er nahm zwei Gewehre mit sich, das eine mit Schrot, das andere mit silbernen Sixpenny-Münzen geladen – einem Zaubermittel, um böse Geister abzuwehren. In der Nacht feuerte er eine Rolle der Silbermünzen auf einen Schatten ab, der ihn anfiel. Vielleicht hat das Zaubermittel gewirkt, jedenfalls hat Lyttleton überlebt, um seine Geschichte in dem Buch *Fragen und Vermutungen* zu erzählen, das er 1879 veröffentlichte. In dem Buch schreibt er, er hege keinerlei Zweifel, daß der Raum »auf übernatürliche Weise für Leib und Seele todbringend« sei.
Heute jedoch scheint der Geist seine tödliche Wache aufgegeben zu haben. In dem Haus Nr. 50 des Berkeley Square befindet sich nun eine Buchhandlung, und das Viertel selber wurde inzwischen mehr als Schlupfwinkel einer singenden Nachtigall bekannt.
Das Gutshaus von Breckles in Norfolk wird von einem seltsamen Schrei um Gnade heimgesucht. Außerdem schlagen dort Türen, rätselhafte Schritte sind zu hören, und manchmal veranstalten Phantomtänzer sogar einen Geisterball.

Zu Beginn dieses Jahrhunderts fand man draußen vor dem Hauptportal des Gutshauses eine Leiche. Sie gehörte dem einheimischen Wilddieb John Mace. Er und ein anderer Mann hatten in einer Gaststätte des Ortes miteinander getrunken und dann beschlossen, ein paar Rebhühner in der Gegend des Gutshauses zu wildern. Sie wußten, daß es leer stand, hatten aber auch gehört, daß in manchen Nächten die Fenster hell erleuchtet waren, die einen geisterhaften Ballsaal voller Tänzer sehen ließen. Nachdem sie die Vögel eingesackt hatten, gingen die Männer auf Geisterjagd. Sie konnten aber nichts sehen und wandten sich schon zum Heimweg, als am unteren Ende der Zufahrt eine Kutsche mit vier Pferden lautlos in Sicht glitt. Wie angewurzelt standen sie da und sahen zu, wie die Phantomkutsche anhielt und eine schöne, juwelenbehangene Frau ausstieg. Als sie Mace in die Augen blickte, sank er mit einem gellenden Schrei zu Boden.

Sein Freund raste zum nächsten Haus, um Hilfe zu holen, doch wollte sich in dieser Nacht niemand zu dem Gutshaus wagen, nachdem er einmal seine Geschichte erzählt hatte. Erst am nächsten Morgen führte der Pfarrvikar Leute aus dem Dorf zu dem Ort – und sie fanden den Wilddieb mit angstverzerrtem Gesicht und starrem, kaltem Leib.

Bewohner der Insel Norfolk, die neunhundert Meilen vor der Ostküste Australiens im Pazifischen Ozean liegt, behaupten, die Geister der Überlebenden eines Schiffswracks gesehen zu haben, die eine Weile auf der Insel gelebt hatten, ebenso wie die Phantome von irischen Verurteilten, die gehängt worden waren, als die Insel noch eine britische Strafkolonie war. Die Inselbewohner erzählen auch die Geschichte vom Fluch des Barney Duffy. Der riesige Ire war aus dem Gefängnis der Kolonie entlaufen, doch fanden ihn zwei Soldaten, wie er sich in einem Hohlbaum versteckt hielt. »Wenn ihr mich wieder zurückbringt«, drohte Duffy, »werdet ihr innerhalb einer Woche nach meiner Erhängung eines gewaltsamen Todes sterben.« Die Soldaten ließen sich von der Warnung nicht beeindrucken. Zwei Tage nach der Hinrichtung waren die beiden in der Nähe des Hohlbaums beim Angeln. Ihre zerschundenen Leichen wurden am nächsten Tag von der Flut an Land gespült. Kein Mensch hat je herausgefunden, wie sie umgekommen sind.

Im Jahre 1804 versetzte ein weißes Phantom Hammersmith in London in Schrecken und forderte zwei Menschenleben. Erstmals

Ein Londoner Stadtbus der dreißiger Jahre.

erschien es einer Frau, die gerade über den Kirchhof ging. Sie floh, doch es folgte ihr und hielt sie an den Armen fest. Sie fiel in Ohnmacht, und obwohl man sie wieder zu sich bringen konnte, konnte sie den Schock nicht überwinden und starb wenige Tage später bei sich zu Hause. Nachdem sechzehn Menschen, die auf einem Karren fuhren, alle miteinander vor dem Geist geflohen waren, hielten einheimische Wachmannschaften auf dem Kirchhof Wache. Und in der vierten Nacht erblickte Francis Smith, ein Zollbeamter, eine Gestalt, die eine Gasse in der Nähe entlangging. Smith schoß auf sie, und die Gestalt fiel zu Boden. Doch es war nicht der Geist. Es war der Maurer Thomas Milwood, der in seinem weißen Anzug spät von der Arbeit nach Hause ging. Smith wurde wegen Totschlags zum Tode verurteilt, doch in der Berufung wurde das Urteil in ein Jahr Gefängnis umgewandelt.

Ein mörderischer Geist war das Phantom des Busses Nr. 7, der gesehen wurde, wie er in den frühen Stunden eines Morgens des Jahres 1936 durch die Gegend von Ladbroke Grove in London raste. Die Geschichte wurde vor einem Westlondoner Untersuchungsgericht vorgebracht bei der Klärung der Frage, warum ein Auto gegen eine Wand geschleudert worden war und dessen Fahrer getötet wurde. Ein Zeuge sagte aus, der Bus habe voller Lichter gestrahlt, doch sei er verschwunden, als das Auto gegen die Mauer prallte. Andere Fahrer behaupteten gleichfalls, den Bus gesehen zu haben. Und ein Schaffner konnte schwören, daß er gesehen habe, wie er lautlos in den Busbahnhof eingefahren und dann verschwunden sei. Seitdem ist der Bus nicht wieder gesehen worden.

Unter den guten Geistern gibt es einen, von dem der Phantomjäger Lord Halifax berichtet. Ein Matrose, dessen Schiff irgendwo vor der kanadischen Küste den Nordatlantik durchpflügte, sah, wie ein seltsamer Mann etwas in der Kapitänskajüte schrieb. Als man das Logbuch nachschaute, stellte man fest, daß dort etwas von unbekannter Hand geschrieben stand: »Kurs nehmen auf Nordost.« Der Kapitän befolgte die Aufforderung, und nach einigen Stunden stieß er auf ein Schiff in Seenot. Als die Überlebenden an Bord kamen, erkannte der Matrose den Mann, den er beim Schreiben im Logbuch gesehen hatte. Als der Mann die Worte, die auf so geheimnisvolle Weise im Logbuch erschienen waren, noch einmal schrieb, waren die beiden Proben einander völlig gleich.

Während des Ersten Weltkriegs brachte ein Fahrer des 42. Feldlazaretts einen schwerverwundeten Soldaten von Ypres zu einer Notfallstation in Poperinge. Eine Leuchtkugel erhellte den nächtlichen Himmel, und der Fahrer sah die Silhouette eines Wachpostens, der direkt vor ihm stand. Er hielt an. Doch als er wieder hinschaute, war der Wachposten verschwunden. Alles, was der Fahrer sah, war ein großer Granatenkrater nur wenige Meter vor seinen Reifen. Der Phantom-Wachposten hatte zwei Menschenleben gerettet.

Dr. S. Weir Mitchell, ein bedeutender Nervenspezialist des 19. Jahrhunderts aus Philadelphia, USA, hielt gerade nach einem harten Arbeitstag ein Nickerchen, als er es an seiner Tür pochen hörte. Er machte auf und sah ein mageres Mädchen mit einem Schal, das ihn bat, mitzukommen und ihre schwerkranke Mutter zu behandeln. Dr. Mitchell folgte dem Mädchen durch ein Schnee-

Ein britischer Soldat des Ersten Weltkriegs.

gestöber zu dem Haus, wo die Mutter lag. Er sah gleich, daß sie eine Lungenentzündung hatte. Nachdem er um Medizin geschickt und es der Frau bequem gemacht hatte, erwähnte er die Mission ihrer Tochter. Die Frau sah ihn überrascht an. »Meine Tochter ist vor einem Monat gestorben«, sagte sie. Das Mädchen war nun spurlos verschwunden. Ihr Schal hing im Schrank, und es fanden sich keinerlei Spuren von Schnee an ihm.

In den achtziger Jahren des vergangenen Jahrhunderts war der britische Botschafter von Paris, Lord Dufferin, bei Freunden in Irland zu Gast. Eines Nachts wachte er auf und sah eine bucklige Gestalt mit einem häßlichen, grauen Gesicht, die einen Sarg über den Rasen schleppte. Als er den Mann anrief, verschwand die Erscheinung. Dufferins Gastgeber zeigte sich völlig verwirrt, als er die Geschichte beim Frühstück hörte, doch mit den Jahren vergaß der Botschafter sie.

Jahre später, als Dufferin im Grand Hotel von Paris einem diplomatischen Empfang beiwohnte, ging er zum Aufzug und sah den häßlichen, grauen Mann wieder – in einer Dieneruniform. Dufferin weigerte sich, den Fahrstuhl zu nehmen, und entging so dem Tode. Als der Aufzug im fünften Stock ankam, riß das Kabel, und er stürzte auf den Boden des Schachtes. Alle Insassen kamen ums Leben.

Den Geistern eines Piloten und seines Flugingenieurs gelang es sogar vor ein paar Jahren, ein Flugzeug einer der größten Luftfahrtgesellschaften der Welt aus dem Verkehr zu ziehen. Piloten und Bordpersonal der Eastern Airlines in Amerika sagten, die Geister von Kapitän Bob Loft und Flugingenieur Don Repo hätten sie gewarnt, nicht mit der Maschine zu fliegen. Die beiden waren umgekommen, als 1972 ihre Lockheed TriStar mit einem Verlust von 101 Menschenleben in den Everglades von Florida abstürzte.

Nach dem Absturz behauptete das Bodenpersonal, Repos Geist habe ihnen geholfen, Fehler in anderen TriStars aufzuspüren. Stewardessen berichteten von plötzlichen Temperaturstürzen in einigen TriStars und von einem rätselhaften Luftfahrtkapitän, der verschwunden sei, als man ihn ansprach. Repo soll angeblich auch in der Flugkanzel der TriStar 318 erschienen sein, um vor einem Brand zu warnen. Einige Stunden später mußte das Flugzeug mit heißgelaufener Maschine zum Flughafen zurückkehren. 1974 hörten die Warnungen auf ebenso geheimnisvolle Weise auf, wie sie begonnen hatten.

Gute Geister können als Tote oft großzügiger sein als zu ihren Lebzeiten. 1780 kam eine Dienerin auf Schloß Powys in Wales an,

Eine Lockheed-Tri-Star-Linienmaschine.

um nach Arbeit zu fragen, und wurde zum Spaß in ein spukendes Schlafzimmer gesteckt. Doch die Frau war es, die zuletzt lachte. Denn sie behauptete, ein elegant gekleideter Geist habe sie zu einer verriegelten Eisentruhe geführt, ihr den in einer Spalte versteckten Schlüssel gezeigt und ihr aufgetragen, ihn an den Besitzer des Schlosses in London zu schicken. Der Besitzer kehrte auf das Schloß zurück, nahm die alte Frau unter seine Obhut, bot ihr jede Summe Geld, die sie verlangte, und ließ sie unter seinem Dach wohnen. Das Geheimnis der Truhe wurde nie gelüftet.

Im März 1851 starb eine Mrs. Webb, die in ihrem Dorf Barby, Northamptonshire, jedem als sehr geizig bekannt war. Nur wenige trauerten über ihr Ableben. Doch einen Monat später drangen seltsame Klopflaute aus dem Haus, zusammen mit dem Geräusch von rückenden Möbeln. Dies setzte sich sogar noch fort, nachdem eine Familie den Hof von dem Neffen gepachtet hatte, dem sie ihn vererbt hatte. Dann sah eines der Pächterkinder eine große Frau über einem Bett schweben. Als Nachbarn von der Geschichte hörten, erklärten sie sich bereit, gemeinsam mit der Frau des Pächters, Mrs. Accleton, Wache zu halten. Drei von ihnen waren gerade bei ihr, als plötzlich ein Lichtkegel zu einer Klapptür an der Decke schnellte. Man gab dem Neffen Bescheid, der einverstanden war, daß man den Speicher untersuchte. Dort fand er zwei Taschen, von denen die eine persönliche Besitzstücke enthielt, während die andere voll war von Münzen und Banknoten.

Doch Mrs. Webb hatte ihr Geschäft noch nicht erledigt. Als die Klopfzeichen, Seufzer und anderen merkwürdigen Geräusche sich fortsetzten, entdeckte man unbezahlte Rechnungen. Und erst als der Neffe den letzten Gläubiger ausgezahlt hatte, fanden die Accletons endlich Frieden.

ENTTÄUSCHTES LEBEN – ENTTÄUSCHTE LIEBE

Merkwürdige Begebenheiten im Augenblick des Todes

Viele Geister scheinen nur einmal aufzutauchen – genau in dem Augenblick, da ihr irdischer Leib stirbt. Eine der ersten überlieferten Erscheinungen dieser Art wurde im Jahre 1250 gesehen, als der Äbtissin von Lacock in England die Skelettgestalt eines Ritters erschien. An den Insignien seines Schilds erkannte sie, daß er ihr Sohn William Longespee war, der sich zu jener Zeit auf einem Kreuzzug befand. Sie erzählte ihren Freundinnen von ihrem Besuch, doch niemand war bereit, ihr Glauben zu schenken – bis sechs Monate später ein Bote aus Ägypten mit der Nachricht eintraf, daß Longespee an dem Tag, da der Geist erschienen war, von den Sarazenern auf grausame Weise umgebracht worden sei.
Am 22. Juni 1893 gab Lady Tyron in ihrem Haus im Eaton Square, London, eine Gesellschaft. Kurz nach 3.30 Uhr sahen mehrere Gäste ihren Gatten, den Admiral Sir George Tyron, lautlos durch den Salon schreiten. Als sie dies seiner Frau sagten, war sie völlig verblüfft. »Sie müssen sich geirrt haben«, sagte sie. »Mein Mann befindet sich im Mittelmeer, um sein Schiff bei einem Manöver zu kommandieren.« An diesem Tag wurde um genau 3.34 Uhr Admiral Tyrons Schiff *Victoria*, das Flaggschiff der Königlichen Marine, von einem anderen Schiff, der *Camperdown*, gerammt und versenkt, als aufgrund von Sir Georges Befehlen zwei Formationen aufeinander zuliefen. Als das Schiff unterging, hörten Überlebende ihn rufen: »Es ist alles meine Schuld!«
Im Jahre 1774, während des amerikanischen Unabhängigkeitskrieges, warteten zwei britische Offiziere auf die Rückkehr eines überfälligen Furiertrupps unter der Führung von Major Blomberg. Sie hörten draußen vor dem Zelt Schritte, und eine Stimme sagte, sie sollten bei ihrer Heimkehr nach England ein Haus in Westminster aufsuchen. Dort würden sie Papiere finden, die dem

Sohn des Majors ausgehändigt werden müßten. Als die zwei Männer nach draußen kletterten, um zu sehen, wer dort redete, befand sich niemand in der Nähe des Zeltes. Dann tauchte aus einem Wald ein Trupp Soldaten auf, die eine Leiche mit sich führten. Der Major war zehn Minuten zuvor erschossen worden.

Ein Jahr später waren zwei junge Soldaten, John Sherbroke und John Wynyard, in ihrem Quartier auf Cape Breton Island, Kanada, gerade mit Lesen beschäftigt, als plötzlich ein magerer Mann von etwa zwanzig Jahren erschien, sie mürrisch anstarrte und dann zur Tür hinausging. Wynyard wurde blaß. Er hatte seinen Bruder erkannt, von dem er wußte, daß er in England war. Als er den nächsten Brief von seiner Familie in England erhielt, mußte Wynyard erfahren, daß sein Bruder genau in jenem Moment gestorben war, als er seine kurze Erscheinung in Wynyards Quartier hatte.

In seinen 1871 veröffentlichten Memoiren erzählt Lord Brougham von einem makabren Handel, den er mit einem Kommilitonen an der Universität Edinburgh eingegangen war. Wer von ihnen beiden als erster sterben sollte, mußte dem anderen erscheinen, damit er Gewißheit über das Leben nach dem Tode erlange. Broughams Freund ging nach Indien, und als Brougham sein Buch veröffentlichte, hatte er seit Jahren nichts mehr von ihm gehört. Dann, am Abend des 19. Dezember 1883, langte Brougham nach einem Handtuch, um aus dem Bad zu steigen – und sah seinen Freund auf dem Badezimmerhocker sitzen. Als er sich wieder von dem Schock erholt hatte, war die Erscheinung verschwunden.

Wenige Zeit später traf ein Brief aus Indien ein und teilte ihm mit, daß sein Freund gestorben sei – am 19. Dezember.

Mary Goffe war noch am Leben, als ihr eigener Geist im Jahre 1691 erschien. Da sie im Begriff stand, im Hause ihrer Eltern zu sterben, bat Mary, daß man sie fortbrächte, damit sie ihre Kinder ein letztes Mal sehen könne, doch man sagte ihr, daß die Anstrengungen der Reise zuviel für sie sein würden. Sie fiel ins Koma. Am nächsten Tag starb sie, doch nicht bevor sie ihrer Mutter gesagt hatte, sie habe ihre Familie gesehen. Die Mutter dachte, daß sie geträumt hätte. Doch dann erzählte ein Kindermädchen, das die Kinder in Rochester, Kent, beaufsichtigte, daß sie um zwei Uhr morgens, an dem Tag, da Mary starb, ihre Herrin gesehen habe, wie sie etwa fünfzehn Minuten lang ruhig ihren Nachwuchs betrachtete. Dann sei sie verschwunden.

Zwei seltsame Geschichten umgeben den Tod von Lord Thomas

Lyttleton, der im November 1779 eintrat. Eines Morgens ließ er beim Frühstück wissen, daß ihn in der Nacht der Geist eines Mädchens aufgesucht habe, das sich umgebracht hatte, nachdem er es erst verführt und dann verlassen hatte. Sie hatte ihm gesagt, daß er auf die Minute genau in drei Tagen sterben würde. Das war am 24. November gewesen. Später hielt er im Verlauf des Tages noch eine großartige Rede im Oberhaus. Er war entschlossen, sich von der Todeswarnung nicht beeindrucken zu lassen. Doch in der dritten Nacht, gerade als die Uhr elf schlug, legte er seine Hand in die Seite und brach in den Armen seines Kammerdieners zusammen.

Lyttleton hätte das Wochenende eigentlich bei einem Mitglied des Parlaments, Peter Andrews, verbringen müssen, doch statt dessen war er in sein eigenes Heim nach Epsom, Surrey, zurückgekehrt und hatte vergessen, die Verabredung abzusagen. Andrews hatte für ihn aufgewartet, aber schließlich ging er, leicht verärgert, zu Bett. Um elf Uhr in der Nacht wachte er auf und sah Lyttleton neben seinem Bett in dem Hausmantel, den er für ihn hatte heraushängen lassen. Andrews wollte seinen Gast schon zur Rede stellen, warum er so spät käme, doch Lyttleton antwortete einfach: »Mit mir ist es aus, Andrews.« Der Parlamentarier folgte der Gestalt hinaus, doch fand er Lyttletons Schlafzimmer leer vor – mit dem Hausmantel noch am Haken.

Liebe, besonders enttäuschte und unerwiderte, hat viele Geister hervorgebracht. Ein Flugblatt, das 1709 kursierte, rief Begegnungen mit einem Mann aus Guildford, Christopher Slaughterford, in Erinnerung, der wegen der Ermordung seiner Geliebten, Jane Young, gehängt worden war, obwohl er noch auf dem Weg zum Galgen seine Unschuld beteuerte. Nach seinem Tod wurde Slaughterford in dem Gefängnis von Marshalsea in Southwark, wo er während des Prozesses eingesessen hatte, gesehen, und in dem nahe gelegenen Gasthaus »Zum Weißen Löwen«, wo er auf seinen Tod gewartet hatte. Außerdem erschien er seinem Diener, Joseph Lee, sowie einem Freund, Roger Voller, »mit einer Schlinge um den Hals, einer brennenden Fackel in der einen und eine Keule in der anderen Hand, und er schrie: ›Rache! Rache!‹«

Eine geisterhafte Hochzeitsprozession in mittelalterlichen Gewändern wurde im Laufe der Jahre mehrmals zwischen Haltwhistle und Alston in Northumberland gesehen. Die Braut soll angeblich Abigail Featherstonhaugh gewesen sein, die sich in einen hübschen, aber armen Mann verliebt hatte. Ihr Vater, ein einflußreicher Adliger, wollte von solch einer Verbindung nichts hören – manche behaupteten, weil der Junge sein unehelicher Sohn gewesen sei. Statt dessen wählte er einen Gatten von Vermögen und Stand aus. Eine Version der Legende besagt, daß der verschmähte Liebhaber der Hochzeitsgesellschaft aufgelauert habe, um sowohl die Braut als auch den Bräutigam umzubringen, und darum das unglückliche Paar immer noch durch die Gegend ziehe in ihren Hochzeitskleidern voller Blutflecken.

Eine andere tragische Liebesgeschichte verbirgt sich hinter dem Mädchen, das angeblich jedes Jahr am 16. März in Holywell, Huntingdonshire, erscheint. Sie ist die verlorene Gestalt von Juliet Tousley, die sich im 11. Jahrhundert an einer Weide am Ufer der Ouse erhängt hat, nachdem sie mit ihrem Geliebten eine Meinungsverschiedenheit hatte. Juliet wurde unter einem Stein begraben, der heute an der Theke der Gaststätte »Zur Fähre« zu sehen ist. Um Mitternacht soll sie traurig von der Gaststätte zum Fluß hinuntergehen. Einer der Inhaber erinnerte sich, wie er, als eine Schar von Geisterdetektiven einmal früh am Tage fragte, ob sie Juliet wohl sehen würden, geantwortet hatte: »Morgen – diese Nacht wird sie sich nicht zeigen.« Da riß eine unsichtbare Hand einen Bierkrug vom Haken und schmetterte ihn zu Boden.

In Mexico City wird der Geist der Llorana, des »Klageweibs«, bereits seit vier Jahrhunderten gesehen und gehört, wie er um Mitternacht in einem blutbefleckten Kleid durch die Straßen zieht und nach seinen Kindern ruft. Sie ist angeblich Dona Luisa de Olveros, ein wunderschönes indianisch-spanisches Mischblut aus dem 16. Jahrhundert, die die Geliebte eines Adligen wurde und ihm zwei Kinder gebar. Doch mit der Zeit wurde er ihrer überdrüssig. Dona Luisas Träume, doch noch seine Frau zu werden, zerschlugen sich endgültig, als sie sah, wie er mit einer adligen Spanierin Hochzeit feierte. Außer sich vor Wut lief sie nach Hause und erstach ihre Babys mit einem Dolch. Sie wurde festgenommen und aufgehängt, und als eine letzte Demütigung ließ man ihre Leiche noch sechs Stunden lang am Galgen.

Nicht alle Liebesgeister sind tragische Gestalten. In Ramsbury, Wiltshire, spricht man immer noch über den Geist von Großvater Bull, einen Fall, den die Gesellschaft für Parapsychologie untersucht hat. Samuel Bull, ein Schornsteinfeger, starb im Juni 1931 in seinem kleinen Gehöft, nachdem er vier Jahre lang krank gewesen

war. Wenig später wurde seine Witwe Mary Jane ebenfalls krank, und ihre verheiratete Tochter zog zu ihr, um für sie zu sorgen. Die Tochter brachte ihren Ehemann und fünf Kinder mit. Das alte Bauernhaus war nun zu überfüllt, als daß es noch bequem gewesen wäre, und in einem Teil war es zu feucht, um darin zu wohnen. Es war eine Last für die ganze Familie – und anscheinend auch eine Last für den Geist von Samuel Bull. Acht Monate, nachdem er gestorben war, schrien die Kinder auf, als sie ihn die Treppe hinauf in sein altes Zimmer gehen sahen.
Mrs. Bull jedoch war keineswegs entsetzt. Sie sagte, sie hätte ihn schon viele Male gesehen. Und die ganze Familie sollte ihn immer wieder sehen, wie er die Treppe hinaufstieg und neben dem Bett seiner Frau stand, wobei er ihr oft die Hand auf die Stirn legte. Sie nahmen an, daß er so traurig aussah, weil seine Lieben in so beklagenswerten Verhältnissen leben mußten. Und vielleicht hatten sie damit sogar recht. Denn als die örtlichen Behörden ein neues und größeres Haus für sie gefunden hatten, wurde Samuel Bull nie wieder gesehen.

ANTWORTEN AUS DEM JENSEITS

Geister, die Botschaften an die Lebenden übermitteln

Warum erscheinen Phantome den Lebenden? In ihrer großen Mehrheit scheinen sie »Geister des Gewissens« zu sein, häufig Opfer von Ungerechtigkeit, die die Lebenden um eine ordentliche Beerdigung bitten oder um die Einhaltung ihrer Wünsche oder einfach um Anteilnahme. Manche suchen Frieden. Andere wiederum behaupten, man habe ihren Frieden gestört.
Raynham Hall, ein prächtiges, stattliches Anwesen in der Nähe von Fakenham in Norfolk, wird seit nahezu dreihundert Jahren von einer in Braun gekleideten Frau heimgesucht. Man nimmt an, daß sie Dorothy Walpole ist, die Schwester Sir Robert Walpoles, der 1721 Premierminister von Großbritannien wurde.
Dorothys Vater, der ebenfalls Robert hieß und ebenfalls Mitglied des Parlaments war, wurde zum Erzieher des dreizehn Jahre alten Viscount Charles Townshend bestellt. Und als Dorothy und Charles heranwuchsen, verliebten sie sich ineinander. Doch als sie

heiraten wollten, lehnte Dorothys Vater ab. Er befürchtete, daß die Leute meinen würden, die Walpoles seien auf das Ansehen und das Vermögen der Townshends aus.
Charles fügte sich in sein Schicksal und heiratete bald die Tochter eines Barons. Doch Dorothy konnte ihre Gefühle nicht so leicht von sich abschütteln, obwohl sie sich in einen Trubel von Vergnügungen warf. Sie ging nach London, dann nach Paris und sorgte für einen gesellschaftlichen Skandal, als sie mit einem ausschweifenden Lord zusammenzog.
Als Dorothy 1911 hörte, daß Charles' Frau gestorben war, eilte sie zurück nach Raynham, und innerhalb eines Jahres waren sie verheiratet. Eine Zeitlang schwammen sie auf einer Woge des Glücks. Dann drang der Klatsch von Dorothys Eskapaden in Paris an Charles' Ohr. Er war wütend und sperrte sie in ihre Zimmer ein. Sie wurde nicht heraus- und niemand anderes hineingelassen. Zehn Jahre später starb sie. Offizielle Berichte besagten, es wären die Blattern gewesen, doch Gerüchte unter den Einheimischen führten ihren Tod zurück auf einen Stoß in den Rücken, der sie die große Eichentreppe in der Halle hinabgestürzt habe. Ihr Geist wurde bald von Dienern, Mitgliedern der Familie und auch Gästen gesehen.
Im Jahre 1786 war König Georg III. auf dem Anwesen zu Gast. Mitten in der Nacht wachte er auf und sah eine in Braun gekleidete Frau mit zerzaustem Haar und aschfahlem Gesicht an seinem Bett. In Nachthemd und Zipfelmütze floh er aus dem Zimmer, stürmte durch das ganze Haus und weckte in seinem Zorn jedermann auf. Er schwor, nicht eine Stunde länger zu bleiben.
Dadurch alarmiert, daß sie einen solchen Ehrengast aufgebracht hatten, ordneten die Townshends eine nächtliche Wache durch Wildhüter an. Und nur wenige Nächte später sahen sie die Frau in Braun, wie sie einen Gang hinunterwandelte. Ein Mann trat vor und rief sie an – doch sie ging geradewegs durch ihn hindurch. Er fühlte, wie eine eisige Wolke ihm ins Mark hinein- und wieder hinausfuhr.
1835 erschien sie wieder. Colonel Loftus, der Bruder der damaligen Lady Townshend, sah sie in mehreren aufeinanderfolgenden Nächten während der Weihnachtstage – stets eine beliebte Zeit bei Geistern – und beschrieb sie als eine stattliche Frau in braunem Brokat und mit haubenähnlichem Kopfputz. Ihre Gesichtszüge waren deutlich zu erkennen. Doch dort, wo ihre Augen hätten sein

sollen, waren nur dunkle Höhlen. Die Frau erschien in den nächsten Tagen noch mehreren anderen Gästen und trübte so empfindlich die Weihnachtsfreude.
Wenige Jahre später überraschte Dorothy einen anderen exklusiven Gast. Dieser war Captain Frederick Marryat, Autor der Bücher *Mr. Midshipman Easy* und *The Children of the New Forest* und ein rauher Seebär, der sich über die Spukgeschichte nur lustig machte. Als man ihn einlud, sich Dorothy selber anzuschauen, bewohnte Marryat auf dem Anwesen ein Zimmer, in dem ein Porträt der unheimlichen Frau hing. Spät in der Nacht sahen er und zwei weitere Gäste Dorothys Geisterschatten den Flur entlanggehen. Als sich das Phantom näherte, huschten sie in ein Zimmer. Es blieb vor der offenen Tür stehen und grinste sie bösartig an. Marryat verlor die Nerven, zog seine Pistole und gab einen Schuß ab. Das Geschoß ging geradeweg durch das Gespenst hindurch und schlug in der gegenüberliegenden Tür ein.
Danach wurde Dorothy weniger häufig gesehen. Doch 1936 sollte sie auf dramatische Weise wiederkehren. Zwei Berufsphotographen, die den Auftrag hatten, Aufnahmen von dem Herrenhaus für Lady Townshend zu machen, stellten gerade ihre Kamera auf, um Bilder von der Eichentreppe zu schießen. Plötzlich sah einer von ihnen, wie eine undeutliche Masse Umrisse annahm, und er drängte seinen Kollegen, die Bildplatte einzulegen. Er tat dies, ohne zu wissen, warum. Durch den Blitz verschwand der Schatten, doch als die Platte entwickelt wurde, waren auf der Treppe die Umrisse einer Frau mit wehendem Schleier und einem weißen Hochzeitskleid zu sehen. Experten, die die Platte untersuchten, waren überzeugt davon, daß kein Betrug vorlag. Hatte Dorothy der Welt zeigen wollen, wie sie an jenem schicksalsschweren Hochzeitstag 224 Jahre zuvor ausgesehen hatte?
Der Geist auf dem Rittergut Chambercombe in der Nähe von Ilfracombe, Devon – eine große, lächelnde, in Grau gekleidete Frau –, ist weniger bösartig. Man sagt von ihr, daß sie sich manchmal sogar Touristengruppen anschließe, die gerade ihr früheres Heim besichtigen. Dabei hätte sie allen Grund, ebenso verbittert zu sein wie Dorothy.
Ihre Geschichte fing mit ihrem Großvater an, Alexander Oatway von Chambercombe, einem der berüchtigten Strandpiraten des West Country vor vierhundert Jahren. Immer wenn ein Sturm aufkam, schwenkte er an der Küste Laternen, um Schiffe auf die

König Georg III.

Felsen zu lenken. Dann plünderte er sie aus. Eines Tages begleitete ihn dabei sein Sohn William und rettete ein spanisches Mädchen, das an Bord des Wracks überlebt hatte. Später heirateten sie und hatten miteinander eine Tochter namens Kate. Aus Scham über Alexanders Räubereien hat die Familie dann das Rittergut von Chambercombe verlassen, und William und seine Angehörigen lebten nun auf der Insel Lundy im Bristol-Kanal. Doch als sie hörten, das Rittergut stehe wieder leer, zogen sie zurück und pachteten es.

Kurz darauf heiratete Kate einen irischen Seekapitän namens Wallace und zog mit ihm nach Dublin. Jahre gingen ins Land. Dann zog eines Nachts ein schlimmer Sturm herauf, und William eilte hinunter an die Küste, um zu sehen, ob ein Schiff in Seenot war. Er fand eine Frau auf den Felsen liegen. Die See hatte ihr fürchterlich zugesetzt und sie entstellt. Er trug sie zurück auf das Rittergut, wo sie noch in derselben Nacht starb.

Und nun übermannte den ehrlichen William die Versuchung. Er begriff, daß er mit den Juwelen und dem Geld, die die Frau in ihrem Gürtel bei sich trug, das ganze Rittergut auf einen Schlag kaufen konnte. Als ein Vertreter der Admiralität zwei Tage später anfragte und Nachforschungen wegen eines vermißten Passagiers von dem gestrandeten Schiff anstellte, sagte William also, daß er von der Sache nichts wisse. Doch als der Besucher den Namen erwähnte – Mrs. Katherine Wallace –, wurde William klar, was er getan hatte. Voll bitterer Reue mauerte er ihre Leiche in einer geheimen Kammer ein und zog von dem Rittergut fort.

Sein Geheimnis wurde erst vor hundertfünfzig Jahren entdeckt, als ein Bauer, der nun in dem Haus wohnte und gerade das Strohdach neu deckte, Kates Skelett fand. Ihre Gebeine bekamen ein Armenbegräbnis in Ilfracombe. Doch ihr Geist zieht immer noch umher – erst kürzlich, 1976, wurde er gesehen.

Geistererscheinungen im Hause der Familie Ewing in Lyton, Devon, führten zu einer sehr verspäteten Bestattung. In den dreißiger Jahren wurden einmal mitten in der Nacht Gäste, die in einem Zimmer oberhalb der Spülküche untergebracht waren, von dem Angstschrei eines Kindes und dem Geist einer alten Frau aufgeschreckt. Dann stellte Mrs. Ewings Schwager fest, daß das Gästezimmer bedeutend kleiner war als die darunterliegende Spülküche. Man entdeckte einen Wandschrank, und darin befanden sich Knochen in großer Zahl und eine Spielzeugkiste. Nachdem die Gebeine einmal ins Leichenschauhaus geschafft worden waren, hörte der Spuk auf.

In der Nähe der Abtei Bisham in Marlow, Buckinghamshire, wurde eine alte, schwarz gekleidete Frau gesehen, die am Ufer der

Themse entlangging und sich die Hände in einer Schüssel wusch, die sich vor ihr herbewegte. Man glaubt, sie sei die Klosterfrau Lady Elizabeth Hoby, die 1609 in großer Verzweiflung starb. Ihr Sohn war ein langsamer Lerner und wurde eines Tages in ein kleines Zimmer eingesperrt, um seine Aufgaben zu Ende zu machen. Eine Nachricht von der Königin rief Lady Elizabeth fort. Als sie zurückkam, so eine Version der Geschichte, war ihr Sohn über seinem Pult entschlafen. Eine andere Version lautet, daß Lady Elizabeth ihren Sohn zu Tode geprügelt habe, weil er Flecken in sein Heft gemacht hätte. 1840 fanden Arbeiter bei einer Instandsetzung der Abtei zwischen Bodenschwellen Kinderbücher. Ein Buch war mit vor langer Zeit getrockneten Tränen befleckt.

Als 1728 in Beaminster, Dorset, die Leiche des Schuljungen John Daniel zweihundert Meter von zu Hause gefunden wurde, nahm man an, daß er eines natürlichen Todes gestorben sei. Seine Mutter schwor, er hätte an Anfällen gelitten. Doch sieben Wochen später sahen zwölf Mitschüler seinen Geist an einem Pult in ihrem Klassenzimmer sitzen, neben sich den Sarg. Nachdem der örtliche Magistrat Colonel Broadrep einen jeden Jungen eingehend befragt hatte und zu dem Schluß kam, daß ihre Geschichten übereinstimmten, ordnete er eine Exhumierung der Leiche an. Eine Untersuchung ergab, daß John erwürgt worden war. Der Mörder konnte nie gefaßt werden. Johns ergreifende Gestalt ist seitdem in der Nähe der Kirche von St. Mary gesehen worden.

In Australien half 1826 einmal ein Geist dabei, das Rätsel um das Verschwinden eines Mannes zu lösen. Frederick Fisher, ein Bauer, wurde in den Schuldturm gesteckt. Um zu unterbinden, daß die Gläubiger seine Ländereien in Campelltown, New South Wales, in Beschlag nahmen, übertrug er seine Besitztümer auf den ehemaligen Sträfling George Worrall. Sechs Monate später wurde Fisher freigelassen. Eines Nachts verließ er nach einem schweren Trinkgelage ein Gasthaus und wurde nie wieder gesehen. Die Polizei stellte Untersuchungen an, doch konnte sie keine Indizien für ein Verbrechen finden, obwohl sie Worrall im Verdacht hatte, seinen früheren Freund umgebracht zu haben.

Dann sah in einer dunklen Nacht Fishers Nachbar James Farley eine gespenstische Gestalt auf einem Zaun sitzen, die auf eine Stelle von Fishers Koppel deutete. Farley floh voller Angst, doch kehrte er am nächsten Tag mit einem Wachtmeister zurück. Als sie die Stelle, die der Geist angezeigt hatte, umgruben, fanden sie die

übel zugerichtete Leiche des Bauern. Worrall wurde festgenommen, er legte ein Geständnis ab und wurde gehängt.
Burton Agnes Hall ist nicht der Name einer Frau, sondern eines schönen Hauses im jakobinischen Stil in einem Dorf zwischen Bridlington und Driffield, Yorkshire. Es wurde von drei alleinstehenden Schwestern mit dem Geld erbaut, das ihnen ihr Vater, Sir Henry Griffith, zu Beginn des 17. Jahrhunderts hinterlassen hatte. Bald nachdem das Gebäude fertiggestellt war, lauerten der jüngsten Schwester Anne in der Nähe von Harpham Wegelagerer auf. Ihre Schreie riefen Leute aus dem Dorf zu Hilfe, doch man hatte ihr übel zugesetzt. Obwohl man sie nun nach Hause brachte und pflegte, war es offensichtlich, daß sie nicht mehr genesen würde. Kurz bevor sie starb, äußerte sie die ungewöhnliche Bitte, die Schwestern sollten ihr den Kopf abschneiden, bevor sie ihren Leib begrüben, um ihn in den vier Wänden ihres geliebten Heims aufzubewahren. Sie warnte dunkel vor bösen Folgen, wenn ihr Wunsch nicht beachtet würde. Über die Vorstellung entsetzt, versprachen die Schwestern widerwillig, zu tun, worum sie bat, obwohl sie keineswegs die Absicht hegten, es wirklich zu tun. Als Anne starb, wurde sie unversehrt bestattet.
Eine Woche später fing der Spuk an. Zuerst gab es ein Krachen in den oberen Räumen. Sieben Tage später wachte das ganze Haus auf, weil in allen Ecken des Gebäudes Türen schlugen. In der dritten Woche nach Annes Tod bebte das ganze Haus unter einem Getrappel, als würden auf allen Fluren und Treppen Menschen auf und ab laufen. Dann hob ein fürchterliches Stöhnen an. Die Geräusche setzten sich jede Nacht fort, und eines Morgens packten die Diener ihre Koffer und suchten das Weite. Die zwei Schwestern riefen den Pfarrvikar herbei. Als sie Annes Sterbewunsch erwähnten, stimmte er einer Öffnung ihres Grabes zu. Es erwartete sie ein Schock. Annes Kopf war von ihrem Rumpf abgetrennt, und das Fleisch an ihm war völlig verwest. Nur noch der nackte Schädel war übrig.
Die Schwestern nahmen den Kopf mit nach Hause, und der Spuk hörte auf. Im Laufe der Jahre haben verschiedene aufeinanderfolgende Besitzer den Schädel, der inzwischen Awd Nance hieß, weggetan. Jedesmal haben rätselhafte Schritte und Getrappel, zusammen mit Türenschlagen und entsetzlichem Stöhnen, sie gezwungen, die grauenvolle Reliquie wieder an ihren angestammten Platz zu bringen.

In ihrer Ruhe gestörte Geister bereiteten einer amerikanischen Familie eine Zeit des Schreckens. Die Vorfälle wurden 1891 von dem *San Francisco Examiner* beschrieben. Mr. Walsingham, ein Farmer, entdeckte die Gebeine, kurz nachdem er in sein neues Haus in Oakville, Georgia, eingezogen war. Er warf sie in einen Kalkofen. Er war kein abergläubischer Mann, und als merkwürdige Dinge anfingen, sich mitten in der Nacht zuzutragen – Türen schlugen, Klingeln schellten und Stühle kippten um –, führte er dies auf die Böswilligkeit seiner Familie oder der Nachbarn zurück. Doch begann er sich Sorgen zu machen, als sein Hund plötzlich wütend eine Wand anbellte, vorschnellte, um dann japsend und mit gebrochenem Genick zurückzufallen.

Unheimliches Gelächter, Rufe und Klagelaute drangen allmählich von überall her im Haus. Eine Tochter sah, wie sich ihr eine Knochenhand auf die Schulter legte. Und Walsingham sah, wie sich Abdrücke eines nackten menschlichen Fußes neben den seinen bildeten, als er durch den Regen ging.

Was aber die Familie endgültig zum Auszug bewegte, war eine Abendeinladung voller Entsetzen. Im Verlauf der Gesellschaft zuckten die Gäste tapfer die Schulter über die seltsamen Seufzer, die von oben kamen, doch dann bildete sich allmählich ein dunkelroter Fleck auf der weißen Tischdecke... Die Männer unter den Gästen stürzten hinauf und rissen die Bodenbretter heraus. Doch alles, was sie fanden, war trockener Staub – und die rote Flüssigkeit tropfte unten weiter. Chemiker, die später die Tischdecke untersuchten, haben bestätigt, daß der Fleck von menschlichem Blut war. Aber zu diesem Zeitpunkt waren die Walsinghams schon ausgezogen.

Von Geistern wird oft behauptet, daß sie sich für erlittenes Unrecht an unschuldigen Menschen rächen. Im 16. Jahrhundert besaßen Kraster und Dorothy Cook einen kleinen Bauernhof mit Blick über den Mindermeresee in Westmorland. Der wohlhabende Myles Phillipson, der das Land ringsherum besaß, wollte das Anwesen der Cooks für sich, um darauf ein prächtiges neues Haus bauen zu lassen. Als der Bauer sich weigerte zu verkaufen, griff Phillipson zu einer heimtückischen List. Er lud die Cooks ein, um mit ihnen das Weihnachtsmahl zu teilen, und beeindruckte sie mit einer schönen goldenen Schale. Am nächsten Tag nahmen Soldaten das Ehepaar fest. Wochenlang wurden sie ohne irgendeine Erklärung in getrennten Zellen gefangen gehalten. Dann wurden

sie vor Gericht gestellt, um zu erfahren, daß Phillipson sie angeklagt hatte, die Schale gestohlen zu haben. Der Ausgang des Verfahrens stand nie in Zweifel, denn es wurde von dem örtlichen Magistrat geleitet – Phillipson. Als er sein Todesurteil sprach, rief Dorothy Cook aus: »Nehmt Euch in acht. Eure Unternehmungen werden verdammt sein. Es wird die Zeit kommen, da Ihr kein Land mehr habt.«
Phillipson baute sein prächtiges Haus, das er Calgarth Hall nannte, und um den Bau zu feiern, gab er zu Weihnachten eine Gesellschaft. Doch als Mrs. Phillipson die Treppe hinaufging, um etwas zu holen, schrie sie voller Entsetzen auf – denn auf dem Geländer hockten zwei grinsende Schädel. Durch die Schreie aufgebracht, kamen alle Gäste die Treppe hinaufgerannt, manche mit gezogenen Schwertern. Der Anblick ernüchterte die Festtagsstimmung, und obwohl man die Schädel in den Hof warf und sie als einen geschmacklosen und groben Scherz abtat, war den Gästen unwohl zumute, als sie zeitig zu Bett gingen.
Um zwei Uhr in der Frühe ließen Schreie sie aus ihren Zimmern fliehen. Die Schädel waren wieder da und grinsten sie von einer Treppenstufe her an. Im Laufe der nächsten paar Tage versuchten die Phillipsons auf jede erdenkliche Weise, sich der Schädel zu entledigen. Doch jeden Tag kehrten sie zurück. Und mit der Zeit sollte sich Dorothy Cooks Fluch bewahrheiten. Phillipsons Geschäfte ließen nach, sein Wohlstand schrumpfte zusammen, und als er starb, schrien die Schädel die ganze Nacht lang.
Auch seine Erben hatten unter den Schädeln zu leiden, die nun regelmäßig an Weihnachten und am Jahrestag der Erhängung der Cooks erschienen. Erst als die Familie zu arm wurde, um das Anwesen noch länger zu halten, verschwanden die Schädel.

GEISTER AUF VIER BEINEN

Geister nehmen nicht immer menschliche Gestalt an – oft erscheinen sie als Tiere

Fast jedes Gebiet in Großbritannien hat einen sagenumwobenen schwarzen Hund, einen Vorboten des Todes, mit glühenden Augen und gefletschten Zähnen. Die Waliser nennen ihn Gwyllgi.

Auf der Insel Man heißt er Mauthe. Die Ausgabe von Yorkshire, Padfoot, soll angeblich so groß sein wie ein Esel, während man in Lancashire den »Hund des Todes« Trash oder Shriker nennt. Auf den Hebriden ist der Hund weiß und heißt Lamper. Im West Country gibt es von den schwarzen Hunden gleich ein ganzes Dutzend.

Doch der fürchterlichste von allen ist der einäugige Hund, der East Anglia heimsucht und als Black Shuck bekannt ist. Er soll angeblich in dunkler Nacht durch flache Sumpf- und Moorlandschaften streifen, eine scheue Bestie, die darauf wartet, einsame Reisende zu Tode zu erschrecken. Viele Leute haben behauptet, in Sturmnächten sein Heulen gehört zu haben, das einem das Blut erstarren ließe.

Vielleicht war es Black Shuck, der in den Anfangsjahren des letzten Krieges einen jungen amerikanischen Flieger und seine Frau in Angst und Schrecken versetzte. Sie bewohnten damals eine Flachbauhütte am Rande des Walberswick-Moors in Suffolk. An einem stürmischen Abend hörten sie, wie es an der Tür hämmerte. Als der Flieger aus dem Fenster blickte, sah er eine große schwarze Bestie, die sich gegen ihre gegenwärtige Behausung warf. Das Ehepaar schob Möbel vor die Tür, und als der Angriff weiterging, duckten die beiden sich vor Angst. Das Tier hämmerte gegen jede einzelne Wand, dann sprang es aufs Dach. Nach einigen Stunden verebbte der Lärm, doch das Ehepaar konnte nicht schlafen. Beim ersten Tageslicht wagten sie sich vorsichtig hinaus, um den Schaden zu untersuchen. Doch es gab keinerlei Zeichen von einem Angriff, weder der Abdruck einer Pfote noch einer Klaue war auf dem sumpfigen Boden zu sehen. Ein ähnlicher schwarzer Hund – der Mauthe oder Moddey Dhoo – pflegte das Schloß Peer auf der Insel Man heimzusuchen. Soldaten, die zur Wache eingeteilt waren, weigerten sich, auf dem Schutzwall allein zu patrouillieren. Einen Wachposten, der sich hervortun wollte und dennoch allein ging, fand man anschließend völlig von Sinnen vor, und drei Tage später starb er.

Fußstapfen im Schnee verwirrten die Bevölkerung der Grafschaft Devon im Februar 1855. Die Leute wachten auf und sahen eine Spur von Abdrücken, die sich im Zickzack ungefähr einhundertfünfzig Kilometer durch fünf Pfarrbezirke zog, über Dächer und Heuschober hinweg, durch Mauern hindurch, in Scheunen hinein und wieder hinaus. Die Spur, die in einem Garten von Totnes anfing und auf einem Feld bei Littleham endete, wurde vielen verschiedenen Tierarten zugeschrieben. Als man Hunde ansetzte, um die Spur bei Dwalish in ein dichtes Unterholz hinein zu verfolgen, wichen sie unter jämmerlichem Jaulen zurück.

Pferde, mit oder ohne Kopf, tauchen in vielen Geistergeschichten auf. Ein Engländer, der 1902 im Transvaal auf der Jagd war, schrieb aus Südafrika dem Journalisten und »Geistersammler« W. T. Stead, daß er eines Tages, als er gerade mit einem prächtigen Strauß über seinem Sattel zurück ins Lager ritt, einen unheimlichen Reiter auf einem Schimmel sah. Er galoppierte zum Lager, doch der überirdische Reiter blieb ihm dicht auf den Fersen. In jener Nacht erzählte ihm ein alter Bure, daß einst ein anderer Engländer sieben Elefanten dort im Busch geschossen habe, aber als er am nächsten Tag zurückging, um das Elfenbein einzusammeln, wurde er nie wieder gesehen. Sein Schimmel kehrte ohne Reiter ins Lager zurück, doch verendete er am nächsten Tag. Der Bure fügte hinzu: »In diesen Teil des Busches würde ich nicht für alles Elfenbein des ganzen Landes gehen.«

Ein weißer Tiger sollte um die Jahrhundertwende einem Eisenbahndirektor schweres Unglück bereiten. Charles Da Silva, seine Frau und sein Sohn Eric hielten sich in Seconee in Indien auf. Eines Tages schlug Da Silva einem alten, blinden Aussätzigen sein Flehen um Hilfe ab, und er sah zu, wie ein Tiger den hilflosen Mann in Stücke riß. Bevor er starb, verfluchte er ihn: »Mögest auch du mein Schicksal erleiden!« Als Da Silva einem seiner Diener erzählte, was geschehen war, warnte dieser ihn, sich vor dem Fluch des alten Aussätzigen in acht zu nehmen.

Ein Jahr später sah Da Silva den Tiger an seiner Eisenbahnstrecke, und voller Schrecken wurde ihm klar, daß er zum Sprung auf seine Frau und seinen Sohn ansetzte. Er feuerte sein Gewehr ab, als der Geistertiger durch die Luft gesprungen kam und dann verschwand. Doch es war zu spät. Ein Diener war vor Schreck tot umgefallen. Und Da Silvas Sohn hatte eine Wunde an der Wange, die innerhalb eines Monats zu seinem Tod führte.

HIMMELSHEERE

Soldaten, die zur Erde zurückgekehrt sind, um historische Schlachten erneut zu schlagen

Alte Soldaten sterben nie, heißt es, sie kommen nur um. Doch manchmal weigern sie sich, selbst das zu tun. Sie kehren in Phantomheeren auf diese Welt zurück, um ihre Schlachten noch einmal zu erleben. Dies besagt zumindest eine Vielzahl von Legenden. Die unheimlichen Schritte in voller Rüstung marschierender Ritter wurden in dem geschichtsträchtigen Glastonbury, Somerset, vernommen... und kopflose Schlachtrösser sah man durch ein Tal bei Woodmanton, Wiltshire, galoppieren, der Stätte alter Schlachten zwischen Römern und Briten. Doch das berühmteste Phantom-Schlachtfeld in Großbritannien ist Edgehill, Warwickshire. Mehr als vierzigtausend Mann waren dort am 23. Oktober 1642 in die Schlacht verwickelt, als Prinz Rupert im Bürgerkrieg die königlichen Truppen zum Kampf gegen Oliver Cromwells Rundköpfe führte. Am Ende des Tages war das Feld von Toten und Sterbenden übersät, und beide Seiten bliesen zum Rückzug, um den Krieg andernorts weiterzuführen. Dann drangen Meldungen nach London, daß die Schlacht immer wieder geschlagen würde – von Geistern. Schäfer hatten fünf Monate nach der ursprünglichen Schlacht die Wiederaufführung der Auseinandersetzung gesehen. Verwirrt sandte Karl I. vier Offiziere aus, um der Sache nachzugehen. Sie berichteten, die Schäfer hätten am Heiligabend – einem Sonntag – ihre Herden gehütet, als sie Trommeln näherrücken hörten. Plötzlich waren am Himmel die Armeen aufgetaucht – feuernde Musketen und Kanonen unter wehenden Fahnen – und hatten mehrere Stunden lang wütend miteinander gekämpft, bis sie schließlich um drei Uhr am Morgen des Weihnachtstages verschwanden. Am nächsten Tag hielten die Schäfer »mit allen ehrenwerten Bewohnern ihrer und der Nachbargemeinden« Wache. Und alle waren sie verblüfft, als die Heere »mit demselben lauten Kriegslärm auftauchten und wieder mit ebensoviel Grausamkeit und Verbissenheit kämpften wie zuvor«.

Am folgenden Sonntag waren die Soldaten erneut wiedergekehrt, um vier Stunden lang »mit noch größerem Lärm« zu kämpfen. Am nächsten Tag kämpften sie wieder. Und am folgenden Sonntag und Montag erneut.

Die Offiziere haben die Schlachten sogar selber gesehen und einige der Kämpfer von der wirklichen Schlacht her wiedererkannt. Seitdem hat es aus dieser Gegend verschiedene Meldungen von seltsamem Lärm und Bürgerkriegsphantomen gegeben, doch nie wieder sollte die Schlacht so dramatisch zugehen.
1904 machte eine Gruppe Schulkinder auf dem Marlpit's Hill in der Nähe von Honiton, Devon, eine Wanderung, als sie einen wild aussehenden Mann mit einem breitkrempigen Hut und einem langen, schmutzbespritzten Mantel erblickten. Das verwirrte und erschöpfte Aussehen des Mannes erschreckte die Kinder. Spätere Nachforschungen ergaben, daß 1685 ein Mann, der in einem Bauernhaus auf dem Marlpit's Hill lebte, dem Blutbad der Schlacht von Sedgemoor entflohen war – zur Zeit des Aufstands des Herzogs von Monmouth gegen Jakob II. – und sich auf den Heimweg gemacht hatte. Doch gerade, als seine Frau und seine Kinder im Begriff waren, ihn willkommen zu heißen, rückte ein Trupp Soldaten heran, und sie stachen ihn mit ihren Schwertern nieder.
1745 sahen etwa dreißig Menschen bei Souter Fell, Cumbria, eine Phantomarmee aus der Zeit des Aufstands gegen Jakob II. am Himmel marschieren. Geisterkrieger wurden ebenfalls gesichtet an der Stätte der Schlacht von Cullodon, die 1746 stattfand. Und 1932 sahen zwei verblüffte Kraftfahrer vermummte Soldaten in der Nähe von Marston Moor, Yorkshire, dem Austragungsort der Hauptschlacht des Bürgerkriegs von 1644.
Auch der amerikanische Bürgerkrieg sollte Wiederaufführungen erleben. Die am besten bekannte ist die an der Stätte der Schlacht von Shiloh, bei der zwanzigtausend Männer starben. Am nächsten Tag, so behaupteten die Einheimischen, lief ein Fluß in dem Gebiet blutrot an. Und seitdem haben verschiedene Menschen Wiederholungen des erbitterten Kampfes gehört und gesehen.
Auch die beiden Weltkriege haben ihre Geisterscharen, worunter die berühmtesten die Engel von Mons sind, die angeblich am 26. August 1914 im Ersten Weltkrieg im Verlauf der Schlacht bei Mons, Belgien, erschienen sind. Die Geister sollen Phantom-Bogenschützen gewesen sein – es heißt, die Bogenschützen der Schlacht von Agincourt im Jahre 1415 –, die Bestürzung in den deutschen Gräben hervorriefen und dem britischen Expeditionskorps Zeit gaben, sich nach dem wilden Kampf zurückzuziehen und neu zu sammeln.
Im September nach der Schlacht, berichtete der Journalist Arthur

Machen in den Londoner *Evening News* über diese »Engelsschar«, die die britischen Truppen gerettet hatte. Später sagte er, daß er die ganze Story erfunden hätte – doch viele Offiziere und Mannschaftsdienstgrade schworen, daß sie die Engel gesehen hätten. Der örtliche Lokalanzeiger gab den Bericht eines Offiziers aus Bristol wieder, der besagte, daß er, nachdem ein Trupp deutscher Kavallerie seine Kompanie abgeschnitten hatte, den sicheren Tod erwartete. Dann materialisierten sich die Engel zwischen den Soldaten, und die deutschen Pferde ergriffen erschrocken die Flucht. Ein Brigadegeneral und zwei von seinen Offizieren erzählten ihrem Feldgeistlichen eine ähnliche Geschichte. Und ein Oberstleutnant behauptete, daß auf dem Rückzug sein Kavalleriebataillon zwanzig Minuten lang von Phantomreitern auf den Feldern zu beiden Seiten des Weges begleitet worden sei.
Nach dem Krieg wurden Meldungen laut, daß auch französische und deutsche Soldaten überirdische Verbündete auf britischer Seite bezeugen könnten. Alle drei Armeen waren nach den schweren Kämpfen völlig erschöpft, und die Männer können Halluzinationen gehabt haben. Doch ob wahr oder nicht, die Engel von Mons haben ganz bestimmt die Moral in den britischen Schützengräben gefördert.
Am 4. August 1951 wachten zwei englische Frauen, die gerade in Dieppe, Frankreich, Ferien machten, von Geschützlärm auf. Drei Stunden lang hörten sie zu und schrieben auf, was passierte. Als man ihre Aufzeichnungen mit den offiziellen Berichten der Alliierten verglich, stellte sich heraus, daß die Frauen die Invasion von Dieppe vom 19. August 1942 beschrieben hatten, als mehr als die Hälfte einer sechstausend Mann starken anglo-kanadischen Streitmacht bei einem Angriff auf den von den Deutschen gehaltenen Normandiehafen umkam. Doch sonst hatte an jenem Morgen 1951 niemand auch nur einen Ton gehört.

GEISTER, DIE ZU HÖREN, ABER NICHT ZU SEHEN SIND

Erschreckende Phänomene, die bei Nacht poltern und rumpeln

Poltergeister sind Geister, die man zwar hören, aber nicht sehen kann. Sie sind Kräfte, die des Nachts Dinge rumpeln lassen. Und sie sind in mancherlei Weise erschreckender als Geister, die man sehen kann.

Der erste überlieferte Poltergeist wird im Jahre 355 aus Bingen am Rhein gemeldet. Menschen wurden aus ihren Betten gezerrt, Steine flogen durch die Luft, und seltsame Geräusche suchten die Stadt heim. Fünfhundert Jahre später wurden in dem nahe gelegenen Kembden ähnliche Wahrnehmungen gemacht, obwohl diesmal ein Grund für die Phänomene von einer körperlosen Stimme angegeben wurde, die die örtlichen Priester und einige Dorfbewohner schlimmer Untaten beschuldigte.

Poltergeister haben seitdem auf der ganzen Welt zugeschlagen. 1890 sah der Psychiater Professor Cesare Lombroso Weinflaschen zertrümmern und Schuhe durch die Luft fliegen, als er gerade in einem kleinen Gasthof von Turin, Italien, nach einem Poltergeist forschte. 1937 regneten fast eine Woche lang Steine und andere Geschosse auf eine Familie herab, die in Port Louis, Mauritius, lebte. Die Angriffe setzten sich sogar dann noch fort, als alle Fenster und Türen geschlossen waren.

1878 wurde in Amherst, Nova Scotia, ein Spuk, der mit einem entsetzlichen Krachen unter dem Bett der neunzehnjährigen Esther Cox angefangen hatte, bedrohlicher, als brennende Streichhölzer von der Decke fielen, rätselhafte Feuer im Keller und in einem Umkleideraum ausbrachen, Gips und Holzplanken gegen einen Arzt flogen, die Wäsche von einem Bett aufgeschlitzt wurde und eine unsichtbare Hand an die Wand schrieb: »Esther Cox, du bist mein, ich werde dich töten.«

1721 wurde das Heim des deutschen Orientalisten Professor Schuphart in Groben dadurch verwüstet, daß Steine und Möbel herumgeschleudert wurden. Seine Frau wurde gebissen, gequetscht und niedergeschlagen, und zwölf Zeugen haben gesehen, wie er von unsichtbaren Händen heftig angegriffen wurde.

Verschiedene Würdenträger der Stadt waren Zeuge, als 1746 in einem Haus in Amiens, Frankreich, Steine geworfen und unheim-

liche Geräusche laut wurden – und dies dann vierzehn Jahre lang. Seltsames Stöhnen, ein Bumsen, das das ganze Haus erschütterte, schlagende Türen und das Geräusch, als würden Menschen die Flure entlanggehen, wurden bis 1833 vierzig Jahre lang im Pfarrhaus zu Syderstone, Norfolk, gehört.
Und in der Cook Lane von London waren im Jahre 1762 Dr. Samuel Johnson, Horace Walpole und Oliver Goldsmith in einem Haus zu Besuch, in dem sie ein merkwürdiges Klopfen und Scharren hörten.
Einer der berühmtesten Poltergeister der Geschichte ist jener, von dem John Wesley, der Begründer der Methodistenkirche, in seinem Heim in Epworth Parsonage, Lincolnshire, zwischen dem Dezember 1716 und dem Januar 1717 Aufzeichnungen gemacht hat. Es begann damit, daß ein Diener auf ein Klopfen an der Küchentür öffnen wollte, doch draußen niemand sah. Dann, als er zu Bett ging, sah er, wie eine kornmahlende Handmühle sich von selber drehte. Die nächste Person, die etwas Seltsames bemerken sollte, war Wesleys Schwester Molly. Sie saß gerade in der Bibliothek, als sie hörte, wie die Tür sich öffnete und Schritte, begleitet von dem Rascheln eines Nachtgewandes, um ihren Stuhl herumgingen. Jedes Mitglied der Familie hatte, eines nach dem anderen, eine merkwürdige Geschichte zu erzählen – ein Klopfen auf dem Tisch, rätselhafte Schritte auf der Treppe, Gongschläge in der Eingangshalle und in der Küche, im Kinderzimmer das Geräusch von einer unsichtbaren schaukelnden Wiege.
Die fromme Familie taufte den Geist Old Jeffrey und gewöhnte sich daran, ihn jeden Abend um viertel vor zehn vom Dach des Nordwestflügels des Hauses heruntersteigen zu hören. Schließlich forderte der Vater, Samuel Wesley, den Geist auf, wenigstens nicht mehr seine Kinder zu erschrecken und ihm nicht mehr das Studierzimmer zu verwehren. Er war davon überzeugt, daß Old Jeffrey ein Abgesandter des Bösen war, um die Glaubensstärke seiner Familie zu prüfen. Doch als Wesley in seine Studierstube eintreten wollte, stemmte sich eine starke Kraft von innen gegen die Tür.
Poltergeister sind auch heute noch aktiv. Seltsame Dinge trugen sich zu, nachdem der Motorradhändler Sid Mularney 1963 in seinen Werkstätten in Leighton Buzzard, Bedforshire, einen Verschlag abgebrochen hatte. Am nächsten Tag fand er drei Motorräder zertrümmert am Boden vor. Dann sah Mularney Schrauben-

schlüssel vom Haken fallen und eine Plane von einem Motorrad in die Luft fliegen. Bolzen und Schrauben wurden über den Boden verstreut, Benzinkanister bewegten sich auf geheimnisvolle Weise fort, und Nachbarn beklagten sich über sonderbare Geräusche.

Im Februar 1958 sah die Familie Herrmann auf Long Islands, New York, wie Flaschen mit Medizin, Shampoo und heiligem Wasser geöffnet und verschüttet wurden. James Herrmann putzte sich eines Tages gerade die Zähne, als eine Medizinflasche fünfzig Zentimeter weit über ein ebenes Bord glitt. Später flogen noch Porzellanfiguren und eine Glasschale durch die Luft und zerschellten.

Im November 1967 sah in der bayerischen Stadt Rosenheim ein Rechtsanwalt, wie in seinen Praxisräumen Glühbirnen zerplatzten. Lampenschirme fielen herunter. Eines Tages klingelten ohne ersichtlichen Grund alle vier Telephone gleichzeitig. Sachverständige, die der Geschichte nachgingen, berichteten von unerklärlichen, plötzlichen Stromstößen in der Leitung.

Als Mrs. Dora Monroe und ihre Familie 1972 ihr neues Heim in Poy Sippi, Wisconsin, bezogen, fanden sie in einer Kiste eine Steppdecke und nahmen sie für ein Gästebett. Doch wollte den Gästen unter ihr nur selten ein wohliger Schlummer gelingen. Mrs. Monroes Tochter Florence sagte, daß sie einmal mitten in der Nacht aufgewacht sei, weil ihr die Decke fortgezogen wurde und eine Stimme sagte: »Gib mir meine Weihnachtsdecke wieder zurück.«

Ein seltsamer Umstand läßt sich bei fast allen Poltergeistfällen beobachten, und zwar, daß die Aktivitäten häufig aufhören, wenn ein junger Mensch – ein Diener, ein Sekretär oder ein Kind der Familie – das Haus verläßt. Die Stiftung für anthropologische Forschungen, die 1964 an der Duke University in North Carolina gegründet wurde, behauptet, daß Poltergeister vielleicht gar keine Geister sind, sondern das Ergebnis von Psychokinese – der seelischen Einwirkung auf Dinge –, die Kräfte der keimenden Energien von Jugendlichen kanalisiere, die in die Pubertät kommen.

Doch die Theorie der Stiftung vermag nicht, den merkwürdigsten Poltergeist aller Zeiten zu erklären. Auf der Karibikinsel Barbados gibt es ein aus Stein erbautes Grabmal, das in den Kalkfelsen einer Landspitze unterhalb der Oistin-Bucht eingelassen ist. Es enthält den Holzsarg einer gewissen Mrs. Thomasina Goddard und ist mit einer Marmorplatte versiegelt. 1808 ging die Stätte in die Hände der Familie Chase über, sklavenhaltender Pflanzer auf der Insel. Gleich im ersten Jahr, als die Chases es besaßen, mußten sie das Grab zweimal öffnen, um ihre jungen Töchter beizusetzen, erst Mary Ann, dann Dorcas. Vier Jahre später starb der Vater der Mädchen, Thomas. Doch als das Grab geöffnet wurde, um seinen Sarg zu empfangen, sahen die entsetzten Trauergäste, daß die Bleisärge der Mädchen an einer der Wände hochkant gestellt worden waren. Mrs. Goddards Sarg hingegen stand noch immer dort, wo er stets gestanden hatte. Es gab keinerlei Anzeichen von einem Einbruch.

Acht Männer beförderten den Bleisarg von Thomas Chase in das Grab hinein und stellten die Särge, die die Mädchen enthielten, wieder in ihre ursprüngliche Lage zurück. Steinmetze zementierten dann die Eingangsplatte wieder so wie vorher ein.

Doch als vier Jahre später die Platte für die Bestattung eines Jungen aus der Verwandtschaft abgenommen wurde, konnte man sehen, daß sich dasselbe Phänomen wie früher wieder ereignet hatte. Nachdem im Grab wieder Ordnung hergestellt war, prüfte man die Wände und die Decke, und die Platte wurde ein weiteres Mal in ihrer exakten Lage einzementiert.

Zwei Monate später, und wieder im Jahre 1809, entsetzte derselbe Anblick die Betrachter, als zwei weitere Särge – gleichfalls aus Blei – in dem Grab beigesetzt wurden.

Schließlich nahm der Gouverneur der Insel, Lord Combermere, die Sache in die Hand. Er überwachte die ordnungsgemäße Anordnung der Särge – mittlerweile waren es sechs – und streute um sie herum feinen Sand. Dann wurde die Platte wieder an ihrem Ort festzementiert, und er versah eine der Fugen mit seinem Siegel.

Am 18. April 1820 forderte er den Pfarrer unerwartet auf, mit ihm das Grab zu öffnen. Und als sie das Siegel abnahmen – es war unversehrt –, konnten sie wieder sehen, daß die sechs Särge, die in einer ordentlichen Reihe aufgestellt worden waren, die drei kleineren vor den großen, im ganzen Grab verstreut standen. Doch es gab keine Spuren in dem feinen Sand.

Die Familie konnte ihre traurige Berühmtheit nicht länger ertragen. Alle sechs Särge wurden auf einem nahe gelegenen christlichen Friedhof beigesetzt, und das Grab gab man auf und ließ es in Ruhe.

Niemand weiß, was das Sakrileg an der Oistin-Bucht verursacht hat. Überschwemmungen und Erdbeben scheiden aus, denn im

Grab war sonst nichts in Mitleidenschaft gezogen worden, und Mrs. Goddards Sarg stand unberührt da. Die Eingeborenen hätten viel zu sehr Angst gehabt, um in die Ruhestätte der Toten einzudringen, und zudem gab es keinerlei Anzeichen von einem gewaltsamen Einbruch.

Der Schriftsteller Sir Arthur Conan Doyle äußerte die Vermutung, daß übernatürliche Kräfte die Särge verrückt hätten, weil sie, um die Verwesung der Leichen in ihnen zu verzögern, aus Blei gemacht waren. Er hob auch hervor, daß Thomas Chase Selbstmord verübt habe. Was immer die Ursache auch gewesen sein mag, nun, nachdem sie begraben worden sind, ruhen die Leichen in Frieden.

7.

Geheimnisse der Wildnis

Der Mensch hat nahezu jeden Winkel des Erdballs erobert – dennoch bleiben Gebiete, die jenseits der Grenzen seines Wissens liegen. Wo zum Beispiel befindet sich Lassiters verschollene Goldader? Was sind die magnetähnlichen Kräfte, die das Bermudadreieck ausübt? Wer waren die »weißen« Indianer von Carolina? Hat Sir Francis Drake Kalifornien entdeckt? Liegt im »Geldschacht« in Nova Scotia ein sagenhafter Schatz vergraben? Und was ist das für ein Ungeheuer, das man den Schneemenschen nennt?

IN DEN FUSSTAPFEN DES SCHNEEMENSCHEN

Was ist das für ein schauerliches Wesen, das die Schneewüsten der Erde durchwandert?

Als zu Beginn des letzten Jahrhunderts der weiße Mann erstmals einen Gorilla sah, war die Reaktion auf diese Nachricht von einer natürlichen Verblüffung gekennzeichnet. Eingeborenengeschichten von solchen Geschöpfen waren durchaus bekannt, doch hatte man sie weithin als ins Fabelreich gehörig abgetan. Die tatsächliche Entdeckung dieser gewaltigen, intelligenten und sensiblen Tiere war eine frische Erinnerung daran, daß die unberührten Regionen des Erdballs immer noch Überraschungen für den Menschen bereithalten können.

Der erstaunliche Quastenflosser, der 1952 aus dem Indischen Ozean gefischt wurde, löste fast einen Schock aus, denn man hatte von ihm angenommen, er wäre einhundert Millionen Jahre zuvor ausgestorben. Das Zwergflußpferd, das weiße Nashorn, der Riesenpanda und der Komodo sind andere Entdeckungen jüngeren Datums von bis dahin unbekanntem Tierleben. Doch waren diese Geschöpfe für die Eingeborenen der Gebiete, in denen sie lebten, keineswegs ein Geheimnis. Die rauhe, körnige Haut des Quastenflossers haben zum Beispiel die Eingeborenen von Madagaskar statt Sandpapier benutzt, um Löcher in ihren Fahrradschläuchen zu flicken.

Von wie vielen weiteren Geschöpfen mag es sich noch herausstellen, daß sie durchaus keine Fabelwesen sind, wie immer angenommen wurde, sondern tatsächlich existieren? Gibt es noch andere lebende Fossile – vielleicht sogar in der Geschichte der Evolution fehlende Bindeglieder –, die sich irgendwo in den abgelegensten Gebieten unseres Globus verborgen halten? Jedenfalls gibt es eine Fülle von Volkssagen, die eine solche Vermutung nahelegen...

Von den geheimnisvollen Bergen der nordamerikanischen Westküste bis hin zu den verschneiten Hängen des gewaltigen Himalaya gibt es Geschichten und Beweise von dem verwirrendsten Geschöpf, das je auf Erden wandelte. Es wird unterschiedlich Bigfoot, Sasquatch, Shookpa, Alma, Meti, Dang-Mi, Migo und noch mit Dutzenden von weiteren Namen benannt. Internationalen Ruhm hat es als Yeti oder der »Schneemensch« erlangt.

Die Existenz des Yeti wurde dem Westen erstmals 1832 von einem britischen Abenteurer, B. H. Hodson, gemeldet, der ausgezogen war, um auf den nepalesischen Bergen des Himalaya zu leben. Hodson beschrieb ein großes, aufrechtes, affenähnliches Wesen, das von dichtem Haarwuchs bedeckt sei. Doch diejenigen, die seinen Bericht lasen, glaubten, daß die Begegnungen lediglich den großen Schlankaffen oder den roten Bären des Himalaya beträfen. Erst im Jahre 1887 sollte ein Außenseiter den ersten direkt sichtbaren Beweis von der Existenz des Yeti bekommen. Wieder ein Brite, Major Lawrence Waddell aus dem Indian Army Medical Corps, erzählte von bemerkenswerten Fußabdrücken, die er in Sikkim gesehen habe – »angeblich die Spur von einem dieser behaarten wilden Menschen, die draußen im ewigen Schnee leben«.

Als in den zwanziger und dreißiger Jahren dieses Jahrhunderts eine regelrechte Bergsteigermanie ausbrach, wurden weitere Einzelheiten des bemerkenswerten Yeti bekannt, die Expeditionen mit zurückbrachten, die versuchten, die unbekannten Gipfel des Himalaya zu erobern. Es war zu jener Zeit, da ein Journalist den Namen »Schneemensch« prägte.

Geschichten nepalesischer Bergbewohner, tibetanischer Lamas und kühner Sherpas zufolge haben schon immer Yetis in der Region der Schneegrenze gelebt, die die dichtbewaldeten tieferen Hänge des Himalaya von den trostlosen Eiswüsten der oberen Zonen trennt. Ihr Gebiet liegt zwischen vier- und siebentausend Meter Höhe, und man nahm von ihnen an, daß sie in Höhlen lebten und hauptsächlich bei Nacht auftauchten. Sie liefen in einer aufrechten, trottenden Gangart, wobei ihre langen Arme an ihren Seiten herunterbaumelten. Ihre Köpfe waren leicht konisch, und ihre blassen, möglicherweise unbehaarten Gesichtszüge waren halb die eines Affen, halb die eines Menschen. Ihre Körper waren von einem dicken, struppigen Haarwuchs bedeckt, dessen Farbe die des Rotfuchses war. Sie sollten sehr scheu sein und sich menschlichen Behausungen nur nähern, wenn der Hunger sie dazu trieb. Ihre Ernährung bestand in der Hauptsache aus Flechten und Nagetieren, und bevor sie ihre Beute verzehrten, weideten sie sie aus – eine typisch menschliche Eigenschaft. Wenn sie erschreckt wurden, gaben sie laute Jaultöne von sich.

So also sah der Schneemensch aus, wie ihn die Einheimischen beschrieben. Doch wo war der Beweis für seine Existenz? In tibetanischen Lama-Klöstern gab es angeblich Haarschöpfe, Häute und sogar mumifizierte Körper dieser Wesen, doch keinem westlichen Besucher war es je gelungen, ein Exemplar zur Analyse mitzunehmen. Der einzige Beweis waren die Berichte der Eingeborenen – bis im Jahre 1921 Colonel C. K. Howard-Bury der erste Europäer werden sollte, der einen Yeti zu Gesicht bekam...

Colonel Howard-Bury leitete eine britische Expedition, die versuchte, den Mount Everest zu besteigen, als er und seine Männer auf etwa sechstausend Meter Höhe auf dem Lhapka-la-Paß eine Gruppe merkwürdiger Wesen ausmachte. Als sie die Stelle erreichten, sahen sie Fußstapfen im Schnee – »jeder von ihnen etwa dreimal so groß wie ein menschlicher Fußabdruck«. Die Sherpas sagten Colonel Howard-Bury, daß die Spuren von Yetis stammten. Doch trotz seiner eigenen Beschreibung der Abdrücke konnte es der skeptische Engländer nicht über sich bringen, zu glauben, daß sie von den Yetis herrührten, und schrieb sie deshalb Wölfen zu.

Weitere Begegnungen folgten. Eine wissenschaftliche Expedition berichtete, daß sie einen »Affenmenschen« gesehen habe, wie er gerade Wurzeln aus dem Boden riß. Dann gab es eine Meldung von einem dreizehnjährigen Mädchen, das ein Yeti entführt haben soll, und dann von einem Yeti, der beobachtet worden war und einen grobschlächtigen Bogen und Pfeile mit sich führte. 1936 bestätigte eine Expedition unter der Leitung von Ronald Kaulback das weitverbreitete Vorkommen rätselhafter Fußspuren. Und ein Jahr später nahm Frank Smythe das erste Photo auf, das angeblich den Fußabdruck eines Yeti zeigte und rund um die Welt veröffentlicht wurde.

Während des Zweiten Weltkriegs konnten fünf polnische Gefangene aus einem Arbeitslager in Sibirien ihren sowjetischen Wächtern entkommen. Sie machten einen unglaublichen Marsch über die Mongolei und Tibet nach Bhutan, wo sie 1942 den Himalaya überquerten und nach Indien und somit in Sicherheit gelangten. Dort erzählten sie eine merkwürdige Szene, die sie in den Bergen erlebt hatten.

Sie erzählten, sie hätten einmal von einem Felsvorsprung hinabgeschaut und nur wenige Meter unter ihnen zwei stämmige »Affenmenschen« gesehen. Die Geschöpfe hätten gewußt, daß sie beobachtet wurden, zeigten jedoch keinerlei Regung, schienen die Fremden einfach zu ignorieren und schlurften weiter durch den

Der Mount Everest im Sonnenschein.

Schnee. Die Polen beobachteten die Geschöpfe zwei volle Stunden lang, und ihre Beschreibung stimmte mit den meisten der vorausgegangenen Augenzeugenberichte überein.
Einem Pärchen weniger freundlicher Affenkreaturen begegneten

1948 zwei norwegische Goldsucher in der Zemu-Schlucht, Sikkim, Indien. Einer der beiden Männer, Jah Frostis, erzählte, die größere der Bestien habe ihm die Schulter übel zugerichtet. Doch die Norweger waren bewaffnet, und als sie das Feuer eröffneten, flohen die Geschöpfe. Es war eine weitere Geschichte, um die Welt zu verblüffen, denn so, wie sie war, stammte sie aus einer weitgehend unerforschten Region des Erdballs. Aber alles in allem war sie eben nur eine Geschichte. Abgesehen von der wenig aufschlußreichen Photographie von 1937 gab es immer noch keinen dokumentarischen Beweis für die Existenz des Schneemenschen.

All dies änderte sich im Jahre 1951. Am 8. November dieses Jahres kletterte der Bergsteigerveteran Eric Shipton zusammen mit dem Briten Michael Ward und dem Sherpa Sen Tensing in dem Gebiet von Gauri Sankar, als sie in einer Höhe von sechstausend Metern auf dem Man-lung-Gletscher auf eine Reihe deutlicher Fußabdrücke stießen. Sie stammten von einem Wesen mit einem platten Fuß und fünf Zehen, von denen einer größer war. Die Abdrücke waren einunddreißig Zentimeter lang und zwanzig Zentimeter breit. (Eine weitere Serie von Abdrücken wurde zudem noch photographiert, doch waren sie weniger aufschlußreich: später wurde als Erklärung vorgeschlagen, sie stammten von laufenden Bergziegen und hätten sich später unter Sonneneinwirkung grotesk vergrößert.) Die Photographien sowie Shiptons untadeliger Leumund überzeugten viele. Neues Interesse war erwacht.

Wissenschaftler untersuchten einen mumifizierten Finger und einen Daumen, die man in Pangboch, Nepal, gefunden hatte, und erklärten, sie gehörten einem Neandertaler. Dann, im Jahre 1953, wurde der Mount Everest endlich von Sir Edmund Hillary und dem Sherpa Tensing bezwungen. Doch obwohl Hillary Abdrücke fand, hat er stets die Existenz des Schneemenschen abgestritten.

Zwei Jahre später schickte die Londoner *Daily Mail* eine Expedition in den Himalaya, um zu versuchen, die Existenz des Yeti ein für alle Mal zu beweisen oder zu widerlegen. Leider gelang ihr keins von beidem. Das Team entdeckte jedoch einige »Yeti«-Haarschöpfe aus struppigem roten Haar. Die Lamas, die Wächter dieser Relikte, erlaubten der Expedition, ein paar Haare mitzunehmen. Diese wurden später analysiert, und die Wissenschaftler waren nicht in der Lage, das Geschöpf zu bestimmen, dem sie gehört hatten. Die Expedition der *Daily Mail* fand ebenfalls meh-

rere Fußabdrücke sowie Kotspuren, die teils tierische, teils pflanzliche Substanzen enthielten.
Eine weitere Expedition, die von dem texanischen Ölmillionär Thomas Slick gesponsert wurde, nahm im Jahre 1957 die Fährte auf. Auch sie fanden Spuren, und nepalesische Bergbewohner erzählten ihnen, Yetis hätten vor kurzem in dem Gebiet fünf Menschen umgebracht. Doch von den Wesen selber sahen sie nichts.
1970 verbrachte der britische Bergsteiger Don Williams einen Tag in den Bergen von Nepal auf gut viertausend Meter Höhe, um rätselhafte, doch wenig aufschlußreiche Spuren zu photographieren. In der Nacht sah er bei klarem Sternenhimmel ein affenähnliches Wesen, das in seiner Nähe auf allen vieren einen Felsgrat entlangkletterte.
Und 1973 wurde ein junges Sherpamädchen von einem Yeti angegriffen. Sie hatte in der Gegend von Koner eine kleine Herde Yaks gehütet, als das Wesen aus dem Unterholz vorsprang und sie bewußtlos schlug. Als sie wieder zu sich kam, waren fünf Yaks tot.
Weitere Aufschlüsse über den Schneemenschen ließen sich gewiß in den abgelegenen Klöstern von Tibet finden. Wenn es Wissenschaftlern erlaubt wäre, die dort aufbewahrten Relikte zu untersuchen, dürften sie hoffen, sie zu bestimmen. Doch seit der kommunistischen Machtübernahme liegt Tibet für westliche Besucher außer Reichweite. Es scheint, als ob das Geheimnis des Schneemenschen für die nächste Zeit noch ein Geheimnis bleiben wird.
Leichter zugänglich – obwohl in vielerlei Hinsicht noch geheimnisvoller – sind die Berge und Wälder, die jene großartige Wildnis ausmachen, die sich über die ganze Westküste von den USA und Kanada erstreckt, von Kalifornien im Süden bis nach Alaska im Norden. In dieser Wildnis hält sich Bigfoot verborgen – ein affenähnliches Wesen unbekannter Gattung.
Bigfoot und sein kanadischer Vetter Sasquatch treiben schon seit langer Zeit ihr Unwesen. Frühe Siedler des Westens hörten von Eingeborenenstämmen von den wilden, behaarten Geschöpfen der Wälder. Sie wurden als etwa drei Meter große Wesen beschrieben, die zwar vornübergebeugt, jedoch auf zwei Beinen gingen, mit breiter Brust und breiten Schultern, aber möglicherweise ohne Hals, und mit kastanienbraunem Haar bedeckt. Im frühen 19. Jahrhundert sollte der Forschungsreisende David Thomas als erster Europäer Hinweise auf das merkwürdige Tier entdecken,

Der amerikanische Präsident Theodore Roosevelt.

und zwar in Form von fünfunddreißig Zentimeter langen Fußabdrücken in der Nähe von Jasper, Alberta. Seitdem hat man viele riesige Fußabdrücke gefunden und sie in Gips gegossen, welche die Indianerlegenden erhärten.

Heutzutage werden diejenigen, die an die Existenz des Bigfoot glauben, nicht mehr länger als Sonderlinge angesehen. Und es bestehen ausreichend Beweise, um Verdächtigungen auszuschalten, es handle sich hier nur um eine ausgeklügelte Zeitungsente.

Von einer der ersten Begegnungen mit Bigfoot berichtete der amerikanische Präsident Theodore Roosevelt – ein passionierter Jäger – in der Geschichte, die er von zwei Trappern erzählte, die im Gebiet des Salmon River in Idaho von dem rätselhaften Wesen angefallen worden seien. Und am 16. Juli 1918 veröffentlichte die *Seattle Times* die Meldung von einem Angriff des »Bergteufels« auf einen Goldsucher am St.-Helens-Berg in Washington.

1924 ereignete sich der bemerkenswerte Fall eines »Kidnappings« durch die Geschöpfe. Der Holzfäller Albert Ostman aus Langley in British Columbia behauptete, er habe gegenüber der Vancouver-Insel gezeltet, als er von einem Sasquatch gepackt wurde. Der trug ihn, noch im Schlafsack, fort in das Lager der Tiere, wo er eine Woche lang festgehalten wurde. Die Sasquatch-Familie, die ihm Nahrung gab und ihn freundlich behandelte, bestand aus einem knapp drei Meter großen Männchen, einem zwei Meter großen Weibchen und zwei Jungen. Da er allmählich fürchtete, daß er als ein passender »Ehemann« für eines der Sasquatch-Jungen entführt worden sei, ergriff Ostman die Flucht, als der Haushaltsvorstand gerade die Schnupftabakdose des Waldarbeiters untersuchte.

Eine andere Begegnung wurde 1924 aus dem Gebiet berichtet, das heute als Affen-Canyon in Washington, nahe der Grenze zu Oregon, bekannt ist. Im Verlauf der Jahre sind in der abgeschiedenen Gebirgsgegend Dutzende von Bigfoot-Wesen gesehen worden. Doch die erste und möglicherweise zugleich dramatischste Begegnung fand statt, als ein Goldsucher einen aus einer ganzen Gruppe von behaarten »Affenmenschen« erschoß. Die anderen Wesen griffen die Hütte der Goldsucher an und verursachten einen beträchtlichen Sachschaden, doch keinen Verlust an Menschenleben. Reporter, die später die Stelle aufsuchten, sahen Hunderte von riesigen Fußabdrücken.

1933 sahen zwei Männer am Pitt-See im Norden von British Columbia einem Geschöpf zu, das auf einer Lichtung genüßlich Beeren aß. Sie beschrieben es als mit »einem menschenähnlichen Gesicht über einem bepelzten Leib versehen«.

Die Familie Chapman vom Ruby Creek in British Columbia floh 1940 von ihrem abgelegenen Bauernhof, als ein Sasquatch sich ihm drohend näherte. Er kippte ein Faß mit eingesalzenen Fischen um, doch dann verlor er das Interesse und schlenderte davon.

Einen Einblick in die Ernährungsgewohnheiten der Sasquatch gewann 1955 ein Mann, der sich in der Nähe des Mica Mountain, im Osten von British Columbia, aufhielt. Selber vor Blicken verborgen, beobachtete er, wie keine zwanzig Meter von ihm entfernt ein Sasquatch-Weibchen sich Buschzweige in den Mund führte und die Blätter abstreifte.

1958 begegnete ein Straßenbauarbeiter in der Nähe von Bluff Creek im Humboldt County im Norden Kaliforniens einem Bigfoot, den er, wie er sagte, nur dadurch wieder loswerden konnte, daß er ihm einen Schokoriegel gab. Plötzlich wurde Bluff Creek – das leichter zugänglich war als die meisten der früheren Schlupfwinkel des Bigfoot – ein beliebter Jagdgrund für Bigfoot-Sucher.

Eines Morgens traten nach einer Nacht voller unheimlicher Geräusche die Arbeiter einer Baustelle am Bluff Creek aus den Hütten, in denen sie schliefen, und entdeckten vierzig Zentimeter große Fußabdrücke im Schnee, die ein Wesen mit einer Schrittweite von bis zu knapp drei Metern verursacht hatte. Noch verwirrender aber war die Entdeckung, daß 200-Liter-Benzinfässer quer über die Baustelle bewegt worden waren. Eine Schar Arbeiter schwärmte aus, um das Wesen zu verfolgen, und schließlich konnten sie es mit den Scheinwerfern ihrer Lastwagen ausfindig machen. Sogleich eröffneten sie die Jagd, doch mußten sie die Hatz in dem dichten Buschwerk aufgeben. Die Hunde verfolgten die Jagd jedoch weiter. Ihre zerschmetterten Kadaver wurden angeblich einige Zeit später gefunden.

Der Ölmillionär Slick, dessen Leidenschaft bis dahin dem Schneemenschen gegolten hatte, rüstete nun auch eine Jagd nach dem Bigfoot aus, doch wieder ohne Erfolg. 1963 jedoch kehrte das Geschöpf in das Gebiet am Bluff Creek zurück und überfiel eine weitere Baustelle. Damaligen Zeitungsberichten zufolge gab es hinreichende Gründe zu glauben, daß er einen Lastwagen umgekippt hatte.

Der große Durchbruch erfolgte im Jahre 1967. Am 20. Oktober zog Roger Patterson, ein ehemaliger Rodeo-Cowboy und Rancher, der beschlossen hatte, sein Leben der Jagd des Bigfoot zu widmen, gemeinsam mit einem befreundeten Halbindianer, Bob Gimlin, durch die Wälder in der Nähe des Bluff Creek. Bei einem kleinen Fluß traten sie auf eine Lichtung – und sahen in einer Entfernung von nur etwa hundert Metern ein Bigfoot-Weibchen am Ufer entlangtrotten. Das Geschöpf blickte zu ihnen herüber, dann verschwand es in dem dichten Wald. Doch bevor es außer Sicht war, legte Patterson seine Schmalfilmkamera an und nahm zehn Meter Film auf – der erste photographische Beweis von der Existenz des Wesens. Der Film wurde von Experten untersucht und seine Echtheit bestätigt. Patterson und Gimlin gossen auch verschiedene Fußabdrücke in Gips. Der Film, der weltweit gezeigt wurde, belebte das Interesse an den rätselhaften Geschöpfen neu, und die Bigfoot-Jagd wurde zu einem nationalen Zeitvertreib.

Aus Oregon wurde 1967 gemeldet, man habe eine Familie von »Affenmenschen« dabei beobachtet, wie sie in ein Felsennest nach überwinternden Nagetieren gelangt hätte, um sie dann »wie Bananen« zu verzehren.

In den folgenden Jahren gab es nur eine Reihe von schlecht belegten Begegnungen. Doch 1969 wurden auf einer Müllkippe in der Nähe von Bossburg im Staate Washington mehr als tausend riesige Fußabdrücke gezählt. Im Jahr darauf verfolgten Jäger einen Bigfoot in Skamania County und entdeckten den zur Hälfte verzehrten Kadaver eines Elches, der von Fußabdrücken umgeben war. Weitere authentische Begegnungen fanden 1972 und 1974 in der Nähe des Mount Jefferson und am Hood River in Oregon statt. In beiden Fällen wurden die Geschöpfe als scheue, anmutige Wesen beschrieben.

WAS WAR DER *HOMO POINGODES?*

Ein anhaltender wissenschaftlicher Meinungsstreit entzündete sich 1969 anläßlich der Echtheit eines Wesens, das in einem Eisblock eingeschlossen war und in den Vereinigten Staaten auf verschiedenen »Jahrmärkten« ausgestellt wurde. Niemand nahm die Behauptungen über die Vergangenheit des Geschöpfes allzu ernst – bis zwei angesehene Zoologen, der Angloamerikaner Ivan Sanderson und der Belgier Dr. Bernard Heuvelmans, auf den Plan traten, um ihnen ernsthafte Glaubwürdigkeit zu bescheinigen. Heuvelmans beschrieb das Wesen gar als ein »lebender Hominide bisher unbekannter Gattung« und nannte es *Homo Poingodes.*
Das Wesen war groß, halb Mensch, halb Affe, und besaß gewaltige Hände und Füße. Es sollte angeblich einem exzentrischen Millionär aus Kalifornien gehören, der es schließlich als seinen Besitz erklärte, als ihm der Presserummel zuviel wurde. Es wurde unterschiedlich behauptet, man habe es gefunden, wie es in einem festen Eisblock in der Beringsee trieb, dann wieder, ein Mädchen habe es geschossen, das in den Wäldern von Minnesota von ihm angefallen worden sei.
Doch trotz der Behauptungen der Schausteller und der Bestätigung durch die Wissenschaftler nimmt man heute an, daß der *Homo Poingodes* höchstwahrscheinlich ein äußerst geschickt geformtes Schaumstoffexemplar gewesen ist.

AUCH DIE RUSSEN HABEN IHREN YETI

Fachleute der Sowjetischen Akademie der Wissenschaften verteilten sich 1957 auf vier verschiedene Forschungsreisen in Gebiete, in denen seit Jahren rätselhafte »Affenmenschen« gemeldet worden waren. Sie fuhren in die Mongolei, in das Pamir-Gebirge, den Kaukasus und den Himalaya. Alle vier Gruppen berichteten anschließend, es gebe starke Indizien dafür, daß immer noch Vorformen des Menschen in abgelegenen Regionen des Erdballs existierten.
Die Funde der Expeditionen wurden mit Begeisterung aufgegriffen von Professor Boris Porshnjew, dem hervorragenden Direktor der Abteilung für Neuere Geschichte der Akademie, und seiner Nachfolgerin, Dr. Anna Korfman. 1964 richtete Dr. Korfman im Kaukasus ein ständiges Forschungszentrum ein, um die örtlichen Berichte über eine wilde Menschenrasse namens Almas zu sichten. Sie behauptete, zwei Lagerstätten dieser Wesen gefunden zu haben, die über Speisevorräte an Beeren und Pflanzen verfügten.
Doch den bemerkenswertesten Beweis von der Existenz der Almas erbrachte bereits 1925 der Generalmajor Michail Topilskij, als er eine Reihe geschlagener Verbände der Weißen Armee durch das Pamir-Gebirge, nahe der afghanischen Grenze, verfolgte. Fußabdrücke im Schnee führten sie zu der Mündung einer Höhle, und nach einer Warnung feuerten sie in die Öffnung hinein. Ein Geschöpf wankte heraus und fiel vor ihnen zu Boden.
Ein Armeearzt untersuchte die Leiche und befand auf »nicht menschlich«. Doch war es von der Größe und Gestalt eines Menschen, obwohl es am ganzen Körper behaart war. Es hatte eine fliehende Stirn, eine platte Nase und einen breiten, vorstehenden Rachen – eine perfekte Beschreibung des Neandertalers.
Die verwirrten Soldaten begruben das Wesen und zogen davon.

Trotz Pattersons Film und Hunderter Begegnungen verantwortungsbewußter und ernsthafter Augenzeugen gibt es immer noch keinen konkreten Beweis für die Existenz des Bigfoot. Kein Kadaver und keine Knochen konnten bisher je gefunden werden.
Eine kanadische Werbeagentur hat einmal jedem einhunderttausend Dollar versprochen, der einen Sasquatch lebend fangen würde. Das war im Jahre 1973, und bisher hat noch niemand die Belohnung verlangt. Und dennoch ist vielleicht genau der endgültige Beweis, auf den die Skeptiker so lange gewartet haben, bereits vor einem Jahrhundert erbracht worden...
1884 machte der Lokomotivführer eines Zuges, der das Tal des Fraser River in British Columbia hinunterfuhr, plötzlich ein behaartes Wesen aus, das neben den Gleisen schlief. Er stieg in die Bremsen und weckte dadurch das Tier auf, das sogleich davonlief. Der Lokführer und die restliche Zugbesatzung eröffneten die Jagd, trieben das Wesen schließlich in die Enge und schlugen es mit einem Stein nieder. Sie tauften ihren Gefangenen Jacko und brachten ihn zu dem nächsten Ort an der Strecke, Yale. Dort wurde er untersucht und in der Zeitung *Victoria Colonist* beschrieben als ein Geschöpf von menschlicher Gestalt, das jedoch außer an Händen und Füßen von einem drei Zentimeter dicken Haarpelz bedeckt sei. Es war 1,60 Meter groß – vermutlich ein junger Sasquatch – und wog 127 Pfund. Es ernährte sich von Beeren und Milch.
Was geschah nun mit Jacko? Die Geschichte endet damit, daß er starb, als man ihn gerade für eine andere Eisenbahnfahrt verlud – doch diesmal als ein Ausstellungsstück für ein Jahrmarktspanoptikum. Und wo er begraben wurde, das weiß niemand.

LASSETERS VERSCHOLLENE GOLDADER

Irgendwo in der feindlichen, sengenden Wüste Zentralaustraliens liegt vielleicht ein Vermögen an Gold begraben. Es ist die Goldader des Harold Lasseter, irgendwo jenseits des Petermann-Gebirges.
Lasseter, ein rauher, unromantischer Goldsucher, stieß auf die Ader im Jahre 1897. Doch es gingen vierzehn Jahre ins Land, bis er

genug Geld auftreiben konnte, um eine Expedition auszurüsten. Tragischerweise war sie zum Scheitern verurteilt, denn die Männer waren den mörderischen Bedingungen der Wüste nicht gewachsen. Lasseter und seine Leute kämpften, solange es eben ging, gegen sie an, doch schließlich mußten sie ihr Vorhaben aufgeben und konnten sich glücklich schätzen, mit dem Leben davongekommen zu sein.

Lasseter ließ immer noch nicht von seinem Traum ab und machte sich unverzüglich daran, eine zweite Expedition zu organisieren. Erst 1930 konnte er sie finanzieren, und wieder wurde er von der Wüste geschlagen. Lasseters gesamte Begleitmannschaft starb und ließ ihn allein mit zwei Kamelen zurück, um sich durchzuschlagen. Dann fiel er der Sandblindheit zum Opfer und verhungerte schließlich.

Jahre später fand man seine Leiche in einer Höhle, wo er Schutz gesucht hatte. Doch keinem der Goldsucher und Schatzjäger, die es seitdem versucht haben, ist es je gelungen, das Vermögen zu finden, das ihn in den Tod gelockt hat.

DIE VERSCHOLLENE GOLDMINE VON ARIZONA

Die Sucher der verschollenen Mine des Holländers finden nur den Tod

In der Geschichte Amerikas wimmelt es nur so von Erzählungen über märchenhafte Goldfunde, doch keine ist so verwirrend wie die von der verschollenen Mine des Holländers in dem unwirtlichen Superstition-Gebirge von Arizona. Seit 1890 ist es niemandem mehr gelungen, die Lage der verschollenen Mine des Holländers zu identifizieren. Dennoch suchen immer noch Abenteurer nach ihr, in der Hoffnung, ein Vermögen zu entdecken, das nur darauf wartet, aus dem Boden gegraben zu werden. Ungefähr zwanzig Männer haben bei der Suche den Tod gefunden.

Indianer vom Stamme der Apachen waren mit fast völliger Gewißheit die ersten, die die Mine entdeckt haben.

Zu der Zeit, bevor sie den weißen Mann fürchten mußten und sich seiner unersättlichen Begierde nach Gold bewußt wurden, zeigten sie die Mine spanischen Mönchen aus Mexiko. Wie es nicht zu vermeiden war, sickerten Geschichten von dem Edelmetall, das säckeweise ausgegraben werden könnte, bald durch und brachte Männer zum Reden und zum Träumen.

Viele Menschen unternahmen erfolgreiche Expeditionen zu der Mine, bis sie Jahre später in den Besitz eines Spaniers, des Don Miguel Peralta, überging. 1871 teilte sein Enkel, der ebenfalls Don Miguel hieß, das Geheimnis zwei deutschen Einwanderern mit, Jacob Waltz und Jacob Weiser, die ihm bei einem Kampf in der Stadt Arizpe in dem mexikanischen Bezirk Sonora das Leben gerettet hatten. Don Miguel erzählte ihnen, daß frühere Generationen seiner Familie ganze Vermögen an Gold aus dem Berg geholt hätten, indem sie eine so starke Armee von Beschützern und Arbeitern mitnahmen, daß die Apachen nicht wagten, anzugreifen, doch 1864 seien sein Vater und seine Leute in einer blutigen und drei Tage lang dauernden Schlacht von den Apachen überwältigt worden. Es hatte nur wenig Überlebende gegeben, die nach Mexiko zurückkehrten, doch einer von diesen wenigen trug eine Karte bei sich, die exakt die Lage der Mine angab.

Don Miguel selber hatte kein Geld, um eine große Schutztruppe für einen richtiggehenden Marsch auf die Mine zu finanzieren. Darum forderte er Waltz und Weiser auf, gemeinsam mit ihm und einer Handvoll Männer einen Überraschungsangriff auf einen Ort zu unternehmen, wo das Gold, das die Apachen in der Mine abgebaut hatten, versteckt war und nur darauf wartete, eingesammelt zu werden. Die beiden Deutschen waren einverstanden, und sie und Don Miguel kehrten bald mit ihrer gemeinsamen Beute an Gold im Wert von ungefähr sechzigtausend Dollar zurück.

Bevor sie aufbrachen, hatte Don Miguel es zur Bedingung gemacht, daß er die Hälfte von dem erhalten würde, was sie zurückbrächten. Als sie nach Mexiko zurückkehrten, änderte Don Miguel seine Meinung. Er ging mit Waltz und Weiser einen Handel ein, bei dem sie ihren Anteil am Besitz der Mine aufgaben.

Bevor Waltz und Weiser jedoch in das Gebiet zurückkehren konnten, wurde die Existenz der Mine noch einem anderen Mann, Dr. Abraham Thorne, verraten. Der Arzt hatte einige Apachen behandelt, und um seine Freundlichkeit zu erwidern, sagten sie, daß sie ihn mit einem Goldgeschenk entlohnen wollten. Wenn er bereit sei, zwanzig Meilen weit zu reiten, könne er soviel Gold mit sich nehmen, wie er nur befördern könnte. Dr. Thorne willigte ein

und wurde mit verbundenen Augen in einen Canyon geführt, der eine große Menge des Edelmetalls in sich barg. Die Mine hat man ihm nicht gezeigt, doch während er das Gold in seine Satteltaschen verstaute, prägte er sich zwei herausragende Orientierungspunkte der Landschaft, etwa eine Meile im Süden, ein – die Überreste einer zerstörten Steinfestung und einen jäh emporragenden Felsen namens Weaver's Needle.
Als Dr. Thorne mit Gold im Wert von sechstausend Dollar nach Hause kam, war er entschlossen, die Stelle wiederzufinden. Also machte er sich ein Jahr später mit Freunden auf die Suche nach dem Canyon – doch er wurde nur durch einen grausamen Apachenangriff in die Flucht geschlagen.
Als Waltz und Weiser schließlich in das Gebiet zurückkehrten, waren sie allein. Sie benutzten Don Miguels Karte, um sich leiten zu lassen, fanden die Mine und fingen an, die Goldader abzubauen. Doch eines Tages blieb Weiser eine Zeitlang allein zurück, und als Waltz wiederkehrte, war sein Partner verschwunden. Nur sein blutverschmiertes Hemd und Werkzeug lagen inmitten von Apachenpfeilen an der Stelle, wo er gearbeitet hatte. Waltz packte rasch soviel Gold in seine Taschen, wie er konnte, und ritt von dem Superstition-Gebirge so schnell davon, wie sein Pferd nur laufen wollte. Er ließ sich schließlich in Phoenix nieder, wo er bis zum Jahre 1891 lebte.
Doch wie durch ein Wunder war sein Partner Weiser bei dem Indianerangriff gar nicht umgekommen. Obwohl er schwer verwundet war, konnte er fliehen und erreichte das nahe gelegene Haus eines Arztes namens John Walker. Er erzählte Dr. Walker alles über die Goldmine im Gebirge und gab ihm Don Miguels Karte. Doch Walker machte keinen Gebrauch von ihr, und als er 1890 starb, konnte man sie nicht finden.
Das letzte Mal, daß Waltz die Mine aufsuchte, war im Winter 1890. Er war allein geritten und kehrte zwei Tage später mit einem kleinen Säckchen Gold nach Phoenix zurück. Er war mit ziemlicher Sicherheit die letzte Person, die die Mine aufgesucht hat, und als er kurz darauf starb, starb das Geheimnis ihrer Lage mit ihm. Weil die Leute in der Stadt Waltz aufgrund seines Akzents für einen Holländer hielten, nannten sie die Mine die verschollene Mine des Holländers.
Bevor er starb, erzählte Waltz einem Freund, daß die Mine in einer so verwilderten Gegend liege, daß man sich unmittelbar vor ihr

befinden könne und sie dennoch nicht bemerken würde. Er sagte, das Metall sei von wunderbarer Reinheit und leicht aus dem Felsen zu graben. Er und Weiser, so sagte er weiter, schlugen den Fels mit ihren schweren Hämmern, und die Nuggets des Edelmetalls waren ihnen nur so in die Hände gefallen. Die Mine hatte die Form eines Trichters, doch jemand hatte einen Stollen durch den Berghang in den Fuß der Mine getrieben, damit es noch einfacher war, das Gold abzubauen.

Waltz hat auch gestanden, daß einmal, als er und Weiser allein zu der Mine geritten waren, sie auf zwei mexikanische Arbeiter von einer ihrer Expeditionen gestoßen seien, die sich gerade mit Gold bedienten. Sie schossen sie tot.

Zwei junge Soldaten, die 1880 zufällig die Mine entdeckten, erlitten ein ähnliches Schicksal. Sie kamen in der Stadt Pinal an, die Satteltaschen voller märchenhafter Goldnuggets, und erzählten ihre Geschichte, daß sie eine trichterförmige Mine im Superstition-Gebirge gefunden hätten. Sie waren einverstanden, einen Einheimischen zurück zu der Mine zu führen, wobei sie von ihrem bei der Armee gelernten Können Gebrauch machten, ihre Spur zurückzuverfolgen. Einige Zeit später fand man ihre nackten Leichen. Zuerst hatte es den Anschein, als wären sie den Apachen zum Opfer gefallen. Doch die Kugeln, die man aus ihren Leichen herausschnitt, konnten als dieselben Geschosse identifiziert werden, die man bei der US-Army verwendete.

Jahre später erzählte ein Indianer, der Apachen-Jack genannt wurde, die Geschichte, auf welche Weise sein Volk versuchte, die Mine zu verbergen. Auf diese Weise hofften sie, die Flut unwillkommener Weißer abzuwenden, die auf der Suche nach Reichtum in ihr Land strömten. 1882, so Apachen-Jack, erhielten die Squaws den Auftrag, die Mine mit Steinen anzufüllen. Dann wurde der Eingang verdeckt. Außerdem gab es noch ein Erdbeben in dem Gebiet, und es ist sehr gut möglich, daß es die Landmarken zerstört hat.

In den Jahren danach sind viele Menschen in das Gebiet gezogen, um das Gold zu suchen. Keiner hat es gefunden, doch mindestens zwanzig haben ihr Leben verloren. 1931 zog Adolph Ruth in das Gebirge, nachdem er Freunden und Verwandten erzählt hatte, er habe einem Mitglied von Don Miguel Peraltas Familie eine Karte mit dem genauen Weg zu der verschollenen Mine des Holländers abgekauft. Als er nicht wieder zurückkehrte, ging ein Hilfstrupp

ab, um ihn zu suchen – und fand einen schauerlichen Anblick vor. Ruth war zweimal in den Schädel geschossen und dann geköpft worden.
In einer Manteltasche befand sich ein Papierschnitzel, auf dem einige Richtungsangaben, die Worte »etwa 200 Fuß quer zur Höhle« und dann der lateinische Spruch *Veni, vidi, vici* (Ich kam, sah und siegte) geschrieben standen. Doch von Ruths Karte fehlte jede Spur.
1947 wurde ein weiterer Goldjäger in dem Gebiet ermordet aufgefunden, aber es gab keinerlei Anzeichen von Gold, und sein Mörder wurde niemals aufgespürt.
Vielleicht wird eines Tages dort ein Goldsucher Erfolg haben, wo so viele andere gescheitert sind. Denn die zahllosen Geschichten von der Mine und ihren massiven Goldflözen enthalten eine Menge Hinweise. 1912 entdeckten Abenteurer im hohen Gras Goldnuggets genau an der Stelle, wo 1864 Don Miguel Peraltas Vater und seine Männer abgeschlachtet worden waren. Nicht weit entfernt von Weaver's Needle, einem Landzeichen, das in den Erzählungen von der Mine ständig auftaucht, wiesen Anzeichen darauf hin, daß dort einst viele Männer gearbeitet haben. Es fanden sich tiefe Furchen, und in einer Höhle lag ein Haufen mexikanischer Sandalen versteckt.
Doch trotz aller Hinweise und aller Geschichten sind die im Boden lagernden Schätze bis zum heutigen Tag ihrem Namen treu geblieben... die verschollene Mine des Holländers.

DAS BERMUDADREIECK

Allen Skeptikern zum Trotz – das Verschwinden von Schiffen und Flugzeugen entzieht sich einer Erklärung

Am 5. Dezember 1945, um zwei Uhr in der Frühe, starteten bei bestem Wetter fünf Grumman-Bomber der US-Marine in Fort Lauderdale zu einem Übungsflug. Kurz darauf funkten die Piloten durch, daß ihre Fluginstrumente nicht richtig funktionierten. Ihre Kreiselkompasse »spielten verrückt«. Zwei Stunden später war jeglicher Kontakt mit den Flugzeugen abgebrochen.
Sogleich wurde ein Martin-Bomber losgeschickt, um die vermiß-

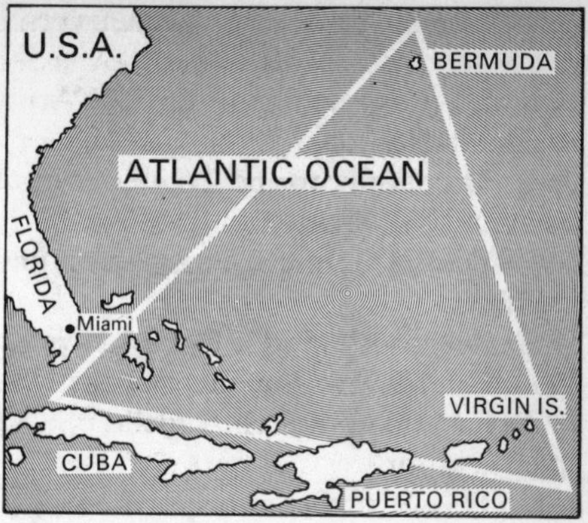

Das Bermudadreieck.

ten Maschinen zu suchen. Innerhalb von zwanzig Minuten war auch zu ihm der Funkkontakt abgebrochen. Nicht von einem der Flugzeuge konnte je eine Spur gefunden werden. Insgesamt waren sechs Maschinen und siebenundzwanzig Männer in den Lüften verschwunden.

Das Unglück führte einen neuen Begriff in die Sprachen der Welt ein – das Bermudadreieck. Denn dies war das Gebiet im Atlantik, in dem sich schließlich die seit langem gehegten Ängste von Luftschiffern und Matrosen als wohlbegründet erwiesen hatten.

Das Verschwinden dieser sechs Flugzeuge war keineswegs der erste geheimnisvolle Vorfall in diesem Gebiet – schon seit Jahren wurden Navigationsprobleme und merkwürdige magnetische Kräfte von dort gemeldet. Das Verschwinden dieser Maschinen bedeutete nicht einmal das größte Unglück innerhalb des Dreiecks. Dieses brach über die *Cyclops* herein, ein 10900-Tonnen Versorgungsschiff der US-Marine.

Die *Cyclops* fuhr im März 1918 von Barbados nach Norfolk, Virginia, als sie mitsamt ihrer Besatzung von 309 Mann von der Oberfläche des Ozeans verschwand, ohne einen Seenotruf abzugeben und ohne daß auch nur der leichteste Leckschaden je gefunden werden konnte.

Doch erst nach 1945 ist das Bermudadreieck zur Legende geworden. Man hat es wahlweise das Teufelsdreieck, das Todesdreieck, die Verwunschene See und den Friedhof des Atlantik genannt. Und es heißt, daß es einhundertvierzig Schiffe und Flugzeuge sowie mehr als tausend Menschen verschluckt hat. Dies sind einige von ihnen:

1947: Die C-45 Superfort der US-Army verschwindet 100 Meilen vor den Bermudas.

1948: Die viermotorige Tudor IV mit 31 Menschen an Bord vermißt.

1948: Die DC-3 mit 32 Passagieren und der Mannschaft an Bord vermißt.

1949: Die zweite Tudor IV verschwindet.

1950: Die riesige Globemaster der US-Luftwaffe vermißt.

1950: Der amerikanische Frachter SS *Sandra*, 110 Meter lang, geht spurlos unter.

1952: Das britische Transportflugzeug York mit 33 Menschen an Bord vermißt.

1954: Die Lockheed Constellation der US-Marine verschwindet mit 42 Mann an Bord.

1956: Das Wasserflugzeug Martin P5M der US-Marine verschwindet mit einer zehnköpfigen Besatzung.

1962: Das Tankflugzeug KB-50 der US-Luftwaffe vermißt.

1963: Die *Marine Sulphur Queen*, ein 140 Meter langer amerikanischer Frachter, verschwindet mit ihrer gesamten Besatzung. Zwei riesige Lufttanker der US-Luftwaffe verschwinden während eines einfachen Übungsfluges. Außerdem verschwindet die C-132 Cargomaster.

1967: Die in ein Transportflugzeug umgewandelte Militärmaschine YC-122 vermißt.

1970: Der französische Frachter *Milton Iatrides* verschwindet.

1973: Der deutsche Frachter *Anita*, 20000 Tonnen, mit 32 Mann Besatzung vermißt.

Dies sind nur einige der wichtigsten Verluste, die sich in dem Dreieck zugetragen haben. Doch in den letzten Jahren hat sich eine gesunde Skepsis den zum Teil recht exotischen Behauptungen gegenüber entwickelt, die zur Erklärung der rätselhaften Kräfte in diesem Gebiet aufgestellt wurden.

Über das Bermudadreieck zu schreiben ist in den sechziger und frühen siebziger Jahren zu einem regelrechten Industriezweig geworden, und manche der Theorien, die von den Autoren vorgetragen wurden, sind, gelinde gesagt, ziemlich weit hergeholt. Zeitverzerrungen, Meeresstrudel, unterirdische Vulkane, negative Gravitation und Schwarze Löcher – sie alle sind für die Folge von

Ein Wasserflugzeug der US-Marine, die Martin P5M.

Verlusten verantwortlich gemacht worden. Auch hat man einmal vorgeschlagen, UFOs würden in diesem Gebiet Proben des Erdenlebens einsammeln, oder die Bevölkerung der untergegangenen Kultur von Atlantis würde immer noch irgendwo in den Tiefen ihre Macht ausüben.

In einem Bestseller wurde einmal die Theorie vorgebracht, die Navigationsinstrumente gerieten wegen eines riesigen Solarkristalls durcheinander, der einst Atlantis mit Energie versorgt habe und nun auf dem Meeresboden ruhe.

Solche Ideen mögen leicht zu widerlegen sein. Dennoch bleibt das Rätsel ungelöst, warum so viele Hunderte von Menschen ihr Leben lassen mußten.

DIE SUCHE NACH EL DORADO

Vielleicht ist es am Ende gar kein Ort gewesen – sondern ein Mensch

Abenteurer haben gekämpft, getötet und geplündert auf ihrer Suche nach den sagenumwobenen Schatzkammern von El Dorado. Oftmals haben sie sogar ihr eigenes Leben hingegeben – auf der Jagd nach etwas, das vielleicht nur ein Traum gewesen ist.

Alles fing damit an, daß 1532 die Spanier in das Inka-Reich von Peru einfielen und unvorstellbare Schätze von Gold entdeckten, einschließlich vieler schöner Kunstwerke. Sie eroberten die Stadt Cuzco und trauten kaum ihren Augen, als sie die Beute sahen, die sie sich nur zu nehmen brauchten. Im Kaisertempel gab es Goldverkleidungen an den Wänden, und sogar die Wasserpfeifen des Palastes waren aus Gold gearbeitet.

Die Spanier überrannten das Inka-Reich und nahmen seinen Kaiser, Atahualpa, gefangen. Dann hielten sie ihn als Geisel fest und verlangten, daß ein großer Raum von sieben Metern Länge und sechs Metern Breite drei Meter hoch mit Gold gefüllt werden solle. Die Inkas brachten das enorme Lösegeld auf, doch die verräterischen Invasoren, angeführt von dem berüchtigten Francisco Pizarro, brachten ihren Gefangenen kaltblütig um. Nicht zufrieden mit den unglaublichen Reichtümern, die sie bereits an sich gerafft hatten, machten sich die ruchlosen Konquistadoren daran, noch mehr von dem Vermögen des Inka-Reiches zu rauben.

Doch ihre Habgier kannte keinerlei Maß mehr, als sie Geschichten von noch größeren Schätzen im Norden hörten, jenseits der Grenzen des Inka-Reiches – an einem Ort, den manche El Dorado nannten. Die Geschichten und Mythen, die El Dorado umgaben, waren zahlreich und vielfältig. Manche sagten, es sei eine verlassene Stadt, andere, es sei ein Tempel voller Schätze, der tief im Dschungel verborgen läge. Manche behaupteten sogar, es sei ein Berg aus massivem Gold.

Die am ehesten akzeptierte Theorie jedoch lautet, daß El Dorado, was auf Spanisch soviel wie »Der Vergoldete« heißt, ein Mensch gewesen ist – wahrscheinlich der Häuptling des Muisca-Volkes, das im äußersten Norden der Anden lebte, irgendwo in dem Gebiet, wo sich heute die kolumbianische Hauptstadt Bogotá befindet.

Franzisco Pizarro.

El Dorado trug seinen exotischen Namen aufgrund eines Stammesrituals, das seine Einsetzung kennzeichnete. Sein Volk versammelte sich vermutlich an der Küste des runden Sees Guatavita, der von hohen Bergen vollständig eingeschlossen ist, um mehrere Tage lang zu feiern. Auf dem Höhepunkt der Festlichkeiten stiegen der Häuptling und seine Priester auf ein Floß, das aus Binsen geflochten war, und ließen sich hinaus zur Mitte des Sees rudern. Weihrauch wurde verbrannt, und Flöten ließen ihre Zauberklänge über das Wasser wehen. Als das Floß die Mitte des Sees erreichte, wurde der neue Häuptling nackt ausgezogen und dann sein ganzer Körper mit Goldstaub eingerieben. Die Sonne glänzte auf seinem Leib, und er nahm Goldschätze und warf sie als Opfergaben für die Götter in den See. Dies war für das am Seeufer versammelte Volk des Häuptlings das Zeichen, ihren Tribut hinzuzufügen und ebenfalls Gegenstände aus Gold ins Wasser zu werfen. Auf diese Weise barg der See endlich eine der reichsten Goldsammlungen der Neuen Welt.

Seltsamerweise besaß El Dorados Volk selber gar keine eigene Goldquelle. Sie häuften es durch die Verbindung von Krieg und Handel an. Sie waren im Besitz der einzigen Smaragdmine des

gesamten Kontinents und verfügten über große Salzlager. Also handelten sie gegen diese beiden wertvollen Güter Gold ein.
Im Juni 1535 brach Georg Hohermuth, der deutsche Gouverneur von Venezuela, auf, um El Dorado zu suchen, nachdem er von den Eingeborenen erfahren hatte: »Woher das Salz kommt, daher kommt das Gold.«
Er machte sich mit einer vierhundert Mann starken Expedition auf den Weg, doch während seiner drei Jahre lang dauernden Suche stieß er auf grausamste Bedingungen. Als er zurückkehrte, waren dreihundert von seinen Männern umgekommen, und sie hatten, Ironie des Schicksals, den Goldsee nur um einhundert Kilometer verfehlt.
Im Jahr darauf brach auch Sebastian de Belelcazar, der entsetzliche Konquistador, auf, um den See zu suchen, und wenige Monate später machte sich der deutsche Abenteurer Nikolaus Federmann mit demselben Ziel auf den Weg.
Zur gleichen Zeit unternahm der spanische Advokat Gonzalo Jiminez de Quesada eine Expedition in die Anden. Er führte seine Männer in ein Gebiet, das reich an Salz war, und sie eroberten eine Reihe von Dörfern. Sie folterten die Einwohner so lange, bis sie ihnen das Geheimnis der Smaragde enthüllten. Ein Indio erzählte Quesada, das Dorf Hunsa sei der »Ort des Goldes«. Quesada eroberte es und fand viele Goldplatten in den Häusern aus Holz und Korbgeflecht. Außerdem entdeckte er große Smaragdsammlungen und Beutel voller Goldstaub. Quesadas Männer schlachteten Indios ab und nahmen ihnen die Goldringe von den Ohren und Nasen. Dann plünderten sie das Haus des Dorfhäuptlings – das mit Verkleidungen aus massivem Gold ausgeschlagen war und einen schönen Thron aus Gold und Smaragden enthielt.
Quesada setzte seine Suche nach El Dorado fort und stieß schließlich in Zentralkolumbien mit Belelcazar und Federmann zusammen. Dort gründeten sie die Stadt Santa Fé de Bogotá.
Wiederum wollte es die Ironie des Schicksals, daß die Schatzjäger, selbst wenn sie den Goldsee gefunden hätten, nicht auch El Dorado gefunden hätten. Denn er existierte nicht mehr. Die Dynastie der Muisca-Oberhäupter, die die Zeremonie des goldenen Floßes abhielten, war wenige Jahre zuvor in einem Machtkampf abgesetzt worden.
1545 wurde ein entschlossener Versuch, den See seiner Schätze zu berauben, von Quesadas Bruder Herman unternommen. Er

Pizarro ergreift Atahualpa.

machte eine große Zahl Indios vom Stamme der Muiscas zu Sklaven und zwang sie, eine Menschenkette vom Seeufer bis hinauf auf die Bergspitze zu bilden. Sie schöpften das Wasser mit Eimern aus dem See, ließen sie die Reihe entlangwandern und leerten sie aus. Dieses Unternehmen zog sich drei Monate lang hin, und der Pegel des Sees sank um drei Meter ab. Mehrere hundert Goldgegenstände gab das zurückweichende Wasser am Seeufer her, bevor der Versuch aufgegeben wurde.

Ein noch ehrgeizigerer Versuch wurde vierzig Jahre später in Angriff genommen. Ein spanischer Kaufmann rekrutierte achttausend Eingeborene und unternahm es, einen tiefen Kanal zu graben, um das Wasser abfließen zu lassen. Dies erwies sich als erfolgreicher, und der Pegel sank um zwanzig Meter. Viele Goldgegenstände und Smaragde wurden gefunden, doch Erdrutsche blockierten schließlich die Kanalisation, und auch dieses Verfahren wurde aufgegeben.

Zu Beginn dieses Jahrhunderts versuchte eine britische Gesellschaft, den See zu kanalisieren. Es gelang ihnen, einen Tunnel zu graben, der den Wasserspiegel auch wirklich absenkte, doch war der Schlamm im See zu weich und zu tief, um darin laufen zu können. Dann buk die stechende Sonne den Schlamm so hart wie Stein. Als die Gesellschaft endlich ihre Bohrausrüstung in das Gebiet befördert hatte, war es zu spät, um sie noch zu benutzen. Der festgebackene Schlamm hatte den ursprünglichen Drainagetunnel blockiert und der Regen den See wieder gefüllt.

Die kolumbianische Regierung hat seitdem ein Gesetz erlassen, das die gesamte Stätte vor Schatzsuchern schützt. Doch der fabelhafte Reichtum von El Dorado hält die Abenteurer auch weiterhin in Atem. Reisende unserer Tage, die das Land der Inkas besucht haben, behaupten, daß manche Indios, die von den Stämmen abstammen, die an den Goldzeremonien teilgenommen haben, abseits neugieriger Blicke von Fremden immer noch geheime Rituale abhalten. Sie ziehen in ein geheimes Tal hoch in den Bergen, um dort ihre alten Zeremonien zu begehen, wie ihre Vorfahren es taten. So lebt der Geist von El Dorado also weiter – ebenso wie das Geheimnis seines Schatzes.

WAR KOLUMBUS DER WIRKLICHE ENTDECKER AMERIKAS?

Viele Nationen behaupten, sie hätten als erste den Kontinent betreten

Christoph Kolumbus wird als der Mann gerühmt, der die Neue Welt erschlossen habe, als er im Jahre 1492 von Spanien nach den Westindischen Inseln segelte. Doch diese Fahrt war keineswegs

Kolumbus' erster Meßgottesdienst in Amerika.

die erste nach Amerika. Es ist sehr wahrscheinlich, daß, bevor er seinen Fuß auf das große Land im Westen gesetzt hat, bereits die Chinesen, Wikinger, Iren und sogar die Phönizier seine Küsten besucht hatten. Wer also hat Amerika wirklich entdeckt?
Kohlenstoffdatierungen haben ergeben, daß mindestens schon seit 12000 Jahren Menschen in Amerika leben. Und man nimmt heute an, daß die ersten »Fremden«, die den weiten Kontinent erreichen sollten, das Volk der Mongolen aus dem östlichen Rußland waren, die vor etwa 40000 Jahren nach Alaska über eine Landbrücke – die heute längst verschwunden ist – die Beringstraße überquert haben. Dann zogen sie an der Pazifikküste entlang weiter nach Mittel- und Südamerika.
Eine bemerkenswerte Entdeckung, die den Menschen auf dem

amerikanischen Kontinent gemeinsam mit dem längst ausgestorbenen Riesenmammut datiert, wurde 1950 dreißig Kilometer nordöstlich von Mexico City auf einer Farm bei Tepexpan gemacht. Der Farmer José Cortez hob gerade einen Abflußgraben aus, als er auf etwas Hartes stieß. Er schaufelte das Erdreich beiseite und fand die Überreste eines Mammuts. Als mexikanische Paläontologen das Fossil untersuchten, entdeckten sie die Spitze einer Waffe im Brustkasten des Tieres. Offensichtlich war das Mammut im Schlamm eingesunken und so eine leichte Beute für eine Schar von Jägern geworden, die mit Speeren und Steinschleudern bewaffnet waren.

Einfache Werkzeuge, die aus Stein und Tierknochen gefertigt waren und anscheinend derselben Kultur angehören, wurden in Sibirien, Alaska, dem Yukon und Mexiko gefunden und haben so die Theorie erhärtet, daß sich der Mensch von Asien aus über Amerika verbreitet hat.

Die Behauptung, wonach Chinesen Amerika bereits im Jahre 458 n. Chr. entdeckt haben sollen, wurde kürzlich von einem Professor der Universität Peking, Chu Shien-chi, aufgestellt. Er behauptet, daß ein buddhistischer Priester namens Hoei Shin gemeinsam mit vier anderen Mönchen über den nördlichen Pazifik gesegelt und irgendwo an der mittelamerikanischen Küste, vielleicht in Mexiko, gelandet sei. Hoei Shin nannte das Land Fusang, nach einer chinesischen Pflanze, die er mit der Vegetation, die dort wuchs, verglich.

Der österreichische Ethnologe Robert von Heine-Geldern geht noch weiter. Er ist davon überzeugt, daß die Chinesen bereits um 2000 v. Chr. die Kulturentwicklung in Amerika beeinflußt haben. Immerhin, gewisse Skulpturen, die man in den Ruinen einiger mittelamerikanischer Städte gefunden hat, ähneln denen, die in der buddhistischen Religion Verwendung finden. Und Chinas älteste Handschrift, das *Shan Hai King* aus dem Jahre 2250 v. Chr., enthält einen Abschnitt, der eine Beschreibung des Grand Canyon sein könnte.

Eine Pazifiküberquerung sogar noch früher als 2000 v. Chr. legen Funde von Steingut an der valdivianischen Küste von Ekuador nahe, die auf etwa 3000 v. Chr. zurückgehen. Es ist mit ziemlicher Sicherheit japanischen Ursprungs, denn es trägt dieselben Verzierungen wie Steingut aus der Gegend von Jomon in Japan.

Auf atlantischer Seite sollen angeblich um das 6. Jahrhundert

Ein Wikingerboot.

irische Mönche als erste Nordamerika besucht haben. Eine lateinische Handschrift aus dem 10. Jahrhundert, die *Navigatio Sancti Brendani,* berichtet von den Reisen des heiligen Brendan und davon, wie er um das Jahr 540 mit einer Schar von vierzehn Mönchen aufgebrochen ist, um das »Gelobte Land der Heiligen« zu finden. Die Handschrift ist voll von bewunderungswürdigen Leistungen und frommer Denkart, so daß man sie jahrelang nur für eine Sammlung von Geschichten hielt. Brendan soll auf seinem Weg Hilfe durch einen Wal erfahren haben und von Zeit zu Zeit von Engeln geführt worden sein, die ihm in Gestalt von Vögeln erschienen seien. Doch heutige Gelehrte nehmen an, daß die Fahrten tatsächlich stattgefunden haben, auch wenn sie vielleicht nicht alle von Brendan durchgeführt worden sind.
Der *Navigatio* zufolge ist Brendan, ein erfahrener Seemann und Navigator, auf einem zwölf Meter großen, aus Holz gebauten Boot, das mit Ochsenhaut bespannt und mit Butter eingefettet war, um es wasserdicht zu machen, von Kerry aus zum Gelobten Land in See gestochen. Die Besatzung nahm Kurs auf Norden und traf schließlich auf einen im Meer treibenden Kristallturm, was die Vermutung nahelegt, daß sie einem riesigen Eisberg begegnet sind, als sie Grönland passierten und in die Meerenge von Davis einliefen, die für ihr Treibeis bekannt ist. Dann kamen sie durch

INDIANER MIT BLONDEM HAAR

Indianer mit blondem Haar und blauen Augen, und andere, deren Haar im Alter weiß wird – sind sie Verirrungen der Natur oder Nachfahren von Weißen, die vor Jahrhunderten in Amerika gelandet sind, vielleicht sogar schon bevor Christoph Kolumbus die Neue Welt betrat?
Einer Gedenktafel zufolge, die im Jahre 1953 bei Fort Morgan, Alabama, von den »Töchtern der amerikanischen Revolution« aufgestellt wurde, ist angeblich im Jahre 1170 eine Schar walisischer Entdecker »an der Küste der Mobile-Bay gelandet und hat bei den Indianern die walisische Sprache hinterlassen«. Die Schar – Berichte über ihre Zahl schwanken zwischen fünfzig und dreihundert – soll von Nordwales aus über den Atlantik im Sog des nördlichen Äquatorstroms und dann durch die schmale Meerenge gefahren sein, die Florida und Kuba voneinander trennt.
Anthropologen haben verblüffende Ähnlichkeiten zwischen den Walisern und den heute praktisch ausgestorbenen Mandan-Indianern herausgefunden, die früher an dem oberen Flußlauf des Missouri lebten. Die Mandans benutzten Boote, die denen der Waliser sehr glichen, konnten sogleich antworten, als sie in der walisischen Sprache angeredet wurden, und im Alter wurde ihr Haar weiß, eine Eigenschaft, die sich bei anderen Indianern nicht zeigt. Ein Franzose, der im 18. Jahrhundert das Gebiet bereist hat, beschrieb die Mandans als »Menschen von weißer Hautfarbe, die Festungen und bleibende, in Straßen eingeteilte Städte hatten«. In der Nähe von Chattanooga, Tennessee, konnten die Ruinen dreier in walisischer Bauart errichteter Festungen gefunden werden.
Die Mandans wurden von Menschen ausgelöscht, die demselben ethnischen Ursprung entstammten wie sie selber – weißen Pelzhändlern, die in der Mitte des 19. Jahrhunderts unter den Mandans eine Pockenepidemie auslösten.

Forschungsreisende, die sich im 18. Jahrhundert am Flußlauf des Lumber in North Carolina aufhielten, entdeckten einen Stamm grauäugiger Indianer, die eine Art Englisch sprachen und behaupteten, daß ihre Vorfahren »aus einem Buch reden konnten«, was man in seiner Bedeutung so auffaßte, daß sie zu lesen verstanden. Ihre Nachfahren, die Lumbee-Indianer, leben immer noch im Robeson County – und blondes Haar und blaue Augen sind bei ihnen keine Seltenheit.

Man nimmt an, daß die Lumbee-Indianer die Abkömmlinge von Sir Walter Raleighs verschollener Kolonie englischer Siedler sein könnten, die um das Jahr 1509 von der Roanoke-Insel vor der Küste von North Carolina verschwunden sind. Die Kolonie wurde 1587 unter der Führung des Gouverneurs John White gegründet, der dann nach England zurückkehrte, um für Unterstützung zu sorgen. Der Krieg zwischen England und Spanien hielt ihn drei Jahre lang davon ab, die Kolonie wieder aufzusuchen. Als er zurückkehrte, fand White die Festung zerstört vor. Die einhundertsiebzehn Siedler, einschließlich elf Kinder, waren fort. Der einzige Hinweis auf ihr Schicksal war das Wort »Croatoan«, das in einen Pfosten eingeritzt war. White faßte seinen Sinn so auf, daß die Siedler in Richtung Süden zu der Insel Croatoan weitergezogen seien, von der man wußte, daß sie von dem friedliebenden Stamm der Hatteras bewohnt war. Er machte keinen Versuch, sie wiederzufinden.

Falls White recht hatte und die Siedler nach Croatoan gezogen waren, um sich dort mit den Eingeborenen zu vermischen, könnten ihre Nachfahren die Lumbee-Indianer sein. Einige Historiker nehmen jedoch an, daß Wort »Croatoan« beziehe sich auf den Namen eines Stammes, der die Siedler angegriffen und niedergemetzelt habe. Dies ist ein Geheimnis, das wahrscheinlich niemals gelüftet werden wird.

ein Gebiet von dichtem Nebel, was vor Neufundland gewesen sein könnte, wo der Golfstrom mit arktischen Strömungen zusammentrifft. Die Schar begegnete Walen und einem »Tier mit großen Augen, Stoßzähnen, einem gesprenkelten Balg und einem behaarten Maul« – einem Walroß? –, bevor sie in einem Land, das von herbstlicher Sonne beschienen wurde, an ein Ufer gelangten, wahrscheinlich in Labrador.

Später landeten Brendan und seine Männer auf einer flachen, tropischen Insel, die von einer exotischen Vegetation bedeckt, kristallklarem Wasser umgeben und buntgefiederten Vögeln sowie nackten, dunkelhäutigen Zwergen bewohnt war. Vielleicht ist Brendan außer Sichtweite des Landes die nordamerikanische Küste entlanggesegelt und auf einer Insel der Bahamas angekommen. Das Zwergenvolk könnten die Arawaks gewesen sein, die Ureinwohner des Insel-Atolls. Brendan und seine Männer zogen weiter, um ein weiteres Land zu entdecken – »wohlriechend, in Blumen gebettet, in der Gnade des Herrn« –, von dem man heute annimmt, daß es Florida gewesen ist.

Die ganze Geschichte ist nur schwer zu glauben. Und da sie erst mehrere Jahrhunderte nach den Ereignissen, die sie beschreibt, verfaßt wurde, ist es gut möglich, daß sie beträchtlich ausgeschmückt worden ist. Immerhin, die alten Sagen der Nordländer lassen es zu, daß die Iren als erste dort waren.

Die Wikingerfahrten nach Nordamerika sind heute als historische Tatsache erwiesen. Die unerschrockenen Nordländer benutzten Island und Grönland als Landbrücken und erreichten unter Leif Ericson im Jahre 1000 die Küste von Nordamerika. Die Geschichten von ihren heroischen Fahrten zu jenem Land jenseits des Meeres – das sie unterschiedlich Markland, Helluland und Vinland nennen – werden in den nordischen Sagen erzählt, die zwischen 1320 und 1350 in Island geschrieben wurden. Noch bis zum Jahre 1837 wurde diesen Sagen nicht viel Aufmerksamkeit gewidmet, doch dann hat man sie neu untersucht und herausgefunden, daß ihre Beschreibungen des Klimas, der Geographie und des ursprünglichen Lebens von Vinland mit den Bedingungen der Küste von Neuengland übereinstimmten.

Die kürzliche Entdeckung der steinernen Fundamente von acht Häusern, vier Bootshütten, einer Schmiede, Kochstellen und verschiedenem Gerät bei L'Anse aus Meadows auf der Nordspitze von Neufundland – nach der Kohlenstoffdatierung alle aus der

Die Santa Maria *des Christoph Kolumbus.*

Wikingerzeit – verleiht der Sage Glaubwürdigkeit, daß Leif Ericson bei seiner Ankunft in Nordamerika eine Siedlung errichtet hat. »Der Fund«, so behauptet der Norweger Dr. Helge Ingstadt, der bei der Ausgrabung mitgeholfen hat, »liefert den ersten unbestreitbaren archäologischen Beweis, daß Europäer schon Jahrhunderte vor Kolumbus' Reise von 1492 amerikanischen Boden betreten haben.« Meinungsverschiedenheiten bestehen allerdings noch darüber, ob die Wikinger in das Innere des Landes vorgedrungen sind oder ihre Erforschung nur auf die Küste beschränkten.

Ein überraschender Fund wurde 1898 von einem Farmer bei Kensington, Minnesota, gemacht, der sein Land rodete. Er grub gerade die Wurzeln eines Baumes aus, als er auf eine rechteckige, knapp einen Meter breite und fünfzehn Zentimeter dicke Steinplatte stieß. Sie trug auf der Oberfläche und an einer Seite entlang eine Inschrift von 220 Buchstaben. Sie berichtet angeblich von einer dreißig Mann starken Gruppe Norweger und Goten auf einer »Entdeckungsfahrt« westlich von Vinland im Jahre 1362 und einem Massaker, bei dem zehn aus ihrer Runde getötet wurden. Viele Fachleute haben den sogenannten Kensington-Stein als eine Fälschung aus dem 19. Jahrhundert abqualifiziert. Andere halten dagegen, er sei echt, weil ein Fälscher sonst über außergewöhnliche Kenntnisse der Geschichte, der Geographie und des Dialekts der Nordländer verfügt haben müßte.

Einige Gelehrte haben behauptet, daß der Newport-Tower, ein Steingebäude mitten in Newport, Long Islands, von den Wikingern erbaut wurde. Der runde, etwa acht Meter hohe Turm soll angeblich eine Kirche gewesen sein. Andere sind abweichender Meinung und sagen, es handle sich um das Werk von Siedlern aus dem 16. oder 17. Jahrhundert.

Die *Vinland-Karte,* eine Weltkarte, die vermeintlich im Jahre 1440 von einem Schweizer Mönch aufgezeichnet worden ist, war jahrelang heftig umstritten. Die Karte, die 1965 von der Universität Yale erworben wurde, zeigt deutlich, daß die Lage von Vinland mit der Nordamerikas identisch ist. Sachverständige auf beiden Seiten des Atlantiks haben die Karte einer Kohlenstoffdatierung unterzogen und sie für echt erklärt. Doch kürzlich hat eine Gruppe Amerikaner an Ausschnitten der Karten eine Tintenanalyse vorgenommen und anschließend ihre Überzeugung zum Ausdruck gebracht, daß es sich um eine Fälschung aus dem 20. Jahrhundert handelt.

In der Zwischenzeit hat eine Anzahl von Ruinen aus großen Steinblöcken bei New Hampshire unter amerikanischen Archäologen Spekulationen aufkommen lassen, ob sie britischen – oder zumindest keltischen – Ursprungs sind. Die Ruinen – die sich passender-

Der Steinturm von Newport.

weise auf einem Berg namens Rätselberg befinden – bestehen aus zweiundzwanzig Steinhütten, Wällen, Wegen und etwas, das ein Opfertisch mit einer Anordnung von Sprachrohren zu sein scheint, durch die Stimmen übertragen werden können. Die großen Quader aus örtlichem Granitgestein bleiben in ihrer Lage aufgrund ihres eigenen Gewichts und durch Kragsteine gestützter Wölbungen – waagerecht übereinandergeschichtete Steine, von denen ein jeder etwas über den anderen vorsteht. Tausende von Geräten aus vielen Epochen und unterschiedlichen Kulturen wurden an der Stätte gefunden, einschließlich einer Reihe von Steinen, die eingeritzte Inschriften in einer Sprache trugen, von der man annimmt, daß es sich um Ogham handelt, die alte Sprache der Iren und

DIE MESSINGTAFEL

Nur wenige Entdeckungen haben in Amerika größeres Interesse hervorgerufen als der Fund eines alten Messingtellers an der Nordküste der Bucht von San Francisco im Jahre 1936. Beryle Shinn, ein Ladengehilfe, fand die Tafel unter einem Stein, als er mit Freunden ein Picknick machte. Er legte sie in sein Auto und brachte sie zu sich nach Hause. Dort blieb sie vergessen liegen bis zum Jahre 1937, als er zufällig wieder auf sie stieß. Er reinigte die Tafel mit Wasser und Seife und entdeckte darauf etwas Geschriebenes. Shinn konnte nur ein Wort entziffern: »Drake.«
Er rief Dr. Herbert Bolton an, einen Professor für Geschichte an der Universität von Kalifornien, der kaum seinen Ohren trauen wollte. Shinns Beschreibung der Tafel, besonders die von einem Loch darin, ließ in ihm den Verdacht aufsteigen, daß es sich um die berühmte Messingtafel handeln könnte, auf der angeblich Sir Francis Drake die formelle Annektierung von Kalifornien, das er Neues Albion nannte, für England im Jahre 1579 festgehalten hat. Berichten von Drakes Weltreisen zufolge hatte die Tafel, die an einem großen Pfosten angeheftet wurde, in der Mitte ein ausgeschnittenes Loch, um eine Sixpence-Münze einzulassen, die das Brustbild von Königin Elisabeth zeigte.
Shinn sandte Bolton die Tafel zu, der sie reinigte und nebenstehende Gravur entzifferte:

Man fand heraus, daß ein elisabethanischer Sixpence haargenau in das Loch paßte, das unter der Inschrift eingekerbt worden war, und daß der Schriftlaut mit Berichten von der Aufstellung der Tafel übereinstimmte. Dr. Bolton war von ihrer Echtheit so überzeugt, daß er wenige Wochen später einem verblüfften Kongreß der Historischen Gesellschaft von Kalifornien eröffnete: »Hier ist sie, aufgefunden nach einer Zeitspanne von 357 Jahren. Schauen Sie her, die Tafel Drakes – die Messingtafel. Kaliforniens wertvollster archäologischer Schatz.«

Skeptiker waren schnell bei der Hand. Sie stellten die Echtheit der Tafel in Frage und betonten, daß nahezu jedermann Berichte von der Reise studiert und die Inschrift auf ein altes Stück Messing eingraviert haben konnte.
Chemiker der Universität von Kalifornien, von der die Tafel erworben wurde, unterwarfen sie sieben Monate lang gründlichen Tests und berichteten: »Wir sind der Meinung, daß es sich bei der von uns untersuchten Tafel um die echte Tafel Drakes handelt, auf die Sir Francis Drake in seinem Buch *The World Encompassed,* erschienen im Jahre 1628, Bezug nimmt.«
Niemand kann mit absoluter Sicherheit behaupten, daß die Tafel diejenige ist, die Drake aufgestellt hat. Doch hat man betont, daß nicht mehr als zehn Menschen auf der Welt über ausreichend genaue Kenntnisse des Englischen aus elisabethanischer Zeit verfügten, um eine solche Inschrift wie die auf der Tafel ohne Schnitzer ausführen zu können.

ALLHIE WIRD ALLER WELT KUNDT GETHAN
17 * JUNIUS * AD. 1579
DURCH DIE GNADE GOTTES *
UND IM NAMEN IHRER MAJESTAET
DER KOENIGIN VON ENGLAND
* UND IHRER NACHFOLGER ZU ALLER ZEIT *
NEHME ICH DIESES KOENIGREICH IN BESITZ *
DESSEN KOENIG UND VOLK AUS FREIEN
STUECKEN AUF IHRE RECHTE UND ANSPRUE-
CHE IM GANZEN LAND VERZICHTEN *
ZUGUNSTEN IHRER MAJESTAET * DEM ICH
NUN DEN NAMEN GEBE ZUR KENNTNIS
ALLER MENSCHEN * NOVA ALBION
FRANCIS DRAKE

Pikten. Dr. Barry Fell von der Universität Harvard hat die Steine mehrere Jahre lang untersucht und datiert sie grob auf die Zeit zwischen 800 v. Chr. und dem dritten Jahrhundert n. Chr..
Der englische Historiker Geoffrey Ashe hat die Stätte 1960 aufgesucht und erklärt, daß sie vielleicht auf die Zeit der Verbannung des Kronos und der Abenteuer des Odysseus zurückzudatieren sei. Nach Homer wurde Kronos in ein Land verbannt, das im nordöstlichen Mittelmeer lag und in dem die Sonne niemals unterging. In Homers *Odyssee* segelt Odysseus bis an die Grenzen der Erde hinaus zu dem Land der Kimmerier, eine neblige und finstere Gegend, die manche für Neufundland gehalten haben.
In einer seriösen Studie hat der Science-fiction-Autor André Nor-

ton einmal spekuliert, daß der Rätselberg vielleicht eine phönizisch-karthagische Siedlung gewesen ist: »Im Jahre 335 v. Chr. führt Aristoteles in seiner Aufzählung der 178 Wunder als solche 84 Länder jenseits des Meeres an, die die Phönizier aus Handelsgründen streng geheimhielten.« Die Phönizier waren zweifellos die hervorragendsten Seefahrer der antiken Welt. Sie umschifften Afrika und bauten ein Handelsnetz auf, das so weit auseinanderliegende Orte wie Afrika, Indien, Zypern und Spanien umfaßte. Außerdem trieben sie, wenn man bestimmten Interpretationen einiger Texte von Plato und Diodorus folgt, bereits um 1000 v. Chr. Handel mit Amerika. Aufgrund von Messungen, die an der Stätte des Rätselberges vorgenommen wurden, nimmt man an, daß die Anlage nicht in Metern und Zentimetern gebaut worden ist, sondern in der Maßeinheit der antiken Elle, wie sie die Ägypter und Phönizier benutzten. Jedenfalls scheint es das Schicksal des Rätselberges zu sein, auch weiterhin ein Rätsel zu bleiben.
Behauptungen von schottischen Siedlungen in Amerika vor der Ankunft des Kolumbus stützen sich auf einen Stein in Westford, Massachusetts, der als Sinclair Rock bekannt ist und angeblich die Stelle markiert, wo der Prinz Henry Sinclair von den Orkney-Inseln an Land gegangen ist. Der Prinz soll 1395 mit einer kleinen Schar von seinem Inselkönigreich losgesegelt sein und mehrere weit entfernte Länder entdeckt haben. Der Stein weist die heraldischen Insignien der Sinclair-Dynastie auf.
Das Geheimnis, welche Rasse Amerika als erste »entdeckt« hat, wird vielleicht niemals gelöst. Es kann nahezu eine jede des Orients wie auch der Alten Welt gewesen sein.

DER GELDSCHACHT

Ein sagenhafter Schatz oder ein unergründliches Geheimnis?

Auf einer einsamen Insel vor der Ostküste Kanadas liegt ein Vermögen von Piratengold begraben. So lautet zumindest die Legende. Den Zugang zu diesem sagenhaften Schatz bildet ein scheinbar bodenloser Schacht, den Schatzsucher nun seit beinahe zweihundert Jahren auszuloten versuchen. Doch sind sie alle gescheitert.

Die Jagd wurde 1795 eröffnet, als der sechzehn Jahre alte Daniel McGinnis aus Chester, Nova Scotia, mit einem Kanu, das seine Eltern ihm erlaubt hatten zu benutzen, hinausfuhr, um die nahe gelegene Mahone-Bucht auszukundschaften. Bei dieser Gelegenheit paddelte Daniel weiter als gewöhnlich – quer durch die Bucht zu der einsamen Eicheninsel. Nur wenige Menschen hatten die Insel je aufgesucht, und als der junge Daniel sich in ihr Inneres vorwagte, mag er geglaubt haben, er ginge durch ein Gebiet, in das noch niemand zuvor seinen Fuß gesetzt hatte.
Plötzlich ließ er von seiner Fährte ab, angezogen von einer höchst unerwarteten Entdeckung. Mitten auf einer Lichtung hing von einer großen Eiche ein alter Schiffsflaschenzug herab. Daniel ging hinüber, um ihn sich näher anzuschauen. Er stellte fest, daß der Hauptast der Eiche gut einen Meter vom Stamm entfernt abgeschnitten worden war. Er bemerkte auch, daß er auf einer Vertiefung stand, wo der Boden ein oder zwei Meter abgesunken war. Jemand, so folgerte er, mußte dort gegraben haben, um etwas zu suchen – oder zu verstecken.
McGinnis paddelte nach Hause und kehrte am nächsten Tag mit zwei Freunden zurück, dem zwanzigjährigen John Smith und dem dreizehnjährigen Anthony Vaughan. Gemeinsam fingen sie an zu graben. Sie brauchten nicht lange, um die sorgfältig befestigte Erdkrume abzutragen und einen Schacht freizulegen, der vollkommen rund war und einen Durchmesser von vier Metern besaß. Augenblicklich nahmen sie an, hier sei ein Schatz vergraben worden.
Die jungen Männer zogen los, um Hacken, Spaten, Leitern und Seile zu holen. Die Insel wurde praktisch ihr Zuhause, und sie verbrachten von der Morgen- bis zur Abenddämmerung ihre Zeit damit, nach dem Schatz zu graben.
Ihr erster wichtiger Fund lag in drei Meter Tiefe. Sie stießen auf einen stabilen Boden von Eichenbrettern, die sorgsam in die Wände des Schachts eingebettet waren. Sie waren sich sicher, daß darunter der Schatz lag, und zogen die Bretter heraus, doch nur, um weitere tiefe, festgestampfte Erde zu finden. Das Erdreich bestand aus Lehm, vermischt mit Kieselsteinen, und das Graben war Knochenarbeit. Aber die drei arbeiteten weiter, bis sie in sechs Meter Tiefe auf einen ähnlichen Boden trafen. Dasselbe wiederholte sich in neun Meter Tiefe.
Die drei gaben ihre Ausgrabung auf, um Unterstützung für ihr

Unternehmen zu suchen. Sie begriffen, daß sie Geld und Werkzeuge brauchten, wenn sie noch tiefer graben wollten. Doch niemand in der kleinen Stadt Chester zeigte Interesse an einem so windigen Projekt – besonders nicht, da es von der Eicheninsel hieß, daß es dort spuke. Erst im Jahre 1804 konnten die jungen Männer bei einem Arzt, Simeon Lynd, Interesse wecken, dem es gelang, einheimische Geschäftsleute zu überreden, das Vorhaben zu unterstützen. Das große Graben ging weiter. Doch nach neun Jahren des Wartens bekamen die Hoffnungen der drei Abenteurer rasch einen neuen Dämpfer. Nach jedem Intervall von drei Metern stießen sie auf einen weiteren Eichenboden – der stets nur noch gründlicher mit Kitt und Glaswolle an seinem Ort befestigt war.

Bei dreißig Meter Tiefe packte die Entdecker eine fieberhafte Erregung. Sie brachen den am festesten gebauten Boden heraus, auf den sie bisher gestoßen waren. Er war mit Holzkohle, Kitt und Kokosfaser verstärkt. Nachdem sie mit ihren Hacken auch diese Barriere überwunden hatten, entdeckten sie einen flachen Stein, auf dem nicht zu entziffernde Zeichen standen. Sie schickten den Stein aufs Festland zu einer Untersuchung durch einen Experten, und obwohl er später auf geheimnisvolle Weise verlorenging, wurde den Schatzsuchern von der Eicheninsel erzählt, die Botschaft auf ihm laute: »Drei (oder vielleicht zwölf) Meter tiefer liegen zwei Millionen Pfund vergraben.«

Daniel McGinnis und seine Partner hatten nun das sichere Gefühl, daß sie endlich Erfolg, Ruhm und Vermögen nahe wären. Sie hoben weitere drei Meter weichen Erdreichs aus und stießen auf etwas Hartes. Es klang wie Metall. Doch der Abend war an diesem Samstag schon längst hereingebrochen, und die Männer beschlossen, bis zum Montag auszuruhen.

Am Montagmorgen in der Frühe kehrten die erwartungsfrohen Partner zu ihrer Grabungsstätte zurück – die sie inzwischen den Geldschacht nannten. Sie spähten über den Rand und sahen, daß der Schacht zu zwei Dritteln mit Wasser gefüllt war...

Bitter enttäuscht, versuchten sie den Schacht leerzuschöpfen, doch kamen sie nur wenig voran. Mehrere Monate lang gaben sie ihre Anstrengungen auf. Doch 1805 kehrten sie zu einem neuen tapferen Versuch zurück.

Sie hoben in der Nähe einen neuen Schacht bis zu der unglaublichen Tiefe von dreiunddreißig Metern aus, dann trieben sie im rechten Winkel einen Stollen in den Boden, um dort die Verbindung mit dem Geldschacht herzustellen, wo sie vermuteten, daß der Schatz sei. Doch sie konnten froh sein, mit dem Leben davonzukommen, als ein unterirdischer Kanal plötzlich ihre Baustelle überflutete. Ohne einen Penny gaben sie ihren zehn Jahre alten Traum auf.

Der nächste Versuch, den Geldschacht auszuheben, fand im Jahre 1849 statt. McGinnis war als ein verbitterter, enttäuschter Mann gestorben. Von Smith gab es keinerlei Nachricht. Doch Vaughan war noch am Leben, und ein neugegründetes Syndikat warb ihn an, dabei mitzuhelfen, die alten Grabungsarbeiten fortzusetzen.

Das Team unter der Leitung von James Pittbaldo aus Truro, Nova Scotia, hielt es für unmöglich, den alten Graben zu entwässern, und beschloß darum, in ihm weiterzubohren. Der Bohrer ging butterweich durch die ersten dreißig Meter hindurch, auf die Tiefe, die die ersten Grubenarbeiter erreicht hatten. Doch ihre Nachfolger konnten dort keinerlei Anzeichen von Metall entdecken – lediglich einen weiteren Eichenboden. Sie trieben ihren Weg durch ihn hindurch. Dadurch, daß sie die Bohrspitze in kurzen Abständen wieder heraufholten und untersuchten, konnten sie schließen, daß der Bohrer durch den Deckel einer Eichentruhe hindurchgegangen war, dann durch lockeres Metall, durch den Boden der Truhe und dann durch eine zweite, ähnliche Truhe. Zwei mit Metall gefüllte Truhen ... Das mußte einfach der Schatz sein.

Es gab Meldungen, wenngleich sie nicht bestätigt wurden, daß der Bohrer kleine Goldstücke zutage gefördert habe. Bekannt ist jedoch, daß Pittbaldo einen Gegenstand von dem Bohrer verschwinden ließ, um dann selber von der Baustelle zu verschwinden. – Seine Arbeiter glaubten, er habe einen Edelstein gefunden. Diese Vermutung ist nicht ganz unwahrscheinlich, denn wenige Tage später kehrte er mit einem wohlhabenden Förderer zurück und versuchte, die Exklusivrechte an dem ganzen Unternehmen zu kaufen. Doch jetzt war niemand in Verkaufslaune. Die Schatzsucher witterten endlich Erfolg.

Doch es sollte nicht sein. Die übereifrigen Grubenarbeiter bohrten immer tiefer, um nach weiteren Anzeichen des unzugänglichen Schatzes zu forschen. Sie drangen durch einen weiteren Holzboden – diesmal nicht aus Eiche, sondern aus Fichte – und brachten es so weit, daß die Sohle des Schachtes in eine Art schlammige

Höhle einbrach. Dort hinunter in die Tiefe folgten, zusammen mit den Bruchstücken des letzten Bodens, die »Schatztruhen«.
Doch die Bohrung war nicht völlig umsonst gewesen. Denn zum ersten Mal stellte man fest, daß das Wasser, das in den Schacht strömte, Meerwasser war, das mit den Gezeiten stieg und fiel. Da der Grund aus Lehm bestand, ließen sich die Veränderungen des Wasserpegels nur dadurch erklären, daß der Schacht durch einen weiteren Kanal mit der offenen See verbunden war. Die Suche an der Küste führte bald bei der Smith-Bucht, keine zweihundert Meter entfernt, zu einem ausgeklügelten, versteckten System, das den Schacht überflutete und entwässerte.
Das Syndikat baute einen Damm quer durch die Bucht und fing dann an, das Wasser aus dem Schacht zu pumpen. Doch bevor sie ihre Aufgabe erfüllt hatten, schwemmte eine hohe Flutwelle den Damm fort, und alle Arbeiten wurden eingestellt. Das Syndikat war bankrott.
Zwanzig Jahre später nahm ein anderes Syndikat die Suche wieder auf. Unter dem optimistischen Namen Oak-Island-Eldorado-Gesellschaft baute man einen neuen Damm, der das Meer für kurze Zeit fernhielt. Dann pumpte man den Geldschacht leer und entdeckte das Flutungs- und Entwässerungssystem. Es befand sich in einer Tiefe von dreiundreißig Metern und war aus Stein gebaut. Doch bevor weitere Arbeiten durchgeführt werden konnten, brach der Staudamm der Eldorado-Gesellschaft, und der Schacht füllte sich wieder von neuem.
1894 gründete ein einheimischer Geschäftsmann, Frederick Blair, die Oak-Island-Schatz-Gesellschaft und machte sich an den gründlichsten Versuch, der bisher unternommen worden war, um das vertrackte Geheimnis aufzudecken. Blair machte eine Bohrung bis hinunter zu dem unterirdischen Flutungstunnel und sprengte ihn in die Luft. Der Zugang zur Smith-Bucht war nunmehr für immer verschüttet. Doch zu aller Verblüffung stieg und fiel das Wasser auch weiterhin mit den Gezeiten.
Blair schüttete Farbe in den Schacht und verfolgte sein Wiederauftauchen. Es erschien nicht an der Smith-Bucht, sondern an der Südküste – auf der gegenüberliegenden Seite. Die Mitglieder der Oak-Island-Schatz-Gesellschaft waren vollständig verblüfft. Sie konnten auch nicht das Geheimnis kennen, das erst nach vielen weiteren Bohrungen enthüllt werden sollte: unterhalb des Niveaus, auf dem sich der Einlaß der Smith-Bucht befand, gab es

noch zwei weitere Kanäle – der eine, von Menschenhand gebaut, in einer Tiefe von fünfzig Metern, führte ebenfalls in die Smith-Bucht, während der andere, ungefähr sechzig Meter tief, eine natürliche Wasserverbindung mit der Südküste zu bilden schien. Durch diesen unteren Kanal hatte die Farbe ihren Weg genommen.

Frederick Blair unternahm Dutzende von Probebohrungen, um festzustellen, was sich unterhalb des ersten Entwässerungssystems aus Stein in dreißig Meter Tiefe befand. Weitere zehn Meter unterhalb dieser Marke stieß er auf wenig, aber weichen Lehm, vermutlich der Schicht, in die die »Schatztruhen« eingesunken waren und dann zerbrachen. Doch in einer Tiefe von nahezu fünfzig Metern trafen Blairs Bohrer auf ein Material, das er zur chemischen Analyse schickte. Als verblüffende Antwort kam zurück: »Von Menschenhand gefertigter Zement.«

Unmittelbar unter dieser Schicht befand sich etwas verrottetes Holz. Dann folgte etwas, das Blair nur aufgrund der Reaktionen seines Bohrers als weiche Metallgegenstände in der Form von Barren beschreiben konnte. Darunter befand sich eine Schicht aus kleinen Metallstücken, dann folgten weitere Barren, dann ein massives Hindernis aus Eisen.

Für die Schatzsucher konnten die Metallbarren nur eines bedeuten – Goldbarren. Und kleine Metallstücke mußten einfach Münzen sein. Diese Auffassung der Dinge muß für Blair eine unwiderstehliche Verlockung dargestellt haben, denn er blieb viele Jahre lang in dem Gebiet, um immer wieder neue Versuche an der Stätte vorzunehmen. Doch es fehlte ihm an ausreichender Unterstützung, um einen neuen und entschlossenen Versuch in Angriff zu nehmen, den Schatz zu heben.

1935 ging ein reicher Grubenfachmann, Gilbert Heddon, eine Partnerschaft mit Blair und dessen Sohn ein. Elektrische Pumpen wurden installiert, die sich über Kabel vom fünf Meilen entfernten Festland speisten, doch das Meerwasser strömte immer weiter ein. Drei Jahre später setzte Edwin Hamilton, ein New Yorker Professor für Maschinenbau, die erste wissenschaftlich fundierte Untersuchung der Stätte in Gang. Im Verlauf der nächsten Jahre trieb er mehrere Schächte in das Erdreich und legte die zwei unteren Kanäle frei, die Blair solche Schwierigkeiten bereitet hatten. Doch von einem Schatz war nichts zu sehen.

Bis dahin hatte der Geldschacht schon ein größeres Vermögen

geschluckt, als man wohl je von ihm zurückerwarten konnte. Doch 1965 forderte er auch noch Menschenleben. Vier Männer wurden bei Grabungen nach den Tunnels, die zur Smith-Bucht führten, von den Kohlenmonoxyddämpfen ihrer Wasserpumpen vergiftet. Doch vielleicht waren dies nicht einmal die ersten Menschenleben, die der Geldschacht gefordert hatte. Denn fünf Jahre später versenkte ein Montrealer Konsortium, das sich Triton-Allianz nannte, eine Fernsehkamera zusammen mit mächtigen Lichtstrahlern etwa siebzig Meter tief in dem Labyrinth von Schächten und Stollen... und nahm die schwachen Umrisse einer menschlichen Hand auf. Andere schemenhafte Schatten schienen drei Truhen und eine Axt zu sein. Doch das Team war nicht imstande, irgend etwas von Wert zu bergen.

Der Geldschacht übt auch weiterhin auf Schatzsucher eine magische Anziehungskraft aus. Doch die ganze Gegend ist heute so stark unterhöhlt, und so viele Stollen sind einer über dem anderen eingestürzt, daß inzwischen die genaue Lage des Schachts, den Daniel McGinnis einst entdeckt hat, ungewiß ist. Vielleicht wird er nie wieder exakt bestimmt werden und die Fragen, die ihn umgeben, auf immer unbeantwortet bleiben: wer hat den Geldschacht gebaut, wie – und warum?

Es gibt verschiedene Theorien, von denen die meisten der Schriftsteller Robert Furneaux vorgetragen und untersucht hat, dessen Buch *Das Geldschacht-Geheimnis* das klassische Werk zu diesem verwirrenden Geheimnis darstellt. Der erste Anhaltspunkt liegt darin, daß zu der Zeit, als der junge McGinnis 1795 als erster die Eicheninsel aufsuchte, man von dem Ort glaubte, daß es dort spuke. Einheimische auf dem Festland sprachen von Mitternachtsfeuern auf der kleinen Insel und dem Verschwinden einiger Männer aus der Bevölkerung von Chester, die der Sache nachgegangen waren. Niemand war jedoch in der Lage, ein genaues Datum für diese Geschehnisse anzugeben, aber aller Wahrscheinlichkeit nach nahmen diese Geschichten um 1700 ihren Anfang.

Ein weitaus besser bekanntes Ereignis trug sich etwa zur selben Zeit dreitausend Meilen entfernt in England zu, wo Captain William Kidd 1701 wegen Piraterie gehängt wurde. Auf seinem Weg zum Galgen in Wapping, London, sprach er einen Fluch über jeden, der nach seinem »Schatz« suche, über den nach seinem Tod die Legende entstand. Konnten Kidd und seine Männer den Geldschacht gegraben haben?

In den dreißiger Jahren dieses Jahrhunderts fand ein englischer Rechtsanwalt im Ruhestand, Hubert Palmer, drei Karten in einem Geheimfach eines Sekretärs in seinem Haus in Eastbourne, Sussex. Der Sekretär hatte einst Captain Kidd gehört, und nachdem Palmer von der Suche auf der Eicheninsel erfahren hatte, verglich er seine Karten mit der von der Insel. Es gab deutliche Ähnlichkeiten, jedoch keinen Hinweis auf einen Schatz – und keinerlei Angaben, wo er vergraben sein könnte.

Etwa zur selben Zeit stieß auch Blairs Partner Heddon auf eine Karte, diesmal in einem Buch über Captain Kidd. Die Karte zeigte eine Insel, die der Eicheninsel glich. Heddon reiste nach England, um den Autor aufzuspüren, der ihm erzählte, er habe die Karte von einer abkopiert, die ihm ein Holländer gezeigt hätte. Woher hatte der Holländer sie bekommen? Soweit der Schriftsteller sich erinnern konnte, hatte man sie unter einem Steinhaufen auf einer Insel vor der Küste von Nova Scotia entdeckt.

Heddon untersuchte die Richtungsangaben, die auf der Karte eingezeichnet waren: 18 W mal 7 O Stein 30 SW 14 N Baum 7 mal 8 mal 4. Zurück auf der Eicheninsel, fand er zwei Granitblöcke mit Bohrlöchern darin und bestimmte von ihnen aus seinen Wegverlauf, wobei er die alte englische Maßeinheit der Rute benutzte. Die Richtungsangaben führten ihn zu einem wuchernden Dikkicht. Als er das Gebüsch lichtete, fand Heddon ein Dreieck aus halb vergrabenen Steinen – das direkt auf den Geldschacht wies.

Fügt man zu dieser bemerkenswerten Entdeckung die wissenschaftlichen Berichte der Triton-Allianz hinzu – daß Relikte, die in dem Schacht gefunden wurden, Holz- und Eisenstücke von britischen Schiffen waren –, wird es noch einleuchtender, der Captain-Kidd-Theorie zuzustimmen.

Doch die Sache hat einen Haken. Der Flaschenzug, den McGinnis 1795 an dem abgesägten Ast des Eichenbaums hängen sah, konnte die fast hundert Jahre nicht überdauert haben. Vielleicht hat es zu der Zeit von Kidds Tod nicht einmal den Baum selber gegeben. Und wie konnte eine Schiffsmannschaft auf einer unwirtlichen Insel ohne Hilfe und ohne gesehen zu werden eine so erstaunliche Bauleistung vollbringen?

Denn, was immer der Zweck des Geldschachts gewesen sein mag, er stellt auf jeden Fall ein bewunderungswürdiges Beispiel des Grubenbaus dar. Allem Anschein nach haben dort in völliger Verborgenheit ein geschicktes Ingenieurteam und ein kleines

Heer von Arbeitern einen einwandfreien Schacht sechzig Meter tief ins Erdreich getrieben. Auf einer Plattform auf der Sohle, unmittelbar über einem unterirdischen Strom, lagerten sie ihren Schatz –, der, um soviel Mühe zu rechtfertigen, von großem Wert gewesen sein muß.

Diese Ingenieure trieben sodann einen mehr als einen Meter hohen Stollen über eine Entfernung von einhundertfünfzig Metern bis zu einem bestimmten Punkt in der Smith-Bucht, der sich unterhalb des Meeresspiegels befand – ohne dem Wasser in diesem Stadium zu erlauben, einzuströmen. Dann zementierten sie die obere Öffnung der Schatzkammer zu, bedeckten sie fünfzehn Meter hoch mit Lehm und setzten schließlich eine Plattform aus Eichenholz obendrauf. Als nächsten Schritt dieses bemerkenswerten Unternehmens galt es, noch einen weiteren Stollen zur Smith-Bucht zu graben, der unmittelbar über den ersten hinweg verlief. Um sie instand zu setzen, sich wie die Maulwürfe in diesem engen Stollen vorzuarbeiten, hob man auf halbem Wege zwischen dem Geldschacht und dem Meer noch einen Schacht aus, der als Luftschacht diente. Von diesem Luftschacht wissen wir, weil im Jahre 1878 eine Bäuerin mit zwei Ochsen ihr Feld pflügte, als plötzlich der Boden unter ihr einstürzte und sie in ihn hinabfiel.

Wieder gelang es den Grubenarbeitern irgendwie, das Meer von dem Tunnel fernzuhalten, um zwei oder drei »Schatztruhen« auf dem Fichtenboden zu stapeln. Hierüber setzten sie einen Eichenboden und den geheimnisvollen Stein mit der Inschrift. Dann folgten in Abständen von je drei Metern weitere Eichenböden. Schließlich bedeckte man die Stelle mit einer Erdkrume und beseitigte alle Spuren, außer, seltsamerweise, den Flaschenzug.

Kein Pirat hätte eine solche Leistung vollbringen können. Hierzu hätte es der Kräfte eines ganzen Heeres bedurft. Und genau diese Schlußfolgerung brachte den Schriftsteller Robert Furneaux auf seine bemerkenswerte Theorie...

Im Jahre 1778 wurde der amerikanische Unabhängigkeitskrieg geführt. Die britische Garnison von New York fühlte sich vom General Washington bedroht, und der britische Kommandant, Sir Henry Clinton, fürchtete, daß die Lohngelder der Armee den Feinden in die Hände fallen könnten. Befahl er dann den königlichen Bauingenieuren, das Geld zu verstecken – vielleicht irgendwo in der Nähe ihres Vorpostens in Halifax, Nova Scotia?

Dies ist eine einfallsreiche Theorie, doch falls sie zutrifft, wirft sie eine weitere Frage auf. Da auf britischer Seite nie ein großer Geldverlust gemeldet worden ist, kehrten die königlichen Ingenieure etwa zur Eicheninsel zurück, um durch einen der Seitenstollen den Schatz zu heben? Ist der Geldschacht über zweihundert Jahre lang leer gewesen?

Hinweise

Für ein Buch wie dieses, das eine äußerst breite Auswahl wirklicher Geschichten abdeckt, muß der Autor seine Informationen aus vorangegangenen Werken beziehen. Insbesondere möchte ich auf die folgenden hinweisen:

John Barnes: *Evita, A Biography*; Charles Berlitz: *Das Bermudadreieck*; Len Deighton und Arnold Schwartzmann: *Airshipwreck*; Editors of Reader's Digest Inc: *The World's Last Mysteries*; Rupert Furneaux: *The World's Most Intriguing Mysteries*, *The World's Strangest Mysteries* und *The Money Pit Mystery*; A. G. Galanopoulos und Edward Bacon: *Atlantis, The Truth Behind The Legend*; Justine Glass: *The Story of Fulfilles Prophecy*; Peter Haining: *Ancient Mysteries*; W. A. Harbinson: *Evita, A Legend For The Seventies*; Francis Hitching: *Die letzten Rätsel unserer Welt*; Rodney Hoare: *The Testimony Of The Shroud*; Fred Hoyle und Chandra Wickramasinghe: *Evolution aus dem All*; Vince Kelly: *The Shark In The Arm Case*; Lawrence Kusche: *The Bermuda Triangle Mystery Solved*; Roy P. Mackal: *The Monsters Of Loch Ness*; John Michell und J. M. Rickard: *Phenomena, A Book Of Wonders*; Colin Simpson: *Lusitania*.

*

Der Verlag möchte folgenden Organisationen und Personen für die freundliche Erlaubnis zur Reproduktion der Photos in diesem Buch danken:
Mary Evans Picture Library; Keystone Press Agency; Mansell Collection N. A. S. A.; National Army Museum; National Portrait Gallery, London; News of the World; Popperfoto (Donald McLeish Collection); Radio Times, Hulton Picture Library.

Knaur

Charles Berlitz

(3500)

(3561)

(3747)

(4024)

Von Charles Berlitz sind außerdem bei Knaur erschienen:

Spurlos (3614)

Das Philadelphia-Experiment (3679)

Weltuntergang 1999 (3703)

Die ungelösten Geheimnisse dieser Welt (3760)

Der 8. Kontinent (3807)

Die größten Rätsel und Geheimnisse unserer Welt (3955)

Unglaublich! (3957)